Carl Naughton

Neugier

Carl Naughton

NEUGIER

So schaffen Sie Lust auf Neues
und Veränderung

Econ

MIX
Papier aus verantwortungsvollen Quellen
FSC® C014496
www.fsc.org

Econ ist ein Verlag
der Ullstein Buchverlage GmbH
ISBN: 978-3-430-20209-1

Redaktion: Michael Schickerling, schickerling.cc, München

Gesetzt aus der Dante MT Pro
Satz: L42 Media Solutions, Berlin
Druck und Bindearbeiten: GGP Media GmbH, Pößneck
Printed in Germany

Inhalt

1 Veränderung ist Alltag 7

1.1 Ohne Neugier kein Ketchup 13

1.2 Die 3E-Regel und der Fall mit dem Apple 18

1.3 Das hat alles Konsequenzen 25

2 Welche Vorteile bringt mir Neugier? 29

2.1 Mehr Freunde 33

2.2 Mehr Erfolg 35

2.3 Mehr Leben 37

2.4 Mehr Intelligenz 39

2.5 Mehr Lebensfreude 42

2.6 Mehr Selbstvertrauen 47

2.7 Mehr Sinn 48

2.8 Mehr Ideen 50

2.9 Mehr Gedächtnis 59

3 Wie hoch ist mein Neugierfaktor? 63

3.1 Erbliche Neugier 66

3.2 Neugier messen 68

3.3 Abwinken oder Anbeißen 77

3.4 Wissbegierde von Berufs wegen 80

3.5 Die dunkle Seite der Neugier 80

3.6 Die Neugier der Freizeit 85

3.7 i-Curiosity? 89

4 Wie sieht Neugier aus? 93

4.1 Beim ersten Mal tut's noch weh 96

4.2 Neugier, Ziegelsteine und neue Ideen 102

4.3 T-Wissen: Hinterm Tellerrand geht's weiter 106

4.4 Das würden wir niemals tun 111

5 Wer hat die Neugier auf dem Gewissen? 123

5.1 Alle graben im Sandkasten an der gleichen Stelle 126

5.2 Sei nicht so neugierig! 129
5.3 Kennmaschon 136
5.4 Die Antwort – jetzt 137
5.5 Er war's! 148
5.6 Hey, wir sind in tune! 150
5.7 Zu schnell zu sicher 151
5.8 Nur nix Neues 155
5.9 Neugierkiller entschärfen 164

6 Kann ich andere neugierig machen?. 167
6.1 Situative Blödheit erzeugen 170
6.2 Der Brainstormer: neugierig auf Veränderung 176
6.3 Speed-Delphis: Wissensdrang durch Prognosen 179
6.4 Neugier in der Praxis: Erleben vor Verstehen 188
6.5 Von frechen Bienen und Shock-Novel-Reizen 192
6.6 Der Future-Cube: Neugier und Relevanz dank Partizipation 196
6.7 Was hilft gegen mentale Faulheit? 204

7 Kann ich mich selbst neugieriger machen? 215
7.1 Der Curiosity-Creator und die Folgen 217
7.2 Kopfbefreier werden 222
7.3 Brandstifter bleiben 234
7.4 Missing Link spielen 240
7.5 Verhandlungen pimpen 243
7.6 Chef-Zerstörer für einen Tag 248

8 Wie die Reise weitergeht 259

Danksagung 265

Literatur 267

Anmerkungen 283

Bildnachweis 291

Stichwort- und Personenregister 292

Man sollte
weniger neugierig
auf Menschen sein
als auf Ideen.
Marie Curie

1 Veränderung ist Alltag

Interessier mich: Neugier ist unsere innere Antriebskraft. Sie hilft uns in vielen Situationen und führt uns aus der Alternativlosigkeit. Ohne sie gibt es keine Entwicklung und keine Kreativität. Sie ist fest im Hirn verdrahtet. Überraschend dabei: Neugierige Hirne arbeiten langsamer als der Durchschnitt. Das macht aber nichts, denn so bekommen sie mehr mit. Und diese Zusammenhänge nutzen alle erfolgreichen Businessmodelle – egal ob die Evolution, Apple oder Opel.

Es geht uns doch eigentlich allen darum, am Ende des Tages die Dinge besser geregelt zu bekommen. Und genau das bekommen neugierige Menschen besser hin. Denn Neugier ist der Drang, Unsicherheit aufzulösen und das Unerwartete zu erklären – und dieser Drang hilft uns: im Alltag, im Business und in unseren Beziehungen.

Neugier ein Phänomen, das sich zu erforschen lohnt. Was man konkret davon hat? Als erste Antwort kann ein geflügeltes Wort herhalten: »Neugier ist der Wunsch, nachher schlauer zu sein als vorher.« Wohingegen Vorsicht die Hoffnung ist, vorher schlauer zu sein als nachher. Alles klar? Etwas gehaltvoller: Die Welt um uns herum mit einem offenen Geist zu betrachten ist etwas, das viele Menschen verlernt haben, obwohl wir alle mit dieser Anlage auf die Welt gekommen sind. Auf den Punkt gebracht hat es der Neugierforscher und Psychologe Silvan Tomkins bereits 1962:

> »Die Wichtigkeit von Neugier für das Denken und das Gedächtnis ist so extensiv, dass deren Abwesenheit die intellektuelle Entwicklung nicht weniger als die direkte Zerstörung von Hirngewebe gefährden würde. Es gibt keine menschliche Kompetenz, die erreicht werden kann in der Abwesenheit eines anhaltenden Interesses.«[1]

Schon seit 1800 untersucht die Forschung diese automatische Update-Funktion in unserem Kopf, jedoch insgesamt etwas schleppend – es gibt also weder besonders viel Literatur noch eine Menge Studien oder Experimente. In den 1960er und 1970er Jahren gab es zwar ein kleines Interessenhoch in der Psychologie, doch erst in den letzten zehn Jahren entstanden wirklich spannende Ergebnisse zu der Frage, was Neugier ist, was sie anrichtet oder ausrichten kann und wie sie funktioniert. Die Ergebnisse können bei näherem Hinschauen einiges in unserem beruflichen und privaten Leben verändern. Diese Beschäftigung lohnt sich, denn selten war es so wichtig zu wissen, wie wir bei uns selbst und bei anderen die Aufmerksamkeit regulieren und dirigieren – vor allem in der Anwesenheit neuer Umgebungsreize. So viel zu meiner Motivation, dieses Buch zu schreiben.

Nun stellen Sie sich natürlich zu Recht die Frage: Wie kommt denn ein pädagogischer Psychologe zur Neugier? Zuerst schreibt er ein Buch über das Arbeitsgedächtnis, den Muskel für das alltägliche Denken, und dann schreibt er über Neugier? Wo ist der Zusammenhang? Die Logik dahinter ist so einfach, wie die Forschungsergebnisse unbekannt sind: Es gibt Studien,[2] die einen Zusammenhang zwischen fluider Intelligenz (die bei uns für Fähigkeiten wie Problemlösung, Lernen und Mustererkennung zuständig ist) und unserem Neugierverhalten sehen. Diese zeigen: Personen mit hohen Werten bei einschlägigen Intelligenztests haben die Fähigkeit zu schnellem Denken und schlüssigem Argumentieren, die Fähigkeit, Beziehungen zu sehen und schnell zu evaluieren, und sie können darüber hinaus komplexe Probleme lösen und effizient lernen.[3] Darum ist die Wahrscheinlichkeit hoch, dass solche Menschen in Situationen, in denen solche Fähigkeiten gefragt sind, reüssieren. Und mit Neuem und Unbekanntem umzugehen, fordert genau diese Fähigkeiten ein. Nun sind die Daten für solche großen Aussagen recht jung und die Erkenntnisse der Langzeitstudien stehen noch aus, aber der Gedanke einer starken Korrelation ist nicht von der Hand zu weisen. Und da schließt sich der Kreis: Darum ist der Weg meiner persönlichen Interessenlage als Autor vom guten Denken hin zur Neugier ein kurzer.

Trotz der recht jungen Forschungslage gehe ich sogar noch einen Schritt weiter, denn ganz aktuelle Untersuchungen scheinen einen »wahnsinnigen« (im Sinn von *interessant* und *wichtig*)

Weg sichtbar zu machen: Neugier könnte unser grundlegender Motor hinter Intelligenz, Weisheit, Zufriedenheit, Sinnstiftung, Veränderungsbereitschaft und Beziehungsglück sein. Ich weiß nicht, wie Sie das sehen, aber mir reicht das als Motivation für mehr als ein Buch …

Meine persönliche Neugier wurde entfacht durch einen kuriosen Wissensmangel über die Bedeutung von Neugier im beruflichen und privaten Alltag. Immer wieder gab es in der Literatur den Hinweis darauf, wie wichtig die Neugier ist. Aber eine Evaluierung des Themas oder gar Anregungen und Lösungen für den Alltag? Fehlanzeige! Darum habe ich mich auf die Suche gemacht nach konkreten und nützlichen neugierfördernden Strategien, Interventionen und Lösungen.

Fangen wir mal mit den guten Nachrichten an: Jeder verfügt über Momente, in denen er neugierig ist. Worin sich Menschen unterscheiden, sind die Häufigkeit, die Intensität, die Länge und das Ausmaß dieser Neugiermomente. Und noch mehr gute Nachrichten, damit Sie weiterlesen: Abhängig davon, wie oft Sie Ihre Neugier einsetzen oder zulassen: Wenn sie getriggert wird, kann sie Ihr Leben wandeln: Sie entdecken mehr, finden mehr heraus und wachsen auf eine tiefgreifende Art und Weise, anders als Ihre weniger neugierigen Mitmenschen.[4]

Studien zeigen: Neugier erleichtert die Anpassung an ein verändertes Umfeld und im so entstandenen Neuland auch das proaktive Verhalten.[5] Wenn es um die Einführung neuer Techniken, um Arbeits-Redesign, Strategieveränderungen, Merger und Restrukturierungen geht, also um Dinge, die uns im Alltag begegnen und vielleicht auch Angst machen, zeigt sich sogar eine negative Korrelation zwischen Neugier und persönlicher Verletzbarkeit. Sprich: Neugierige Menschen sind angstfreier, anpassungsfähiger und resilienter.[6] Gut belegt ist das zum Beispiel an Expats, also an Menschen, die für ihren Job ins Ausland gehen.[7]

Wir Menschen sind grundsätzlich neugierige Wesen. Wir

widmen einen Großteil unserer Energie, unserer Zeit und unseres Hirnschmalzes den Dingen, die uns interessieren. Und immer dabei kommt die Frage nach der Motivation ins Spiel, etwa von außen durch monetäre Trigger: Wie viel Geld müsste man wohl in die Hand nehmen, um einen Menschen dazu zu bringen, sich die Spielernamen des Fußballvereins SpVgg Greuther Fürth zu merken? Oder eine vierbändige Enzyklopädie über dänische Möbel zu erstellen? Oder das Banjospielen zu lernen? Wenn wir etwas wissen *wollen*, brauchen wir keine externe Motivation, sondern werden durch unser Interesse angetrieben. Auch dazu gibt es wieder eine Studie, die genau das zeigt: Als Quelle der intrinsischen Motivation spielt Interesse eine starke Rolle im Wachsen von Wissen und Expertise.[8]

Zu den Risiken und Nebenwirkungen dieses Buchs

Dieses Buch will neugierig machen. Darauf, wie man sich selbst und andere wieder für Neues begeistert. Denn neugierig zu sein dreht sich um das Erkennen des Neuen, das Wahrnehmen der guten Gelegenheiten und des Sinngehalts. Es geht darum, wie wir zu unseren Gedanken und Gefühlen stehen. Ohne Neugier wären wir unfähig dazu, unsere Aufmerksamkeit aufrechtzuerhalten, würden Risiken meiden wie der Teufel das Weihwasser und es per se und direkt verwerfen, uns in herausfordernde Situationen zu begeben – kurz, wir würden uns unserer intellektuellen Entwicklung weitgehend enthalten. Wir würden auch generell davor zurückscheuen, neue Kompetenzen zu erwerben. In einem Wort: Wir würden stagnieren.

Dieses Buch hilft Ihnen, eine solche Entwicklung zu verhindern. Es lockert Ihre persönlichen Bremsen und lässt den Motor der Neugier zu seiner Höchstleistung auflaufen. Es kann also passieren, dass Sie im Verlauf der Lektüre Dinge machen, die Sie zuvor nie für möglich gehalten hätten. Ihnen werden Gedanken wie »Das will ich auch mal ausprobieren!« oder Gefühle wie

»Das ist ja spannend!« kommen. So viel zu den Risiken und Nebenwirkungen der Lektüre.

Neugier gleich Kompetenz minus Exzellenz

Neugier hilft uns, Erfahrungen und Bedeutungen zu extrahieren und zu integrieren. Das ist der Kern unseres Neugiersystems: Es will zu unserem bestehenden Wissen neue Fähigkeiten und Kompetenzen hinzufügen. Dabei ist die Neugier nicht so sehr ergebnis-, sondern mehr erlebnisgetrieben. Neugier, so könnte man sagen, ist der *Wunsch nach Kompetenz ohne Exzellenz*. Das klingt doch sehr gesund und angenehm in den Ohren, vor allem, wenn neben Ihnen mal wieder so ein »Das-Beste-oder-nichts-Typ« sagt, es gebe keine zweiten Plätze, die belohnt werden. »Gähn!«, werden Sie dann in Zukunft denken, denn der Prozess von Erregung und Befriedigung, in dem die Belohnung daher kommt, *dass* man etwas macht, und weniger vom Ergebnis, hebelt den Leistungsdruck aus. Neugier ist der Wunsch nach Information in der Abwesenheit einer externen Belohnung.

Neugier dreht sich auch nicht darum, *dass* ich einer Sache Aufmerksamkeit schenke, sondern *wie* ich ihr Aufmerksamkeit schenke. Das gilt für die Wissenschaft, die Technologie, die Arbeit, das Geschäftsleben, die Bildung, die Politik, die Kunst, die Introspektion, die persönliche Entwicklung und für Beziehungen. So, und jetzt sind Sie hoffentlich hinreichend neugierig auf den Rest des Buchs!

1.1 Ohne Neugier kein Ketchup

Habe ich nun vielleicht Ihre Neugier darauf geweckt, wo die Neugier eigentlich herkommt? Fangen wir vorne an: Aus archäologischer Sicht hat die Neugier einen klaren Startpunkt – und der war vor achthunderttausend Jahren. Plötzlich entdeckte, erfand und entwickelte der Urmensch Dinge, die ihm zuvor egal, verwehrt oder unmöglich waren: etwa den Speer, der selbst bei Olympia im Jahr 2016 noch genau in der Form genutzt werden wird, wie er damals erfunden wurde. Der Urmensch begann, sein Jagdwild zu schlachten, wie es heute noch der Metzger um die Ecke macht, und er zähmte das Feuer – die Mutter aller Erfindungen. Ohne Feuer kein Kochen, ohne Kochen keine haltbaren Speisen, ohne haltbare Speisen kein Fortkommen. Sie lesen dieses Buch doch auch in einem gemütlichen Zimmer und nicht in einer Höhle?

Mit etwas Weitblick könnte man die steile These wagen, dass damals etwas in die Welt kam, das für Menschen im 21. Jahrhundert, dem Zeitalter der Kopfarbeiter, zu den grundlegenden Erfolgsfaktoren zählt: der Drang nach neuem Wissen und Können. Die Lust auf Neues und Veränderung. Die Neugier. Bezogen auf unsere Arbeitswelt sprechen Personalpsychologen von einem »motivationalen Effekt«.[9]

Der *Harvard Business Manager* schrieb 2012,[10] dass mehr als 70 Prozent aller Veränderungsinitiativen scheitern. Einer der Hauptgründe: Die Menschen interessieren sich nicht dafür, sie anzuschieben oder durchzusetzen. Evolution, Wandel, Change – nennen Sie es, wie Sie wollen: Veränderungen rangieren in der Beliebtheitsskala bei den meisten Menschen noch hinter Kopfläusen. Wenn Sie Wandel auch nur erwähnen, beschlägt den Leuten schon die Brille.

Neugier in der Tierwelt

Dabei ist unser Gehirn eigentlich auf Neues programmiert und die Neugier tief in allen Lebewesen verankert. Selbst Vögel haben ein Neugier-Gen,[11] das beispielsweise zuständig ist für die Erschaffung von Dopamin-Rezeptoren. Vögel mit einer spezifischen Variante des Dopamin-Rezeptors D4 legen ein stärkeres Erkundungsverhalten an den Tag, suchen häufiger neue Gegenden auf und schauen sich unbekannte Gegenstände in ihrem Käfig ziemlich genau an. Aber okay, das ist Federvieh. Und einen Vogel haben hin oder ein Vogel sein her: Gilt das vielleicht auch noch für weitere Spezies? Ja, es gilt zum Beispiel auch für Schweine. Der Lernpsychologe Werner Stangl fasst es wie folgt zusammen:

> »Junge Hausschweine bevorzugten den Auslaufstall, in dem immer ein neues Objekt lag, und betraten später den anderen Stall, wo immer dasselbe Objekt lag, nicht mehr. Offensichtlich findet eine Sättigung statt. Erst durch eine Veränderung oder durch eine Konfrontation nach einer Pause erlangt das Objekt der Neugierde wieder seine Neuheit zurück.«[12]

Und Affen können das auch. Aber: Sieht etwa ein Affenhirn einen Gegenstand zum ersten Mal, werden zunächst Neuronen aktiv, die hemmend wirken. Wie jetzt? Wenn ein Affenhirn etwas Neues sieht, zieht es die Handbremse? Ja, es feuern nämlich in so einer Situation zunächst hemmende Neuronen. Bei bekannten Infos oder Bildern etwa geht es jedoch auf Tempo – dann feuern die aktivierenden Neuronen.

Das scheint nun völlig kontra-intuitiv, allerdings nur auf den ersten Blick. Denn Luke Woloszyn und David Sheinberg von der Brown University in Providence[13] haben dafür eine gute Erklärung parat: Dieses Zurückschalten ins langsamere Tempo (»Inhibition« oder »Hemmung« nennen es die Kollegen) scheint den Lernprozess einzuleiten – also erst betrachten, dann erforschen. Und so reagieren die Hirne der Makakenaffen im Versuch immer wieder gleich: Wenn eines der 125 Bilder, die sie zu sehen bekamen, neu war, bremste das Hirn; wenn das Bild bekannt war, nahm es sein »normales« Tempo wieder auf. Die Tatsache, dass wir viel mit den Primaten teilen, ist nicht wirklich neu. Und so haut es einen nicht vom Hocker, wenn die Parallele greift und dieses Prinzip »Erst mal stopp! Das ist neu!« auch für das menschliche Hirn gilt.

»Neugier ist Opium in den Augen«, hieß es im *American Scientist* 2006[14] in Anlehnung an Karl Marx. Aber wenn der Fokus auf das Neue so fest verdrahtet ist, warum gilt dann doch ein wenig überraschend die Erkenntnis vom Kapitelanfang, dass wir uns anscheinend mit der Veränderung so schwertun? Dieser Frage werden wir in Kapitel 5 nachgehen. Häufig haben wir es nämlich mit veritablen Neugierhemmern und -bremsen zu tun, die uns daran hindern, unseren »Neugiertrieb« auszuleben – und das, obwohl Neugier einer der fundamentalen Mechanismen des biologisch basierten Belohnungssystems und der intrinsischen Motivation ist.[15] Das steckt ja schon im Wort selbst drin. Die »Gier« – zugegeben wirklich ein Wort mit einem schlechten Marketing – drückt es eigentlich recht adäquat aus: Unserem Gehirn gelüstet es nach Neuem.

Drogen für Neues im Auge

Neue Erfahrungen erzeugen regelrecht Hochstimmung im Hirn. Ein Rätsel erfolgreich zu lösen erzeugt ein ähnliches Neuronenfeuer wie Schokolade oder Sex. Das belegt Irving Biedermann von der Southern-California-Universität. Und das unsittliche Verhalten im Oberstübchen geht sogar weiter: 2006 schrieb der Forscher im erwähnten Artikel im *American Scientist*, dass es im Auge ganz besondere »Neuheitsdetektoren« gibt. Das sind Nervenzellen, die körpereigene Opiate herstellen. Und das regt wiederum die Nervenzellen weiter hinten im Hirn an, die mit dem Lernen verbunden sind. Bei bekannten visuellen Informationen verhalten die sich dann also eher still.

Diese Reaktionsweise ist recht universell. Bei bekannten Objekten zeigen alle Lebewesen ein Nachlassen der Neugier. Bekanntes erzeugt weniger Aufmerksamkeit. Unser Hirn will etwas rausfinden, um mentale Strukturen aufbauen zu können. Und diese brauchen wir zum erfolgreichen Handeln. Neugier ist ein Motivationssystem, das originär und biogen, also vom Ursprung her, in uns angelegt ist.

Evolutionär ist Neugier ein Muss

Das liegt auch daran, dass wir Menschen zu den flexibel lebenden Wesen gehören. Wir existieren nicht in einer kleinen Nische, wir sind wenig an die Umwelt angepasst. Ohne Kleidung würden wir erfrieren, ohne Werkzeuge können wir unsere Umwelt nicht manipulieren, ohne Feuer könnten wir nachts nicht sehen. Solche Lebewesen *müssen* neugierig sein. Der Grund liegt auf der Hand: Nur so kann eine Spezies rausfinden, was ein Vorteil und was eine Gefahr ist. Und je höher die kognitiven Funktionen der Spezies entwickelt sind, umso mehr Neugierverhalten ist drin im Oberstübchen.

Dies hat sich nachhaltig in unseren Neuronen niedergeschlagen. Michael Cohen und Bernd Weber[16] von der Universität Bonn legten einige Vertreter unserer Spezies in einen Magnetresonanztomographen (MRT), um diesen Zusammenhang zu erforschen. Die Teilnehmer der Studie waren neugierige Menschen, also solche, die aus irgendwelchen Gründen öfter ein neues Telefon haben wollten, oder solche, die tatsächlich aus Langeweile den Beruf wechselten. Sie fanden heraus, dass es bei diesen Menschen durch die Bank eine gute Verbindung zwischen ventralem Striatum und Hippocampus zu geben scheint. Das ventrale Striatum ist ein Verbund aus Nucleus accumbens, Nucleus caudatus und Putamen und der Sitz eines Teils unseres Belohnungszentrums. Der Hippocampus wiederum ist für unser Gedächtnis mit zuständig. Bei Neugierigen ist also die Kommunikation zwischen Belohnung und Lernen irgendwie intensiver – die verantwortlichen Regionen im Gehirn sind besonders gut miteinander verbunden.

Das als Hintergrundinformation, denn über den Aufbau unseres Gehirns wurden schon so viele Blätter Papier beschrieben, dass eigentlich jeder gesunde Baum den Lebensmut verlieren müsste. Deswegen soll an dieser Stelle unser Fokus nun zur Praxis und zum praktischen Nutzen der Neugier wechseln.

1.2 Die 3E-Regel und der Fall mit dem Apple

Die Hirnforschung wird oft bestaunt und bemitleidet zugleich. Jeder staunt über die Bilder, die den Blick ins arbeitende Gehirn erlauben. Schwer wird es immer dann, wenn es um den Transfer dieser Bilder und um ihre Bedeutung für den Alltag geht: Was will uns der Scanner mit diesen Bildern bloß sagen? Eine schwierige Frage – und doch gibt es Hirnforscher, die diesen Bogen gekonnt schlagen.

Ein schönes Beispiel für den Praxis-Transfer der Hirnforschung in unseren Alltag ist die 3E-Regel, von der zum Beispiel Ernst Pöppel 2008 auf einem Vortrag im Rahmen des Neuromarketing-Kongresses in München berichtet hat. Diese Regel steht für die Lieblingsarbeitsweise unseres Gehirns. Michaela Blaha[17] etwa hat diese in einem Versuch mit ihrem Team aus Germanisten der Uni Bochum sehr gründlich untersucht. Hier als Beispiel zuerst ein Text, der vollends gegen die 3E-Regel verstößt:

> »Nach der neuen Hessischen Bauordnung (HBO 2002) handelt es sich entsprechend der Anlage 2 über baugenehmigungsfreie Vorhaben nach § 55 HBO Ziffer 1.16 bei Dachaufbauten auf bestehenden Gebäuden um baugenehmigungsfreie Bauvorhaben, die allerdings den Vorbehalten des Abschnitts V Nr. 1 und 3 unterliegen.«[18]

Was löst das bei Ihnen aus? Sie haben kein gutes Gefühl? Und nichts verstanden, geschweige denn eine Ahnung, was zu tun ist? Tja, willkommen im Klub! Blaha und ihr Team machten sich die Sprachentrümpelung zur Aufgabe. Der identische Inhalt des Textes, getunt und gepimpt für eine optimale 3E-Verarbeitung im Gehirn, sieht so aus:

> »Sehr geehrte Frau X,
> Sie sind Eigentümerin des Grundstücks Y. Auf dem Dach Ihres Gebäudes haben Sie eine Gaube errichtet. Dafür benötigen Sie zwar keine

Baugenehmigung. Allerdings hätten Sie uns die Baumaßnahme trotzdem ankündigen müssen. Wir müssen solche Maßnahmen prüfen (HBO 2002, § 55 1.16, Abschnitt 1 und 3).«

Aha! Jetzt verstehen Sie sicher mehr, oder? Klar, der Text ist noch nicht sexy im klassischen Sinne, aber gibt dem Leser doch ein viel besseres Gefühl, ist im Vergleich zum ersten deutlich einfacher zu verarbeiten, und jeder weiß, was zu tun ist. Das ist Informationsfluss nach der 3E-Regel. Überraschenderweise sehen das sogar die Ämter inzwischen so. Damals, nach dem Versuch, bestätigte nämlich das Forschungsinstitut für öffentliche Verwaltung in Speyer, dass aufgrund der getunten Schreiben die Zahl an Rückfragen restlos verwirrter Bürger deutlich zurückgegangen war. Was also ist das Geheimnis der drei E?

- *E wie »easy access«*: Was einfach zu bekommen ist, wird vom Gehirn bevorzugt. Informationen, die schwer zu bekommen sind, deren Erhalt mit mentaler Arbeit verbunden ist, finden unsere grauen Zellen nicht ganz so prickelnd.
- *E wie »effortless processing«*: Der Zugriff sollte ebenso einfach wie die Verarbeitung sein. Pöppel sagte sinngemäß: Je einfacher eine Information zu verarbeiten ist, desto eher verarbeitet das Gehirn sie. Anstrengungslosigkeit ist der Wunschzustand unseres Hirns. Das bekommen wir so natürlich nicht mit. Was wir über die Sinneskanäle aufgenommen haben, vergleicht unser Arbeitsgedächtnis mit Informationen, die wir bereits im Kopf haben. Dabei bewertet es diese permanent. Unsere Aufmerksamkeit fokussiert dann auf das, was wichtig ist. Alles andere wird als bedeutungslos gekennzeichnet und zurückgehalten. Nur was so als interessant gekennzeichnet wurde, wird überhaupt weiterverarbeitet.
- *E wie »efficient action«*: Alle Lebewesen, so auch wir, sind im Laufe der Evolution darauf programmiert worden, effizient zu handeln. Unser Gehirn ermöglicht das durch die Informa-

tionsaufnahme und -verarbeitung. Das ist die Basis für unser Handeln. Das Ziel unserer Handlungen wiederum ist einfach gesagt das Erreichen von Zielen oder, anders ausgedrückt, Bedürfnisbefriedigung. Das ist das Ende. Danach wird eine Aufgabe im Hirn als abgeschlossen betrachtet.

Der Fall mit dem Apple

Mit dieser Erkenntnis hat sich zum Beispiel Apple auseinandergesetzt. Die Computerliebhaber aus Cupertino kennen die 3E-Regel sogar so gut, dass sie sie manchmal gezielt *nicht* einsetzen. Denn was sie in ihrem Design sehr hochhalten – nie mehr als nötig –, nutzen sie beispielsweise *nicht* in ihren Geschäftsbedingungen. Apples »Terms of Service« umfassten 2010 viel mehr Wörter als erforderlich, genauer gesagt 4.137. Die meisten von uns wissen das allein schon vom Weggucken – also nicht die genaue Zahl, aber dass es deutlich zu viele sind. Wir schauen nämlich automatisch weg, wenn wir mit einem solchen Text konfrontiert sind – und der Grund dafür ist der Verstoß gegen die 3E-Regel.

Weil wahrscheinlich viele Menschen einfach nur wegschauten, sah Apple etwas später wohl das Licht – und Gregg Bernstein von der Georgia State University in Atlanta bekam den Auftrag, sich der Sache anzunehmen. Der Forscher verschlankte die Inhalte in den Geschäftsbedingungen auf nur 381 Wörter. Wow! Er zog sogar einen Juraprofessor zu Rate, um sicherzustellen, dass durch die Verkürzung nichts verlorenginge oder rechtlich angreifbar würde. Und wie reagierte Apple? Nun, schauen Sie selbst – die Zahl der Wörter beträgt heute im Jahr 2016 genau 14.949.[19] Quel dommage! Apple kennt die Regel und wendet sie gezielt nicht an.

Interessant ist Apples Nutzung der 3E-Regel auch, wenn es um die Werbung des Konzerns geht. Nicht nur, dass Apple dort (manchmal) die 3E-Regel perfekt umsetzt; das Unternehmen fügt ihr mitunter sogar eine vierte Regel hinzu, die aus dem effektiven Umgang mit Information eine Neugierintervention erster Klasse macht.

Eine Neugierintervention mit Werbung? Wie könnte die denn aussehen? Nun, am besten gelang das Apple Ende des 20. Jahrhunderts, also in der Prä-Smartphone-Ära, mit einer bestimmten Kampagne. Die Werbung begann mit der Frage: »Was sagt mein Computer über die Person aus, die ich bin?« Das war damals noch keine so geläufige Frage, weil wir uns zu der Zeit noch nicht so stark über unsere mobilen und smarten Endgeräte definierten. Wie also lautete die Antwort auf Apples Frage? Was sagt der Rechner über mich aus: dass ich intelligent bin, kreativ, verspielt? Der Auftakt war schon ein klarer Verstoß gegen die 3E-Regel – weil Menschen plötzlich über eine Frage nachdenken sollten, bevor sie überhaupt wussten, dass diese Frage für sie wichtig war.

In der Kampagne folgte dann der zweite Schritt: Auf Plakaten tauchten Portraits von Personen auf. Die meisten waren recht bekannt, etwa Picasso oder der Dalai Lama. Dazwischen ein paar Gesichter, die einem bekannt vorkamen, deren Namen

Beispiel aus der Apple-Kampagne März 1998, Los Angeles

man aber nicht gerade auf der Zunge hatte, zum Beispiel Emilia Earhardt. Und dann waren da noch welche, die kaum jemand kannte, die aber bekannt sein müssten, so wie die anderen kreativen Genies, so dachte der Betrachter. Und ausgerechnet bei diesen hatten die Schlauköpfe von Apple einfach die Namen weggelassen. Gemein, oder? Ein erneuter Verstoß gegen die drei E (definitiv kein »easy access«) – und trotzdem lungerte die Frage im Kopf herum: Wer könnte das wohl sein?

Schließlich der Effekt: Wenn Menschen nun versuchten herauszufinden, wer denn auf dem Plakat zu sehen war, blieb diese Aktivität verbunden mit dem Gedanken an Apple. Und da die »action«, also die Recherche durch mangelnde Hilfestellung gar nicht so »effortless« war, konnte sie auch Zeit kosten – und der Gedanke an Apple blieb schön lange präsent. Außerdem, als zusätzlicher Benefit dieses Werbungskonstrukts, entstand im Gehirn die Koppelung: kreative Genies und Apple. Und immer noch: keinerlei Information zu den Produkten. Nirgends. Eine Schnitzeljagd mit Subtext. Das störte im ersten Moment eine weitere Facette des dritten E, die »effortless action« im Kaufkontext – aber nicht lange, wie der folgende Run auf die Produkte bewies. Inzwischen sind Apple-Spots (leider) völlig anders. Sie schüren weniger die Neugier als vielmehr das Verlangen.[20]

Wer der 3E-Regel nun vorne ein I hinzufügt, hat die Formel für Neugier: »IEEE«. Sprich: Irritation beim einfachen Auffinden, beim einfachen Verarbeiten und ein wenig noch beim Handeln. Das war der Apple-Trick.

Von Cupertino nach Rüsselsheim

Der funktionierte aber nicht nur bei Apple, sondern zum Beispiel auch bei Opel in Rüsselsheim. Dort trat die Marketingleiterin Tina Müller an, um mit Hilfe von Werbung etwas zu erreichen, was zu den schwierigsten Operationen im Oberstübchen gehört: die Re-Positionierung einer Marke, ein Umparken im Kopf. Und so war die Kampagne auch betitelt.

Das ist noch nicht lange her. Wer die Plakate noch vor dem inneren Auge sieht und die IEEE-Formel kennt, weiß genau, warum die Kampagne (zunächst) funktionierte: Sie war geprägt von 3E-Parametern und leicht zugänglichen Informationen – dank klarem Aufbau und übersichtlichem Layout. Die Informationen waren leicht zu verarbeiten, weil es nur wenige waren. Und sie war auf Irritation ausgerichtet, weil Fragen im Kopf übrigblieben – Daten in der *Wirtschaftswoche* vom 2. Juni 2014 veröffentlichten Zahlen des Markenmonitors BrandIndex des Marktforschungsinstituts YouGov belegten das:[21] Nach dem Start der Kampagne im März 2014 hatte schon im April jeder dritte Befragte die Kampagne wahrgenommen. Unterm Strich war Opel damit stärker im Wahrnehmungsgedächtnis vertreten als Volkswagen.

Aber was war nun der Effekt? Die bis Dreißigjährigen hatten tatsächlich ein positiveres Bild der Marke Opel bekommen. Doch

Umparken im Kopf

es gab einen Pferdefuß: Die Meinungsänderung war nicht von Dauer – die Einschätzung ging schnell wieder zurück auf die Werte wie vor Beginn der Kampagne. Die Kaufabsicht hatte sich nicht geändert, und sie war laut Markenmonitor sogar gesunken – eine Kausalität zwischen diesen beiden Fakten ist allerdings eher unwahrscheinlich.

Fazit: Das Umparken im Kopf hat funktioniert – aber nur kurzzeitig. Das bedeutet weiterhin, dass Neugier der Werbung nutzt – aber ebenfalls nur kurzfristig. Zur Verankerung des Effekts und zur Stärkung der Kaufabsicht sind eben nachhaltige Maßnahmen über die Erweckung von Neugier hinaus nötig.

Google und die 3E-Regel

In dieses Buch gehört – wie in fast jedes im 21. Jahrhundert – mindestens dreimal das Wort »Google«. Hier soll es darum gehen, wie Google sich mit seinem Suchalgorithmus und der Präsentation der Suchergebnisse an die klassischen drei E hält – und damit unsere Neugier leider nahezu killt. Chris Wire, der Chef von Real Art, einer digitalen Werbeagentur, hat es auf den Punkt gebracht, indem er das Google-Versprechen ein wenig verballhornte. Im ersten Schritt bediente er sich einer Abwandlung eines Zitats des amerikanischen Journalisten und Zynikers Henry Louis Mencken: »For every question Google has an answer that is clear, simple and *wrong.*« Wire formulierte das so: »For every question Google has an answer, that is … clear, simple and *unimaginative.*«

Weil Suchmaschinen generell diese drei E so perfekt bedienen, fällt das I eben meistens unter den Tisch. Wir werden nicht mehr zum Suchen angespornt, sondern mit dem Finden abgespeist. Auch ich habe während meiner Vorträge schon erlebt, dass Menschen die Dinge im Smartphone nachschlugen, über die ich gerade berichtete. Na ja, das kann einen Vortragenden frustrieren, wenn die Zuhörer abdriften, aber zumindest machen sie nicht das, was schon unsere Studenten an der Uni Köln mit ihrem Smartphone machten: facebooken oder Schuhe kaufen. Nachdem wir allerdings unsere Unterrichtseinheiten auf IEEE umgestellt hatten, ließ dieses Verhalten in atemberaubender Geschwindigkeit nach.

Das Prinzip IEEE wird uns immer wieder begegnen, wenn es um das gezielte Erzeugen von Neugier geht. Nicht nur in der Werbung, auch in der Bildung zeigen die Beispiele, wie diese Formel Hirnen Hunger auf Neues macht. Mehr noch: Man kann Hirne und deren Besitzer daraufhin trainieren, diese Formel instinktiv auf die eigene Umwelt anzuwenden – man kann also lernen, sich selbst neugieriger zu machen, indem man die Irritationen entdeckt. Denn:

1.3 Das hat alles Konsequenzen

»Wer nicht neugierig ist, erfährt nichts« – das sagte einst ein schöpferischer Frankfurter.[22] Doch warum sollten Sie nicht den gleichen Satz formulieren dürfen? Ist Neugier ein Vorrecht der Goethes oder Einsteins dieser Welt? Haben die Wissenschaftler sie gepachtet, die Kinder sie geraubt – oder hat der Biss in den Apfel, dem ja bekanntlich die Vertreibung aus dem Paradies folgte, ihr das Image ramponiert? Bevor wir uns der Frage stellen, wer die Neugier hat und wo sie inzwischen hin ist, sollten wir uns vielleicht die Frage stellen: Wo kommt sie eigentlich her, diese menschliche Neugier? Was meinen Sie?

A: Sie tauchte vor 1,5 Millionen Jahren plötzlich auf.
B: Sie stammt von Adam und Eva.
C: Sie ist ein Persönlichkeitsmerkmal.
D: Das interessiert mich nicht.

Sie haben angegeben, es interessiere Sie nicht? Dann sind Sie in guter Gesellschaft. Am besten, Sie blättern gleich zu Kapitel 7 – das ist extra für Nicht-Neugierige geschrieben.

Was uns, bei ehrlicher Prüfung der Optionen, zu Antwort C bringt. Und die führt uns direkt zur nächsten Frage: Kann es das überhaupt geben – einen völlig unneugierigen Menschen? Oder ist Neugier ein fester Persönlichkeitsanteil, den wir allerdings mit dem Diplom an den Nagel hängen und der uns durch die Sprüche rund um das lebenslange Lernen immer mehr vergällt wird? Die Psychologen sind sich beeindruckend uneinig. Manche sagen, Neugier sei in uns, ein festes Merkmal, ein sogenannter »Trait«. Andere sind fest davon überzeugt, dass Neugier nur durch bestimmte Situationen ausgelöst wird. Sich in diese Diskussion zu begeben, scheint so frugal wie fruchtlos, denn sie beantwortet unsere Frage nicht.

Neugier beginnt nicht mit Adam und Eva

Zu These B: Auftritt des Traumpaars aus dem Paradies. Meiner Meinung nach eine These mit begrenzter Haltbarkeit – nicht etwa, weil sie nicht be- oder widerlegt werden kann, sondern weil sie nur systemimmanent, also innerhalb des Christentums, gültig ist. Will sagen: Wer an Adam und Eva glaubt, der kann selbstverständlich nur Ja sagen zur Metapher vom Biss in die Frucht vom »Baume der Erkenntnis«. Aber versuchen Sie das mal mit Gottes loyaler Opposition zu diskutieren: Ein Nicht-Christ wird einem da keine Chance geben.

Auch der Alltag im 21. Jahrhundert ist die Erkenntnis das Gebot der Stunde. Es klingt nur anders: Wir sprechen von globalen wirtschaftlichen Veränderungen oder technologischen Umwälzungen. Evolutionen und Revolutionen sind im Geschäftsleben strategischer Alltag, das ist die Natur unserer Arbeit. Multiplizieren Sie das noch mit der Auflösung Ihres Büros in einen mobilen, teilweise virtuellen Raum, und Sie haben das, was wir Job nennen. Nichts bleibt gleich, Inhalte wechseln ständig, Kompetenzen wollen erlangt und jährlich erweitert werden. Ohne Offenheit für Neues sind wir da ziemlich schnell geliefert.

Der Psychologe Todd Kashdan hat eine eingängige Kausalkette formuliert, die zeigt, wie nachhaltig Neugier in die Qualität unseres Alltags eingreift:

> »Wenn wir neugierig sind, erforschen wir.→ Wenn wir erforschen, entdecken wir.→ Wenn das Spaß macht, machen wir es weiter.→ Weiterzumachen führt zu Kompetenz und Meisterschaft.→ Kompetenz und Meisterschaft zu entwickeln, lässt unsere Fähigkeiten und unser Wissen wachsen.→ Wenn Wissen und Fähigkeiten wachsen, erweitern wir unser Selbst und unser Leben.→ Wenn wir mit Neuheit umgehen, werden wir erfahrener und intelligenter und durchtränken unser Leben mit Sinn.«[23]

Neugier hat also in dieser Kausalkette und ihren Argumenten schon imposante Fürsprecher. Doch was macht sie so grundsätzlich wichtig für unser Leben?

- *Neugier macht den Kopf aktiv.* Die Neugierigen sind die Fragesteller. Sie geben sich nicht so schnell zufrieden. Sie wollen wissen: was, wie, warum? Dazu braucht es auch einen Verstand, der die so ergatterten Informationen verarbeitet. Und je mehr der Kopf arbeitet, desto besser wird er. Neugier ist also eine Art Selbstbestäubung für geistiges Wachstum.
- *Neugier macht den Kopfbesitzer aufmerksamer.* Die Neugierigen laufen mit offeneren Augen durch die Welt. Nur so bekommen sie die Antworten, die sie wollen, und finden die Dinge, nach denen sie fragen. Neugier ist ein Ideendetektor.
- *Neugier schafft Alternativen.* Neugier verhindert den verfrühten Torschluss im Kopf. Sie sucht nach dem Nicht-sofort-Sichtbaren. Sie schaut hinter die Kulissen, will die verborgenen Wirkweisen erkennen.
- *Neugier schafft Freude.* Es ist kaum anzunehmen, dass ein neugieriger Mensch zu irgendeinem Zeitpunkt Gefahr läuft, an Langeweile zu krepieren. Niemand hat je sein Hobby gehasst

und es trotzdem in jahrelanger Selbstkasteiung beibehalten. Neugier ist ihr eigenes Navigationsinstrument.

Klingt verlockend. Was also ist drin für einen, der neugieriger werden will, der beruflich oder privat gesteigertes Interesse an den Tag legen mag?

Die Liebe besteht
zu drei Vierteln
aus Neugier.
Giacomo Casanova

2 Welche Vorteile bringt mir Neugier?

Interessier mich: Neugier wird als die wichtigste psychologische Stärke angesehen, wenn es um ein erfülltes und zufriedenes Leben geht. Sie ist die stärkste Triebkraft für Veränderungen und dafür, Ziele im eigenen Leben zu erreichen. Sie nützt uns beim Lernen, beim Umgang mit anderen und im Leben generell.

Sinn aus Erfahrungen zu extrahieren und in unser Selbst zu integrieren, das gelingt nur mit Hilfe der Neugier. Und das ist dementsprechend auch ihr ultimatives Ziel: unser bestehendes Wissen und Können zu erweitern. Das Hinzugewonnene hilft uns wiederum, uns und die Welt um uns zu verstehen, die Alltagsherausforderungen besser zu meistern und unsere Fähigkeit zu verbessern, mit dem Durcheinander der Welt umzugehen.

Top-down und bottom-up

Der amerikanische Psychologe Todd Kashdan von der George-Mason-Universität in Virginia unterscheidet zwei Wege, wie Neugier in uns entsteht: entweder durch einen Top-down- oder durch einen Bottom-up-Prozess. Solche Prozessbeschreibungen finden sich in vielen Wissenschaftszweigen – von der Managementtheorie über die Informatik bis hin zur Nanotechnologie. Dabei gilt immer der Grundsatz, dass top-down vom Abstrakten, Allgemeinen oder Übergeordneten schrittweise hin zum Konkreten, Speziellen oder Untergeordneten geht – bottom-up dagegen bezeichnet die umgekehrte Richtung. Es handelt sich also um zwei grundsätzlich verschiedene Denkrichtungen, mit deren Hilfe sich komplexe Sachverhalte verstehen, beschreiben und darstellen lassen.

Wie Neugier durch einen Bottom-up-Prozess entstehen kann, illustriert folgende Geschichte: Stellen Sie sich vor, Sie stehen auf einer Party und jemand kommt mit einem Aye-Aye auf dem Arm herein. Womit? Mit einem Aye-Aye. Das ist ein Tier und stammt aus Madagaskar. Genauer gesagt ist das Fingertier (Aye-

Aye oder Daubentonia madagascariensis) eine Primatenart aus der Gruppe der Lemuren. Charakteristisch und verantwortlich für seinen Namen sind seine Finger, die gruselig geformt sind und von denen der dritte besonders lang ist. Und auch sein Gebiss ist zum Fürchten mit den enorm großen Schneidezähnen, die man sonst nur bei Nagetieren sieht.[1]

Der stolze Haustierbesitzer mischt nun die Party auf, indem er sein Schoßtier auf ein frisches Stück Holz ansetzt: Die folgende Performance ist faszinierend und abstoßend zugleich: Das putzige Tierchen klopft mit seinem langen Mittelfinger auf den Stamm, um zu sehen, ob da eventuell Raupen oder andere Insekten drin sind, reißt die Rinde auf und isst alles, was es findet. Das ist hässlich, das ist seltsam, und das ist ungewöhnlich. Sie denken: Den will ich nicht mit der Haut meiner Unterarme herumspielen lassen!

In solch einer Situation muss Ihnen keiner zurufen: »Sei neugierig!« Wenn jemand so ein Tierchen mit sich herumträgt, werden Sie garantiert von selbst neugierig – konkreter und spezieller geht es ja kaum. Das ist also der Kern der Bottom-up-Neugier: Kleine oder überschaubare Dinge oder Zusammenhänge erhaschen unsere Aufmerksamkeit, weil sie hervorstechen und ungewöhnlich sind.

Richtig spannend allerdings wird es erst bei der Top-down-Neugier. Die ist wie ein Laser, mit dem Sie das Neue aus dem noch Unbekannten herausschneiden, also gewissermaßen die Spreu vom Weizen Ihrer Eindrücke trennen können. Und sie wird auch nicht durch einzelne Erlebnisse von außen getriggert, sondern ist in einem gewissen Maße in uns angelegt und versieht uns mit einer »Neugierbrille«, die bestimmt, wie wir an die Dinge herangehen, wie wir sie sehen und wie leicht wir Neues im Alten entdecken. Wenn Sie diese Brille per se schon tragen, dürfen Sie sich glücklich schätzen – und erfahren im Folgenden, welche Vorteile sie Ihnen bringt.

2.1 Mehr Freunde

Wir starten mit dem ersten Vorteil: Neugierige haben die intensiveren und erfüllenderen Sozialkontakte. Das liegt unter anderem daran, dass ihre Partner sie als interessierter und als zugänglicher beschreiben.[2] Der Umgang mit Neugierigen ist also angenehm.

Neugierige berichten auch selbst von mehr und von befriedigenderen Beziehungen und tendieren viel eher dazu, neue und bleibende Kontakte mit Unbekannten zu entwickeln. Interessiert und zugänglich zu sein, wenn Partner zum Beispiel positive Erlebnisse und glückliche Begebenheiten aus dem eigenen Leben teilen – das verheißt außerdem größere Zufriedenheit in einer Beziehung, spiegelt größeres Engagement und verursacht weniger Konflikte.[3]

Und diese Beliebtheit entsteht sogar noch ruck, zuck im Kopf der beeindruckten Mitmenschen: Ein positives Urteil über Neugierige können Menschen oft bereits nach fünf Minuten fällen![4] Dabei spiegeln Aussagen wie: »Die Person ist enthusiastischer und energiereicher, ist gesprächiger und interessiert an dem, was ich sage und tue«, die weite Spanne der Interessensgebiete von Neugierigen sowie die positive Wahrnehmung des Gegenübers wider.

Das sind sie also, die Neugierigen! Ihre Interessen und die sich daraus ergebenden Fragen an den anderen lassen sie selbstsicher, zuversichtlich, humorvoll, ausdrucksstark und gesellschaftlich versiert erscheinen. Und das sind eben alles Eigenschaften, die ein positives Urteil der Menschen geradezu herausfordern.

Neugierige stellen genau die Fragen, die dazu beitragen, dass Menschen sich wichtig fühlen. Sie sind interessiert daran, Dinge über ihren Partner herauszufinden und halten Interaktionen auf diese Weise interessant und spielerisch. Das wiederum trägt dazu bei, Kontakte zufriedenstellend und bedeutungsvoll zu gestalten – und so entstehen Beziehungen! Wer möchte nicht mit einem solchen Mitmenschen plaudern oder gar befreundet sein?

Beruhigend für ein Gegenüber ist zudem, dass neugierige Menschen oft den Eindruck vermitteln, ganz gut zu wissen, was sie tun. Befragungen belegen dabei einen beeindruckenden Grad an Deckungsgleichheit zwischen Selbst- und Fremdwahrnehmung, also zwischen den Eindrücken der Außenwelt und dem, wie neugierige Menschen sich selbst sehen. Neugierige Menschen sind anscheinend genuin und authentisch – und werden auch so wahrgenommen.[5]

Neugierig zu sein und zu bleiben, selbst in langen Beziehungen, ist eine echte Kunst. Aber sie lohnt sich! Schauen Sie sich viele langjährige Paare an, also Menschen, die seit Jahrzehnten zusammen sind. Was, so würden Sie schätzen, ist der wichtigste Faktor für den Verlust von Leidenschaft in Beziehungen? Überraschung! Es sind nicht die Konflikte, es sind nicht die Finanzen – es ist die Langeweile! Und langweilig wird es, wenn wir denken, dass wir alles über jemanden wissen. Wir haben dann das Gefühl, eine fünfhundertseitige Biographie über diese Person schreiben zu können. Wir alle neigen dazu, an rigiden Labels, an Kategorien und an Stereotypen festzuhalten. Die sind auch gut und nützlich – in manchen Situationen. Wenn wir aber immer an ihnen hängenbleiben, unterminieren wir die Komplexität anderer Menschen – und unsere eigene dazu. Wir verpassen die Vielseitigkeit der anderen und setzen uns auch immer wieder selbst aus diesen vorgefertigten Labels zusammen – wodurch wir uns unnötig kleinmachen.

Ein Beispiel: Es mag sein, dass Sie sich selbst übergreifend als neurotischen Menschen wahrnehmen, aber es gibt sicher Momente, in denen Sie stabil, normal und zentriert sind. Oder Sie definieren sich als extrovertiert, aber es gibt Momente, in denen Sie schüchtern sind, passiv und Dinge nur absorbieren, statt selbst zu agieren. Wenn Sie sich dadurch limitieren, sich nur bestimmte Persönlichkeitseigenschaften zuzuordnen und dann »den Sack zumachen«, entgehen Ihnen viele spannende Möglichkeiten und gute Erlebnisse. Das Gleiche gilt für den Umgang mit anderen Menschen: Man hält sie klein dadurch, dass man sie in eine Schublade steckt. Es gibt übrigens Untersuchungen für den beruflichen Kontext, die zeigen, dass Führungskräfte, die sich so verhalten, die Stärken und das Potential ihrer Mitarbeiter limitieren. Ein solches Verhalten gehört übrigens grundsätzlich zu den schlimmsten »Neugierkillern«, über die Sie mehr in Kapitel 5 erfahren.

2.2 Mehr Erfolg

Neugierige Menschen wollen die Dinge verstehen – klar, oder? Deswegen bleiben sie dran, bis sie etwas kapieren – und sind daher erfolgreicher. Das zeigt sich schon im Studium. So haben Studenten mit größerer Neugier generell mehr akademischen Erfolg als weniger neugierige Kommilitonen.[6] Eine der Ursachen dafür ist naheliegend: Sie stellen bis zu dreimal so viele Fragen!

Für unsere Motivation beim Lernen spielt die angeborene Neugier eine sehr wichtige Rolle. Wenn Menschen neugierig sind, widmen sie einer Aktivität mehr Aufmerksamkeit, verarbeiten die Informationen tiefer, erinnern sich besser an alle Informationen, und es ist wahrscheinlicher, dass sie bei Aufgaben so lange bei der Stange bleiben, bis das Ziel erreicht ist.[7] All das sind Faktoren, die uns beim Lernen erfolgreich machen und dabei zu einer besseren Performance in Prüfungen und im Leben überhaupt beitragen.

Der Nutzen der Neugier scheint also auf den ersten Blick vor allem im Lernen zu liegen. Und dabei besonders im Lernen in der Kindheit, weil unsere Kindheit natürlich *die* Lernphase überhaupt ist. Der Zusammenhang ist klar: Babys sind süß, aber ungebildet. Sie müssen also lernen. Schon eine Studie aus den 1960er Jahren fand heraus, dass Erkundungswillen, Spiel und diverse Erfahrungsstrukturen motorisches Lernen und Wahrnehmungslernen verbessern.[8] Doch auch nach dem Säuglingsalter hilft die Neugier: Junge Erwachsene, also wieder Studenten, bleiben länger am Schreibtisch, verbringen mehr Zeit mit dem Studieren, lesen tiefer, erinnern mehr von dem, was sie gelesen haben – wenn sie interessiert sind. Und das resultiert in: besseren Noten![9]

Dem Alter scheinen allerdings insgesamt keine Grenzen gesetzt zu sein – Neugier hilft eben! Auch in der Erwachsenenbildung und im Büro, wie eine andere Studie zeigt: Wenn sie Neugierigen eine langweilige Aufgabe zuteilen, so nutzen diese eigene Strategien, um die Aufgabe interessanter zu machen. Sie arbeiten etwa mit einem Freund zusammen oder machen die Aufgabe von sich aus komplexer.[10]

Neugier ist auch auf andere Weise hilfreich: Versuche zeigen, dass Menschen, die neugieriger sind, wenn sie Neues kennenlernen, sich später auch besser an dieses neue Wissen erinnern können. Neugierige lernen also leichter. In einem Versuch des Wirtschaftspsychologen George Loewenstein lasen Menschen Fragen und rieten die zugehörige Antwort. Zusätzlich schätzten sie ein, wie neugierig sie auf die richtige Antwort waren und wie sicher sie sich waren, die korrekte Antwort zu kennen. Dabei kam heraus, dass Neugier an einem bestimmten Punkt am stärksten ist: Wenn wir uns zu 50 Prozent sicher sind, die Lösung zu kennen, sie aber nicht hundertprozentig wissen – eine Art positiver situativer Blödheit.

Zurück zum Arbeitsplatz: Heute sind die Begriffe »Leidenschaft«, »Commitment« und »Leadership« in aller Munde. Unternehmen setzen auf engagierte Mitarbeiter – die aber sind anspruchsvoll und wollen wiederum nur für engagierte Unternehmen arbeiten. Und was haben Engagement oder Leidenschaft mit Neugier zu tun? Viel! Carol Dweck von der Stanford University zeigte, wie »Mindsets« sich auf Engagement im Beruf auswirken.[11] Erwartungsgemäß sind nämlich nur die Mitarbeiter mit Herzblut bei der Sache, deren Mindset auf »growth«, also auf »Wachstum« (und zwar an Wissen), ausgerichtet ist. Diejenigen, deren Mindset auf »fixed« steht, die also deutlich weniger neugierig sind und in einer Art Stillstand verharren, bringen weniger Energie ein, sind also weniger engagiert – und haben dementsprechend weniger Erfolg.

2.3 Mehr Leben

Vieles aus der Psychologie lässt sich nicht im Labor an Ratten testen. Was aber glücklicherweise mit direktem Bezug zu unserem Thema sehr gut an den kleinen Nagern belegt werden kann, ist, dass neugierige Lebewesen länger leben. Weibliche Ratten, die neuen Erfahrungen nachgehen, haben eine deutlich höhere Lebenserwartung als die weniger neugierigen Nager-Zeitgenossen – und zwar bis zu 25 Prozent mehr.[12]

Auch für uns Menschen gilt: Bei Lichte betrachtet gibt es wohl wenige Erlebnisse, die wünschenswerter sind, als am Leben zu sein. 1996 berichteten Psychologen[13] von Studienergebnissen, in denen sie fünf Jahre lang Menschen zwischen sechzig und sechsundachtzig gründlich unter die Lupe genommen hatten. Mit dem Ergebnis, dass Menschen, die zu Beginn der Studie neugieriger waren, mit höherer Wahrscheinlichkeit auch das Ende dieser Studie erlebten – egal ob sie Raucher, herzkrank oder anderweitig beeinträchtigt waren.

Nun ist länger zu leben natürlich kein Verdienst an sich. Und ein längeres Leben ist nur dann ein Genuss, wenn man einigermaßen physisch und mental auf der Höhe ist. Fakt scheint aber zu sein: Je länger Menschen leben, umso eher treten Degenerationskrankheiten wie zum Beispiel Alzheimer auf. Doch auch hier hat die Neugierforschung genauer hingeschaut: Neugierige Menschen leben länger *und* haben gleichzeitig eine geringere Wahrscheinlichkeit, an Alzheimer zu erkranken.[15] Guter Deal, oder? Interessanterweise gilt dabei: Zu einigen der frühen Anzeichen neurologischer Erkrankungen bei älteren Menschen gehört eine verringerte Fähigkeit, sich mit Neuem zu befassen, Neuheit zu managen und Belohnungen aus neuen und herausfordernden Erlebnissen zu ziehen.[14]

Dazu gibt es noch mehr interessante Untersuchungen: Denn nicht nur ein längeres, sondern auch ein besseres Leben verspricht die Wissenschaft den Neugierigen unter uns. Spannend sind Forschungsergebnisse aus dem Jahr 2007,[15] die zeigen, wie nützlich Neugier ist, wenn wir unsere kognitiven Fähigkeiten und unsere Vitalität verbessern wollen. Dabei ist der Zusammenhang folgender: Patienten mit Parkinson und Alzheimer leiden an einer Degeneration der Dopaminkreisläufe – und diese sind recht eng mit Neugier verbunden.[16] Diese Patienten haben daher einen Mangel an Neugier und einen generellen Unwillen, ihre Umgebung zu erkunden. Ihre kognitiven Fähigkeiten leiden darunter, und sie finden sich so automatisch in einer Art Abwärtsspirale wieder, die sie in die Verständnislosigkeit und Isolation führt. Erste Untersuchungen aus den Jahren 2005[17] und 2002[18] liefern tatsächlich vielversprechende Anzeichen dafür, dass eine Steigerung der Neugier das Risiko für diese degenerativen Erkrankungen verringert und im Gegenzug sogar dic natürliche Degeneration umkehren kann. Neugier hilft also – auch hier und vor allem im Vorfeld!

Aktuelle Forschungen legen weiterhin nahe, dass Menschen mit größerer Neugier stärker auf Ereignisse reagieren, die Möglichkeiten für Wachstum, Kompetenzgewinn und einen hohen Level an Stimulation bieten. Im Verlauf von einundzwanzig Tagen berichteten besonders neugierige Menschen von häufigerem Auftreten von Ereignissen, die mentales Wachstum triggern, zum Beispiel von Geduld und Beharrlichkeit beim Verfolgen eines Ziels, beim Überwinden von Hindernissen oder beim Ausdrücken von Dankbarkeit gegenüber Wohltätern. Darüber hinaus empfinden sie auch größere (all)tägliche Neugier und größere Sensibilität für »normale« regelmäßige Ereignisse und Zustände.[19] Hinzu kommt, dass bei Menschen mit stärker ausgeprägter Neugier die Wahrscheinlichkeit höher liegt, dass die alltägliche Neugier bis zum nächsten Tag anhält. Das alles wirkt wie eine Art Motor und trägt wiederum dazu bei, dass solche Menschen in ihrem Leben generell größeren Sinn empfinden – Wissenwollen als täglicher Motivator!

Menschen mit geringer ausgeprägter Neugier berichten dagegen von einer größeren Anfälligkeit für durch Genusssucht geprägte Ereignisse und Zustände, zum Beispiel Sex pur um des Vergnügens willen oder Koma-Saufen – dabei waren die positiven emotionalen Auswirkungen dieser Ereignisse stets nur kurzlebig. Wenn man nun voraussetzt, dass diese »Genusssucht-Aktivitäten« der Gesundheit und einem gelungenen Leben abträglich sind, legen diese Ergebnisse den Schluss nahe, dass das von der Forschung bisher vernachlässigte Zusammenspiel von charakterlicher und situativer Neugier wichtig sein könnte für die Entwicklung und die Nachhaltigkeit von bestimmten Formen des Wohlbefindens oder der »Eudemonie«, der gelungenen Lebensführung.

Es ist also nicht so, dass neugierige Menschen per se länger leben, aber Neugier an sich oder eine neugierige Grundhaltung ist korreliert mit den Faktoren, die ein längeres Leben auslösen können. Ferner gibt es einige Hinweise dafür, dass intellektuell stimulierende Aktivitäten zu verbesserten kognitiven Funktionen im höheren Alter sowie einem reduzierten Risiko für Alzheimer-Erkrankungen führen.[20]

2.4 Mehr Intelligenz

Neugier führt anscheinend zu einem besseren Abschneiden bei IQ-Tests: Neugierige erreichen hier bis zu zwölf Punkte mehr! Eine Studie beweist: Neugierverhalten in jungen Jahren ist ein gutes Anzeichen für Intelligenz im weiteren Leben.[16] Generell verlangt das Lösen von Problemen meist ein gerüttelt Maß an

Intelligenz und somit einen offenen Geist. Reflexion, verbunden mit Unsicherheit über die Richtigkeit des eigenen Denkens, und die Konfrontation mit neuen Gedanken sind dabei unumgänglich.

Knapp zweitausend Kinder beziehungsweise deren Kopfleistungen belegten 2002 in einer Studie: Diejenigen, die im Alter von drei Jahren schon ein ausgeprägtes Neugierverhalten zeigten, schnitten mit elf Jahren bis zu zwölf Punkte höher in Intelligenztests ab. Unabhängig von der »Ausgangsintelligenz« führt allein die Existenz einer intensiven Neugier zu einer maximal beeindruckenden kognitiven Entwicklung in den jugendlichen Entwicklungsjahren.[21]

Wie kommt es dazu? Die neugierigeren Kinder wenden sich eher neuen und unbekannten Reizen zu und sind dabei ausdauernder beim Erkunden und Sammeln neuer Informationen, die ihnen helfen, die Welt zu verstehen. Ihre motivationale und kognitive Auseinandersetzung mit Neuem ist anhaltender und dadurch positiver besetzt. Das heißt, sie verfügen schon früh über ein umfangreicheres Repertoire an Verhalten, um mit neuen Situationen umzugehen. Auch wenn diese Situationen viele unbekannte Aspekte beinhalten, macht ihnen das weder in jungen Jahren noch später Angst.[22]

Über das vergangene Jahrhundert hinweg ist die akademische Leistung ein »Gatekeeper« für die höhere Bildung geworden. Sie prägt Karrierewege und individuelle Lebensbahnen. Dementsprechend hat die Psychologie sich auf die Vorhersagevariablen von akademischer Leistung fokussiert. Intelligenz und Anstrengungsbereitschaft stellten sich als die Kerndeterminanten heraus. Doch es gibt noch mehr Mitspieler: etwa die intellektuelle Neugier. Hierbei ist Intelligenz zwar der einzige und stärkste Vorhersager für akademische Leistung, aber – und das ist ein großes Aber: Der zusätzliche Vorhersageeffekt der Persönlichkeitseigenschaften »intellektuelle Neugier« und »Anstrengungsbereitschaft« sticht den Einfluss der Intelligenz aus.[23]

Warum ist das wiederum wichtig für den Erwachsenen? Entscheidende Teile der Intelligenz sind einerseits das Lernen aus Erfahrungen und andererseits die Anpassung an sich ständig verändernde situative Anforderungen. Es ist schwer, sich hohe Intelligenz ohne mindestens einen geringen Anflug von erhöhter Neugier vorzustellen. Diese beinhaltet nämlich auch die Fähigkeit, mit Neuheit und Unsicherheit umzugehen und neue Probleme zu lösen, indem man sich für vielfältige Ideen, Perspektiven und Lösungsansätze interessiert und begeistert.[24]

In der Intelligenzforschung besteht schon seit vielen Jahrzehnten die Unterscheidung zwischen *kristalliner* und *fluider* Intelligenz. Entwickelt wurde diese Zweiteilung von Raymond Cattell im Jahr 1973. Er differenzierte zwischen einer angeborenen, *fluiden* Intelligenz und einer *kristallinen* Intelligenz, die wir uns durch Erfahrungen und Lernen aufbauen. Mit Cattell nahm die Forscherelite an, dass die kristalline Intelligenz, also das, was wir lernen, von der fluiden Intelligenz, also von dem, was wir per Gen verstehen können, beeinflusst wird. Während sich die erstere Intelligenz also auf unsere geistige Kapazität, auf Aufgabenanalyse, logisches Denken und unser generelles Verarbeitungsniveau bezieht, ist Letztere das Konstrukt aus explizitem Wissen (über Inhalte, Zahlen, Daten, Fakten und Geschichten) sowie implizitem Wissen (gelernten Fähigkeiten wie Radfahren et cetera). Unsere kristalline Intelligenz ist also sozusagen das Ergebnis unserer fluiden Intelligenz.

Gibt es nun einen Bezug zwischen ausgeprägter fluider Intelligenz und Neugierverhalten? Ergebnisse einer Langzeitstudie[25] belegen etwa, dass das fluide Intelligenzniveau eines Siebzehnjährigen klar das kristalline Intelligenzniveau vorhersagt, das dieser Mensch mit dreiundzwanzig Jahren haben wird. Die Offenheit für Erfahrungen, die dieser Mensch an den Tag legt, spielt dabei eine entscheidende Rolle. Diese Offenheit hat nämlich Einfluss darauf, wie wir unsere fluide Intelligenz investieren oder einsetzen möchten – sie ist ein sogenannter »Investment-Trait«. Dazu kommt die intuitive Annahme, dass Menschen, die offener sind, sich eher in Situationen begeben, in denen sie ihre Intelligenz nutzen können und müssen. Das erzeugt Interdependenz: Die Nutzung der eigenen Intelligenz trainiert diese Menschen zugleich. Und das läuft auf eine nach oben weisende Spirale hinaus!

2.5 Mehr Lebensfreude

Wie geht's? Gut geht's! Menschen, die auf der Charakter-Neugier-Skala höher abschneiden, berichten in einer Studie von 2003 über alle Experimente hinweg von größerem psychischen Wohlbefinden.[26]

Oben haben wir schon gesehen, dass weniger neugierige Menschen sich auf Stereotype verlassen, um andere zu beschreiben, und dass sie neue Informationen, die mit diesen bekannten oder stereotypen Überzeugungen nicht übereinstimmen, als bedrohlich erleben. Das wiederum führt dazu, dass solche Menschen stärker an ihren ersten Eindrücken hängen und sie nicht loslassen möchten – selbst wenn sie falsch sind. Diese Engstirnigkeit ist das Sprungbrett für Voreingenommenheit und die schnelle Zurückweisung anderer, die anders oder die anderer Meinung sind oder die sich nicht den Regeln unterordnen.[27] Und das ist natürlich wieder einer der großen »Neugierkiller«.

Selbstverständlich haben wir alle den Gedanken und die Empfindung, dass uns Sicherheit und Kontrolle über die Umstände Freude und Behagen bereiten – nur nicht alle in gleichem Maße. Tatsächlich sind es nämlich entgegen unserem Gefühl oft Unsicherheit und Herausforderungen, die uns die tiefgreifendsten und nachhaltigsten Gewinne bringen. Apropos Gewinn – Zeit für eine weitere Anekdote, das Aye-Aye ist ja schon ein paar Seiten her.

Frage: Wie triggert man gute Laune durch Neugier? Antwort:

mit einer Ein-Dollar-Münze. Die Geschichte dazu geht so: Timothy Wilson ist Professor für Psychologie an der Universität von Virginia im amerikanischen Charlottesville. Mit seinem Team lief er eines Tages über den Campus und verteilte dabei zwei Arten von Karten. Auf beide waren jeweils Ein-Dollar-Münzen geklebt, und beide waren fast identisch mit einem Smiley und einem kurzen Satz versehen: »Das ist für Sie!« Darunter noch ein wenig mehr Text: »Die Smile Society, A Student / Community Secular Alliance. Wir möchten zufällige Handlungen von Liebenswürdigkeit fördern. Wir wünschen Ihnen einen schönen Tag!« Der einzige Unterschied auf der anderen Sorte Karten war, dass statt des längeren Textes zwei Fragen draufstanden: »Wer sind wir?« Und: »Warum machen wir das?«

Klar: Der erklärende Text auf der ersten Karte gab Menschen das Gefühl einer logischen Auflösung der Situation, die zweite Karte war ein wenig mysteriöser. Die Karten wurden also verteilt, und später wurde unter dem Deckmantel einer anderen Befragung die Stimmung der Empfänger abgefragt. Das Ergebnis: Die mit den »mysteriösen« Karten blieben nach dem Geschenk fröhlicher als die Rationalisten.

Warum ist das so? Warum genießen wir Dinge mehr, wenn ein bisschen Unsicherheit drinsteckt? Wir haben eigentlich doch immer den Drang, Unsicherheit zu reduzieren, indem wir alles erklären. In vielen Fällen ergibt diese Form der Rationalisierung auch Sinn. Es hilft zum Beispiel dabei, negative Erlebnisse besser zu verarbeiten. Doch für die positiven Erlebnisse gilt das genaue Gegenteil: Erklärungen drücken die positiven Gefühle runter! Hier wirken Unsicherheit und Spannung also anders und steigern die Freude über das Erlebte.

Gute Nachrichten wirken also stärker, wenn sie erstens als Überraschung daherkommen und zweitens nicht sofort rationalisiert werden. Fazit: Teilen Sie aus, und zwar Geschenke. Wenn dann die Frage kommt: »Äh, wieso?«, lächeln Sie freundlich, bleiben Sie vage, und lassen Sie die Beschenkten einfach noch ein wenig den Moment genießen.[28] Sie werden sehen: Es wirkt. Nicht nur bei Ihrem Traummann!

Und es gibt noch mehr Belege dafür, dass Neugier uns mehr Lebensfreude schenkt: Wenn Sie zehntausend Menschen aus achtundvierzig Ländern befragen, was sie sich im Leben am meisten wünschen, kommt Folgendes heraus: Für die meisten Menschen sind Intelligenz oder physische Gesundheit eher zweitrangig, ganz oben stehen dagegen Glück und Zufriedenheit.[29] Diese sind wichtiger als Erfolg, Intelligenz, Wissen oder Weisheit. Wenn nun Menschen daran denken, glücklich zu sein, steht die Neugier allerdings nicht unbedingt auf der To-do-Liste ganz oben. Doch das ist ein grober Fehler!

Wenn man aus der Psychologie die vierundzwanzig Charakterstärken nimmt und nachfragt, welche davon am ehesten mit Fröhlichkeit und Glück zu tun haben, sind die üblichen Verdächtigen: Liebe, Güte, Spiritualität, Beharrlichkeit, Selbstbeherrschung und emotionale Intelligenz. Daher mag es überraschend erscheinen, dass bei den Charakterstärken die Neugier zu den Top 5 gehörte, die am stärksten verbunden sind mit der globalen Lebenszufriedenheit, der Arbeitszufriedenheit und der Fähigkeit, ein genussvolles, bedeutungsvolles und zufriedenes Leben zu führen.[30] Die anderen wichtigen Stärken mit vergleichbar enger Verbindung zu diesen Zielen waren übrigens Hoffnung, Begeisterung und Dankbarkeit. In einer Umfrage bei über 130.000 Menschen aus mehr als 130 Nationen, durchgeführt von Gallup, waren die zwei Faktoren mit dem stärksten Einfluss darauf, wie viel Vergnügen ein Mensch an einem beliebigen Tag erlebte: »In der Lage zu sein, auf jemanden zählen zu können, der helfen kann« und »Gestern etwas Neues erlebt zu haben« – so beschrieb es Ed Diener 2008, der diese Befragung begleitete.

Was nun das »Intelligenter-Werden« und »Physisch-gesund-Bleiben« im Alter betrifft, sind die Bedingungen, die die Entwicklung und das Aufrechterhalten eines genussvollen und bedeutsamen Lebens unterstützen, vor allem vom Vorhandensein von Wachstumsmöglichkeiten geprägt. Und ein zentrales Element in unserer Motivation, das persönliche Wachstum zu verfolgen und Erfüllung zu erreichen, ist eben die Neugier.[31]

Neugierige Menschen sind in einer exzellenten Position, um aus diesen Wachstumsmöglichkeiten Kapital zu schlagen und die damit assoziierten Gefühle von Erfüllung zu erkennen und zu würdigen. Denn wenn es um das Suchen nach Herausforderungen und das Investieren von Kraft und Mühe in fordernde Aktivitäten geht, erweitern Menschen mit größerer Neugier ihr Wissen und ihre Fähigkeiten mit ergebnisorientierten Anstrengungen und haben so ein erhöhtes und besseres »Ich-Empfinden«.[32] Der Mangel an Neugier dagegen lässt sich auf der anderen Seite in Verbindung setzen mit negativen Emotionen, etwa mit Depressionen.[20]

Doch selbst die Neugierigen erleben Momente, in denen sie denken: Sich auf diese Herausforderung einzulassen, war eine blöde Idee. Gelegentliche Fehlgriffe aber sind ein unvermeidbarer Teil von Lernen und Entdecken. Die Neugierigen mag das dann im Moment ärgern, aber weiter macht ihnen das nicht so viel aus – man könnte sie als »seelische Stehaufmännchen« bezeichnen.

Ein Beispiel: Wenn Sie sich im Restaurant das erste Mal für Pansen entscheiden, kann sich das in zwei Richtungen entwickeln. Entweder Sie mögen es und gehören zu den wenigen Auserwählten mit einem schrägen Lieblingsgericht – oder Sie mögen es nicht. Dann aber können Sie entweder lamentieren und sich schlecht fühlen, oder Sie können diese Erfahrung beispielsweise nutzen, um mit Menschen in Kontakt zu kommen: »Pansen? Haben Sie das mal ausprobiert? Erst nach meiner dritten Wiederauferstehung werde ich das wieder bestellen!« Sehen Sie: ein negatives Erlebnis. Aber egal, wie es läuft: Sie gehen auf eine bestimmte Art damit um – und sind ein Stück gewachsen.

Und noch ein Beleg: Todd Kashdan fragte bei seinen Studenten nach, in welchem Maße sie Äußerungen zustimmen würden wie: »Wenn ich aktiv und stark an etwas interessiert bin, ist es sehr schwer, mich davon abzulenken.« Dabei fand er heraus, dass die Interessierteren, in unserem Zusammenhang also die Neugierigeren, durchweg einen höheren Grad von Zufriedenheit mit dem Leben erfuhren als ihre weniger neugierigen Zeitgenossen. Und auch hier zeigte sich wieder die Diskrepanz zwischen den weniger Neugierigen auf der einen Seite, die dazu neigen, in hedonistischen Freuden zu schwelgen, und den Neugierigen, die einen größeren Sinn im Leben an sich sehen können – was ein viel besserer Indikator für stabiles und dauerndes Wohlbefinden ist als die Schwelgerei in sinnlichen Sümpfen.

Doch Kashdan wollte auch den direkten Link zwischen Neugier und Wohlbefinden entdecken: Er spekulierte, dass die neugierigen Stehaufmännchen, die zwar immer mal bei Herausforderungen und dem Ausprobieren neuer Dinge auf die Nase fallen, langfristig dabei aber wahrscheinlich für ihre Anstrengungen belohnt werden. Diese Belohnungen können zum Beispiel sozialer Natur sein und etwa darin bestehen, wöchentlich mit Freunden, die man in einem Surfkurs für Anfänger kennengelernt hat, essen zu gehen. Oder es sind intrinsische Belohnungen, die im Meistern der Herausforderung selbst liegen – etwa darin, Einrad fahren zu lernen oder endlich die Mozart-Sonate spielen zu können, an der man sich bisher immer die Zähne ausgebissen hat. Und weil das »High«, das ein solcher Erfolg auslöst, als Belohnung ganz sich selbst genügt, scheint es auch oft so, dass die Neugierigen enorm eigenmotiviert sind.

»Es gibt sie anscheinend wirklich, diese paradox anmutende Straße zum Wohlbefinden«, so Kashdan. »Denn vielleicht liegt der echte Weg zum Glück darin, etwas zu tun, das einen wirklich herausfordert, etwas, wofür man sich anstrengen muss.« Und diese Neugier, von der die »Betroffenen« selbst berichten, so ergänzt er noch, neige dazu, sich über einen gewissen Zeitraum hinweg aufzubauen – was wiederum darauf hindeutet, dass das Wissen und die Erfahrung, die die Neugierigen durch ihr Verhalten gewinnen, ihnen genau diese Zufriedenheit geben, die sie eben gerade noch mehr motiviert.

2.6 Mehr Selbstvertrauen

Wir sind noch lange nicht am Ende – hier kommt der nächste Vorteil: Selbstvertrauen. Zu diesem Thema hat die Harvard-Psychologin Ellen Langer eine Studie entwickelt, die deutlich macht, wie sehr Neugier positiven Einfluss auf Ängstlichkeit nimmt, das Empfinden von Ängstlichkeit verändert und uns so mehr Selbstvertrauen schenken kann.[33]

Langer bat für das Experiment eine Gruppe von Freiwilligen, unvorbereitet Reden vor Publikum zu halten. Dabei landeten die Teilnehmer in einer von drei Gruppen: Gruppe A musste dem Credo folgen »Bloß keine Fehler machen, denn Fehler sind schlecht«. Gruppe B wurde gesagt, dass jeder Fehler verziehen würde, und Gruppe C – die sogenannte »Offenheit-für-Neues-Kondition« – bekam gesagt: »Macht ruhig bewusst Fehler! Macht sie, und baut sie in eure Rede ein.«

Die Redner der letzten Gruppe berichteten nun nicht nur, dass sie sich wohler fühlten, die Zuhörer stuften sie auch als gelassener, aufgeräumter, effektiver und intelligenter ein. Was ist damit bewiesen? Das Experiment zeigt: Wenn wir unseren Fokus von dem, was uns ängstigt, auf das, was uns interessiert, verschieben, verschwinden unsere Befangenheit und unsere Hemmungen. Ängstlichkeit und Verlangen sind eben zwei Seiten derselben Medaille.

Dazu ein Beispiel: Es gibt Biologen, die sind fasziniert von Fröschen, haben aber im Dunkeln und in engen Räumen Angst. Diese Biologen befinden sich aktuell in einem Dilemma, weil sich zurzeit viel Forschung um eine bestimmte Höhle dreht, in der eine seltene Froschspezies gefunden wurde. Da kommt dann das Verlangen ins Spiel: Ist die Chance für aufregende Antworten auf offene Forschungsfragen enorm, ist das Verlangen nach diesen Erkenntnissen so stark, dass diese Menschen ihre Angst überwinden und in die Höhle gehen, um die Spezies vor Ort studieren zu können.

Und das führt zu einem positiven Teufelskreis – der Spirale nach oben, die wir nun schon mehrfach gesehen haben: Mehr Selbstvertrauen entsteht durch das Meistern der ehemals angstbesetzten Herausforderung. Sich neugierig zu fühlen erhöht außerdem die Toleranz gegenüber den anstrengenden Zuständen von Selbstbewusstheit, die jeder von uns kennt und erlebt, wenn wir neue Dinge ausprobieren und uns außerhalb der eigenen Komfortzone bewegen.[34]

Eine besonders spannende Frage in diesem Kontext: Führt das Vorantreiben von Neugier dazu, dass wir genug selbstregulatorische Ressourcen entwickeln, um uns dem Vermeidungsverhalten und dem Wegzappen entgegenzustellen, die nach Episoden extremer Angst und Depression in unserer Psyche auftauchen? Und gibt es eine Hintertür zum Umgang mit der Verarbeitung von und der Sinnstiftung in solch schwierigen emotionalen Situationen? Dafür ist Selbstvertrauen nämlich zwar eine notwendige, jedoch noch keine hinreichende Voraussetzung. Können wir also für die Aufrechterhaltung und die Wiederentdeckung von Entdeckerfreude und Gestaltungslust (und damit für das Auffinden kreativer und innovativer Lösungen) vielleicht versuchen, nach Krisen unsere Neugier zu triggern?

2.7 Mehr Sinn

Wir wollen nun ein schärferes Auge auf den Sinn im Leben werfen, den Neugierige anscheinend stärker erleben. Wie ist der genaue Zusammenhang? Neugier ist einerseits eine fundamentale Zutat für Achtsamkeit, und achtsame Menschen leben per se aufmerksamer und »selbst bewusster«. Neugierige Menschen entwickeln außerdem eher Interessen, Hobbys und Passionen – und all das steigert wiederum typischerweise das Gefühl von sinnvoll verbrachter Zeit.[35]

Wenn Sie Menschen aufschreiben lassen, was sie so den lieben langen Tag tun und welchen Sinn sie darin sehen, kommen die unglaublichsten Sachen ans Licht. Dieses Tagebuchschreiben ist für die Wissenschaft sehr wichtig und äußerst ergiebig. Denn wann immer sie Menschen erst im Nachhinein befragt, etwa zum Thema Beziehung (»Wie läuft es so in Ihrer Partnerschaft?«), kommt als Antwort: »Oh, super, alles prima!« Im Tagebuch, wenn bestimmte Erlebnisse noch beim Schreiber nachwirken, klingt das dann oft ganz anders: »So ein Mistkerl …!«

Und so findet die Verhaltensforschung mit Hilfe des Tagebuchschreibens leichter und zuverlässiger heraus, welche Arten von Sinnstiftung jeder im Alltag betreibt. Es zeigt sich: Die freiwillige Fokussierung auf Neues und auf herausfordernde Situationen bringt Menschen dazu, ihre Ansichten zu sich selbst, zu anderen und zur Welt generell zu hinterfragen. Menschen lassen sogar zu, dass die resultierenden Erkenntnisse das eigene Ich ausdehnen. Wir erlangen mehr Wissen und mehr Fähigkeiten, und der Gewinn aus dieser Neugierfolge ist: Wir werden uns im unreflektierten Alltag selten darüber klar, dass es ein Zugewinn ist, Sinn aus dem Unbekannten zu machen – aber als Neugieriger merken wir es. Und es steckt viel mehr Power in diesem Erleben als in dem Vergnügen, das uns vertraute Routinen schenken können.

Dazu ein weiteres Experiment:[36] Dessen Teilnehmer mussten sich in einen Hirnscanner legen und wurden gebeten, Wasser oder alternativ Kool-Aid, eine Art Limonade, zu trinken. Ersteres war ein profanes Erlebnis, Letzteres bot den Trinkenden mehr Genuss. Manchen Teilnehmern wurde verraten, was sie zu trinken bekommen würden (das war die »Sicherheitsgruppe«), andere wurden im Dunkeln gelassen (das war die »Unsicherheitsgruppe«). Dass unsere Erwartungen die Qualität unserer Erlebnisse bestimmen, ist Ihnen vielleicht schon bewusst. Wo aber das Versuchsergebnis Salz in die Wunde streut, ist an folgender Stelle: Wenn im Versuch die Menschen nicht wussten, was sie zu trinken bekamen, und dann die Limonade schmeckten, leuchteten die Hirnregionen, die mit positiven Gefühlen verbunden sind, wie ein Scheinwerfer auf. Fazit: Unsicherheit im Vorfeld erhöht den Genuss positiver Erlebnisse und Ereignisse.

Wenn wir neugierig sind, suchen wir nach Wegen und Dingen, die unseren Horizont erweitern. Wenn wir Sicherheit suchen, suchen wir nach finalen Antworten. Das sind zwei völlig unterschiedliche Arten der Sinnstiftung – und nur die Erste lässt uns wachsen. Neugier kreiert Möglichkeiten – Sicherheit kreiert Geschlossenheit. Neugier kreiert Energie – Sicherheit verringert Energie. Neugier kreiert Fragezeichen – Sicherheit macht Punkte. Neugier dreht sich darum, etwas herauszufinden – Sicherheit dreht sich darum, recht zu haben. Neugier kreiert Beziehungen – Sicherheit kreiert Defensive.

Neugierige Menschen sind Suchende. Sie genießen nicht nur neue Erfahrungen, sie suchen auch aktiv nach den Herausforderungen, die ihre Komfortzone ausdehnen. Egal ob das vielleicht bedeutet, neue Freundschaften einzugehen, neue Fertigkeiten zu entwickeln oder sich selbst zu motivieren, um bessere Arbeit zu leisten. Der Sinn kommt dann sozusagen als Belohnung, als Sahnehäubchen aus dem erfüllten Gefühl heraus, das mit dem Erweitern der Komfortzone einhergeht.

2.8 Mehr Ideen

Der nächste Vorteil hat große wirtschaftliche Bedeutung, und vor allem aus einem demographisch orientierten Blickwinkel ist dies ein äußerst wichtiges Kapitel. Immer weniger junge Kreative warten nämlich auf ihren Einsatz in Unternehmen – nicht, weil sie nicht wollen, sondern weil es schlicht und einfach nicht mehr so viele von ihnen gibt. Zukunftsdenker wie Erik Händeler[37] sprechen davon, dass wir zwar pro Jahr, Woche oder Tag weniger, aber dafür länger, also bis ins höhere Alter, arbeiten werden, um die demographische Entwicklung aufzufangen. Mehr Ideen im hohen Alter zu haben und mit achtzig Jahren noch kreativ sein zu können, könnte also zu einer entscheidenden Fähigkeit werden, um im Berufsleben zu reüssieren.

Und da wartet eine klitzekleine Hürde. Teile des kreativen Prozesses und eine bestimmte Art des kreativen Denkens sind nämlich in einem nicht geringen Maß altersabhängig. Kreativität liebt die Jugend. Eine Studie hat gezeigt, dass die Reaktion von Jungs auf neue Reize im Vorschulalter mit einem besseren Abschneiden bei Kreativitätstests im Alter von neun Jahren assoziiert ist.[38] Diese kreativen Fähigkeiten erreichen ihren Gipfel im Alter zwischen dreißig und vierzig Jahren und halten nur noch bei wenigen Menschen bis zu einem Alter von fünfzig Jahren vor. Ähnlich, so zeigen die vorherigen Kapitel sowie die ganze wissenschaftliche Landschaft, gilt das auch für die Neugier: Die meisten Forscher veröffentlichen ihre Hauptarbeiten nämlich nicht zufällig in dieser Phase ihres Lebens zwischen dreißig und höchstens fünfzig Jahren.

Was also kann das – aus betriebswirtschaftlicher Sicht – »alte« Hirn tun, um elastisch zu bleiben? Oder, etwas populistischer gefragt: War Albert Einstein so lange kreativ, weil er von der Natur mit Kreativität gesegnet war, oder hat sich seine Kreativität als Nebenwirkung seiner allgemein bekannten Neugier entwickelt? Wie sieht es bei Thomas Edison aus? Hat seine Begabung ihn zum Ziel geführt? Oder stehen die vielzitierten 99 Prozent Transpiration für eine Fähigkeit, die neugierige Menschen noch zusätzlich im Beruf auszeichnet: nämlich das Dranbleiben oder, etwas neutraler formuliert, die Gewissenhaftigkeit?

Die Neugier ist ein gefälliger, sehr nützlicher und dabei selbstregulierender Mechanismus zur intrinsischen Zielerreichung, der das Durchhalten enorm erleichtert und eben in der Folge zu erhöhter Kreativität und besseren Ergebnissen führt. Der Zusammenhang ist der: Die Neugier treibt uns an, mehr über ein Thema zu erfahren. Und das ergänzende Wissen, das wir so erwerben, führt zusätzlich zu einer umfassenderen Lösungskompetenz.

Studien aus dem Jahr 2000 von Edward Deci und Richard Ryan belegen, dass Menschen, die in einem bestimmten Bereich über dieses intrinsisch motivierte Interesse verfügen, die damit verbundenen relevanten Tätigkeiten als befriedigender empfinden – und so bleiben sie naturgemäß auch länger am Ball.[39] Idealerweise so lange, bis sie die oder zumindest eine der möglichen Lösungen gefunden haben. Außerdem ist die empfundene Befriedigung wieder relevant für das aktuelle und das zukünftige Wohlbefinden und damit zentral für ein gutes Selbstgefühl. Das klingt also obendrein noch nach einem sehr guten Rezept gegen Stress und für Spaß bei der Arbeit. Kein Luxus, wenn wir mit fünfundsiebzig Jahren noch ins Büro gehen wollen!

Der einfache, aber zentrale Punkt ist der: Unsere Ideen werden besser, weil wir mehr Ahnung haben. Sehr befriedigend – das ist positive Verstärkung pur und der Treibstoff dafür, noch weiter zu denken, noch mehr zu erfahren und noch mehr Wissen zu erwerben. Wir kommen wieder in die Schleife nach oben, die wir bereits kennen. Wissenschaftlich gesprochen entsteht dabei *eine positive Feedbackschleife zwischen einzelnen intraindividuellen Konstrukten*. Diese Schleife wirkt wie eine eingebaute Verstärkung des eigenen Kompetenzgefühls. Das wiederum führt dazu, dass wir uns für eine Gesellschaft als wertvoll, weil Wert stiftend, empfinden. Und das nun wieder, so belegen Untersuchungen von 1997,[40] können wir auf eine evolutionäre Motivation für persönliches Wachstum zurückführen. Denn was ist persönliche Entwicklung anderes als das Suchen, Finden und Erschaffen neuer Ideen, Erfahrungen und Erlebnisse?

Neugier als Basis für Kreativität

Neugier scheint also ein fundamentales Motiv für Kreativität zu sein. Ahnen konnte das in der Forschung fast jeder, belegt hatte das bis dato aber keiner. 2006 tauchte als Hinweis darauf bereits das »Novelty Generation Model« auf.[41] Dieses verbindet neuropsychologische Aspekte mit solchen aus der Persönlichkeit und der Motivation, Neues zu suchen und kreativ zu denken. Neugier ist dabei der Hauptfaktor für die Suche nach Neuem, was sich wiederum in Kreativität übersetzt. Leider war es aber eben nur ein Modell und kein Beleg.

2012 nahm sich dann der polnische Psychologe Maciej Karwowski der Sache an. Seine Ergebnisse belegten endlich, dass Neugier essentiell für das kreative Selbst ist. Denn die Neugier scheint ihrer Natur nach einerseits grundlegend sehr nah dran zu sein an der sogenannten »Little-c-Kreativität«, weil sie als »eine Kraft, die Menschen dazu bringt, in neuer Art und Weise zu denken und zu handeln« wahrgenommen wird.[42] Dabei geht es um kreatives Denken oder um solche Facetten der Persönlichkeit und des Selbstkonzepts wie Offenheit, Dynamik oder Intellekt.[43]

Nun müssen wir unbedingt ein wenig feiner unterscheiden, was verschiedene Formen der Kreativität angeht. Eine in der populären Kreativitätsliteratur selten vorkommende, aber für das 21. Jahrhundert extrem wichtige Unterscheidung ist eben die zwischen *inkrementeller Kreativität* (»little c«) und *radikaler Kreativität* (»big C«). Hier geht die erwähnte Literatur davon aus, dass durch intrinsische Motivation sowie durch problemorientiertes und abstraktes Denken getriebene und entstehende kreative Ideen mit der radikalen Kreativität (»big C«) in Verbindung stehen. Die inkrementelle Kreativität (»little c«) dagegen wird mit Motivation von außen sowie mit lösungsorientierten Ideen, die auf der Basis konkreter und praxisorientierter Anwendungen entwickelt werden, assoziiert. Das bedeutet im Klartext zweierlei:

Erstens: Die Neugier, die auch stark korreliert mit der intrinsischen Motivation, spielt eine entscheidende Rolle bei der radikalen Kreativität – eine Studie zeigte deutliche Verbindungen zwischen intrinsischer Motivation (die eng mit Neugier verknüpft ist) und radikaler Kreativität.[44] Sie brauchen Neugier also unbedingt für die großen Ideen. Ohne Neugier scheint in der Kreativitätswelt gar nichts zu laufen, schon gar nicht, wenn es darum geht, Paradigmen herauszufordern!

Zweitens: Hier folgt nun eine für die wirtschaftliche Praxis wichtige Überlegung. Wir sprachen schon davon, dass die Arbeitswelt altern wird und sie darum gut beraten wäre, sich näher mit der Förderung von Kreativität sowie diesen zwei speziellen Formen der Kreativität auseinanderzusetzen. Beide Formen sind nämlich nicht nur unterschiedliche Prozesse, die in uns ablaufen, sondern auch an verschiedene Voraussetzungen und Abläufe gekoppelt. In einem ersten Schritt könnte oder sollte sich ein Unternehmen also darüber klarwerden, nach welcher Form von Kreativität es sucht: Braucht es Menschen mit radikalen Ideen, die in großen Maßstäben denken, oder eher Mitarbeiter, die sich in etwas hineinfuchsen und Lösungen auf den Tisch legen, um konkret anstehende Aufgaben zu bewältigen?

Im zweiten Schritt würde es darum gehen, für die entsprechenden »Kreativitätstypen« das richtige Umfeld zu schaffen, an das sie andocken können und in dem sie aufblühen. Das wiederum hat viel mit der Gestaltung von Arbeitsabläufen, mit Aufgabenstellungen und generell mit Führung, aber auch mit Unternehmenskultur und Freiräumen zu tun. Oder man versucht, situativ zu denken und in den Mitarbeitern die jeweils gewünschte Kreativitätsform zu triggern. Das ist möglich, weil grundsätzlich jeder von uns beide Formen in sich hat.

Ein Beispiel: Je nachdem, wie man an ein Projekt herangeht und wie viel Raum für Neugier und Denkfreiheit die Mitarbeiter bekommen, wird es im Ergebnis zu ganz unterschiedlichen Lösungen kommen. Das bedeutet: Arbeiten wir an einem vorgegebenen Problem und begeben uns von diesem Ausgangspunkt aus auf die Suche nach Lösungen, werden wir mehr inkrementelle Kreativität an den Tag legen. Ist es aber gewünscht oder wird es sogar von uns erwartet, dass wir erst einmal einen Schritt zurücktreten und die Aufgabenstellung an sich betrachten, in Frage stellen und sie reexaminieren oder sogar redefinieren, dockt dies besser an unsere radikale Kreativitätsseite an.

Auf Unternehmensniveau gedacht, wäre genau dies eine nützliche Vorgehensweise – etwa dann, wenn es darum geht, die ganz großen Dinge anzupacken: Umstrukturierungen, Erschließung neuer Märkte et cetera. Dieses »große Denken« lässt sich sogar noch weiter unterstützen: Ganz konform zu Erfahrungen, die wahrscheinlich jeder von uns schon einmal gemacht hat, ist es für die radikale Kreativität nämlich förderlich, wenn es erlaubt ist, sich nach einer Einarbeitungs- oder Briefingphase aus der konkreten Arbeit zurückzuziehen, in eine reflexive Haltung zu gehen und sich seinen Input zum Weiterdenken aus anderen Quellen, die auch abstrakter Natur sein dürfen, zu holen. Unser Geist geht dann Wege, von denen wir gar nicht wissen, dass sie vorhanden sind – und das oft sehr erfolgreich.[45]

Warum der Glaube an sich selbst wichtig ist

Für die inkrementelle Kreativität zählt weiterhin vor allem die eigene Einschätzung der kreativen Selbstwirksamkeit. In der zeitgemäßen Literatur über Kreativität wird die CSE (»core self-evaluation« oder kreative Selbstwirksamkeit) verstanden als die Überzeugung eines einzelnen Menschen, dass er in der Lage ist, Probleme zu lösen, die kreatives Denken verlangen.

Das Ergebnis einer Studie zeigt: Neugier und kreative Selbstwirksamkeit stehen eng miteinander in Beziehung. Die Neugier eines Menschen hängt stark davon ab, wie sehr er sich als kreative Person wahrnimmt. Neugier entscheidet über die Verteilung persönlicher Ressourcen und über die Energie in Richtung zielrelevanter Handlungen, die wiederum intrinsisch belohnende Ergebnisse zeitigen. Dazu gehört auch das Lernen der Regeln für einen Wissensbereich – durch fortgeschrittenes Lernen und viele Stunden der Übung.[46]

Nicht unwichtige Neuigkeiten also für Menschen, die ihre kreative Persönlichkeit stärken wollen – egal ob Studenten, Lehrer, Eltern oder Manager. Allerdings müssen sie dabei zusätzlich auf eines achten: auf ihren Mindset.

Die Bedeutung des Mindsets

Wir knüpfen hier kurz an die Überlegungen aus Kapitel 2.2 an, in denen wir schon Gutes über einen »growth mindset« (also auf Wachstum ausgerichtetes Denken) und Schlechtes über einen »fixed mindset« (auf Beschränkung oder Stillstand ausgerichtetes Denken) gehört haben. Weitere Studien[47] belegen nämlich, dass Menschen, die glauben, dass Kreativität sich entwickeln kann und nicht ein festgelegter Teil der Persönlichkeit ist, sich per se selbst als kreativer einstufen. Der Mindset dieser Personen ist eben mehr auf Wachstum (»growth«) ausgelegt! Logischerweise verlieren dann diejenigen mit dem »fixed mindset«, die nicht daran glauben, dass sich Kreativität entwickeln kann – tja!

Die Frage ist natürlich, ob sich diese Glaubenssätze auch in der Qualität der kreativen Lösungen niederschlagen, welche die entsprechenden Personen finden. Testen lässt sich das, indem man »Betroffenen« im Versuch sogenannte »Einsichtsprobleme« vorlegt. Ein einfaches Einsichtsproblem ist etwa ein Wortspiel von Groucho Marx: »Time flies like an arrow. Fruit flies like a banana.« Alles klar?

Oder man nimmt komplexere Einsichtsprobleme. Ein Klassiker aus meinen Archiven aus der Zeit meiner Tätigkeit an der Kölner Universität verdeutlicht, wie schwer eine Einsicht zu finden sein kann: Nehmen Sie an, Sie haben eine Karte, die 7,5 mal 12,5 Zentimeter groß ist. Wie könnten Sie in diese Karte ein Loch schneiden, das so groß ist, dass Ihr Kopf hindurchpasst? Die Lösung ist nicht ganz simpel: Schneiden Sie zwei konzentrische Spiralen in die Mitte der Karte, und entfalten Sie diese. Die Karte wird zu einem riesigen Kreis aus Papier, durch den Ihr Kopf locker hindurchpasst.

In der Tat schneiden in solchen Tests die Menschen mit der Vorstellung, dass Kreativität eine feste Charaktereigenschaft ist, schlechter ab. Diejenigen dagegen, die einen »growth mindset« in Bezug auf ihre Kreativität haben, kommen hingegen sogar noch besser davon, wenn es zusätzlich um die Effektivität beim Lösen der Einsichtsprobleme geht. An sich ist das nicht so verwunderlich: Wir schaffen eben das, was wir für möglich halten. Zitate dazu wurden schon dem Erfinder des T-Models zugeschrieben: »Ob du nun glaubst, es zu schaffen oder glaubst, es nicht zu schaffen – du wirst immer recht behalten.« Neu ist daran, dass dieser Glaube, dieser *Mindset*, dazu führt, dass Menschen auch mehr oder weniger Ideen haben.

Dieser sich selbst regulierende und sich selbst immer weiter antreibende Mechanismus der Neugier ist wohl entscheidend dafür, die Verbindung zwischen Persönlichkeit, Lebenserfahrung und der Entwicklung von Kreativitätsskills und -ergebnissen herzustellen und zu füttern. Aber weiterhin zentral dafür ist ebenjener Mindset – ohne den geht wenig. In der pädagogischen Psychologie wurde immer wieder gezeigt, dass es sich enorm auf das Wohlbefinden, die Attributionsstile (also die Erklärungsmuster nach dem Motto: »War ich das selbst, oder ist das einfach so passiert?«) und die Lernziele auswirkt, ob Menschen einen »fixed mindset« oder einen »growth mindset« haben.

2013 zeigte Maciej Karwowski, wie dieser Mindset sich auf die kreativen Leistungen von Menschen auswirkt. Besonders die *inkrementelle Kreativität* kann geprimt werden.[48] Und der Mindset spielt dabei eine entscheidende Rolle. Denn aus ihm entspringt die Motivation oder Demotivation, kreativ zu denken und zu handeln. Wenn Menschen davon ausgehen, kreatives Können sei eine feste Charaktereigenschaft, fällt es ihnen zum Beispiel schwer, Gründe dafür zu finden, warum sie kreatives Denken an den Tag legen sollen.

Hinzu kommt eine noch komplexere Wirkung des Mindsets: Denn Menschen können in der Tat je nach Situation oder sogar Tagesform entweder an den »fixed mindset« oder an den »growth mindset« glauben. Zum Beispiel denken viele Menschen, dass die oben erwähnte »Little-c-Kreativität«, also die inkrementelle, normalverteilt ist, ganz nach dem Motto: Jeder hat ein bisschen davon abbekommen. Und dieses bisschen kann genährt und vermehrt werden.[49] Aber ebenso denken viele Menschen, dass die »Big-C-Kreativität«, also die radikale, auf Talent basiert und eine Art Geschenk der Natur darstellt. Nun kann ein Mensch durchaus beides zugleich glauben und so auf Basis seiner Überzeugungen sein Potential für »Big-C-Kreativität« verschenken, weil er es selbst nicht für möglich hält, dass er es hat.

Was aber noch wichtiger ist: Dieses Selbstbild über die eigenen kreativen Fähigkeiten kann im Berufsleben sogar durch die Führungsetage gepusht werden.[50] Denn dieses Selbstbild greift direkt in das Verhältnis von Neugier, kreativer Selbstwirksamkeit und von Kreativität ein. Die Forschung geht davon aus, dass genau das Akzeptieren von Komplexität und der Wunsch nach Neuem es Menschen erlauben, ihre Fähigkeiten in der Praxis zu testen. Daraus entwickelt sich die Triebkraft der Neugier für das Wachsen der eigenen kreativen Selbstwirksamkeit.

Kreative Prototypen

Dieses Prinzip hat es sogar bis in die Produktionsetagen von Hollywood geschafft. Dort schätzen die Studiobosse das Potential von Drehbuchautoren ein, indem sie diese mit vorherrschenden Prototypen aus dem Metier vergleichen. Es gibt dort den »Künstler«, den »Geschichtenerzähler«, den »Showrunner«, den »Neophyten«, den »Journeyman«, den »Dealmacher« und den

»Nichtschreiber«. Diese Typen unterscheiden sich in Bezug auf ihr kreatives Potential und ihre Überzeugungskraft während der Pitch-Phase. In Bezug auf den Mindset suggeriert die Komplexität dieses Einschätzungsprozesses, dass die Experten der Studiobosse sowohl einen »fixed mindset« haben, mit dem sie die Person als einen bestimmten Typ mit all seinen Chancen und Limits einschätzen, als auch einen »growth mindset«, weil sie davon ausgehen, ihn in seinem kreativen Schaffen positiv beeinflussen zu können.[51] Es gibt also tatsächlich zusätzlich Evidenz für die parallele Existenz der Mindsets.

2.9 Mehr Gedächtnis

Wir nähern uns dem großen Finale: Last but not least, hier noch ein paar Informationen zum letzten großen Vorteil – mehr Gedächtnis! Es gilt tatsächlich: Wenn Menschen neugieriger sind, merken sie sich mehr. In einer Studie von Charan Ranganath wurde drei Wochen nach einem ersten Test gecheckt, wie gut sich die Teilnehmer eines Versuchs (alle neugierige Menschen) an die Antworten auf vierzig Fragen erinnern konnten. Das Ergebnis: Wenn in der ersten Runde die Antworten falsch waren, konnten die Teilnehmer sich nun besser an die korrekte Antwort erinnern. Neugier fördert eben das Lernen – und zwar automatisch, wie wir schon gesehen haben. Und Neugier hilft dabei, neue Informationen im Gedächtnis zu konsolidieren.[52]

Belohnungen, so scheint es, sind beim Lernen und bei Aufgaben immer noch der beste Motivator. Neurowissenschaftler haben entdeckt, warum. Sie ließen Menschen gegen Belohnung zwei unterschiedliche Gedächtnisaufgaben lösen. Die Leute lagen währenddessen im Hirnscanner, im MRT. Der erste Aufgabentyp war: Beim Aufblitzen eines weißen Rechtecks auf einem Monitor sollten die Teilnehmer eine bestimmte Taste drücken. Vor jedem Durchgang zeigte ein Symbol an, wie hoch die Belohnung bei einer richtigen Reaktion sein würde. Es funkte dabei bei den Probanden im Nucleus accumbens sowie in der Area ventralis tegmentalis (AVT). Diese Zellgruppe liegt im Mittelhirn und produziert das Dopamin – und das hat viel zu sagen bei belohnungsabhängigen Reaktionen. War die Belohnung hoch (fünf US-Dollar für einmal richtig drücken), funkte es dort viel, gab es keine Belohnung, war dort nur wenig los.

Beim zweiten Aufgabentyp sollten sich die Teilnehmer bestimmte Szenen einprägen und am Tag darauf wiedererkennen. Auch hier zeigte ein Symbol, wie viel gewonnen werden konnte, wenn das Bild richtig memoriert werden würde. Wenig überraschend: Szenen, die fünf Dollar wert waren, blieben besser haften als die, die nur zehn Cent brachten.

Weit überraschender waren allerdings die Hirnscans: Regten sich die belohnungsabhängigen Hirnareale AVT und Nucleus accumbens während der Testphase, in welcher der jeweilige Geldwert der Belohnung angezeigt wurde, besonders stark, blieb das dazugehörige Bild besser im Gedächtnis. Aber auch der Hippocampus, der von jeher mit Gedächtnisleistungen in Zusammenhang gebracht wird,[53] war in die Sache verwickelt: Je höher die Aktivität dieser Hirnregion schon während des Belohnungssignals war, umso größer war die Wahrscheinlichkeit, dass die spätere Szene wirklich erinnert wurde.

Im Kern fanden die Forscher heraus: Wenn die Neugier der Teilnehmer angeregt wurde, die Antwort auf eine bestimmte Frage aus dem Spiel wissen zu wollen, waren sie auch besser darin, die Information zu behalten, die dazu überhaupt keinen Bezug hatte – in diesem Fall Gesichter, obwohl sie auf diese Information gar nicht neugierig waren. Sowohl bei den direkt folgenden als auch bei den Erinnerungstests, die einen Tag später stattfanden, zeigten die Teilnehmer ein besseres Erinnerungsvermögen für das bezugslose Material, das sie in den Phasen erhöhter Neugier präsentiert bekommen hatten.

Das korrelierte, wie gesagt, mit stärkerer Aktivität im Hippocampus während der durch Neugier getriebenen Lernphase. Hinzu kamen verstärkte Interaktionen zwischen dem Hippocampus und dem Belohnungszentrum. Und genau das scheint die Merkfähigkeit signifikant zu erhöhen, so Charan Ranganath, der die Forschergruppe leitete.[54]

Die Ergebnisse zeigen, wie stark eine Neugierhaltung sein kann, ganz besonders, wenn es um Informationen geht, die Sie persönlich vielleicht gar nicht so interessant finden. Das ist ein besonders hilfreiches Prinzip – egal ob es um langweilige Informationen im Klassenzimmer oder im Büro geht. Um das Lernen zu erleichtern, versuchen wir ja oft, das Material interessanter zu machen. Dagegen ist nichts zu sagen, solange das fragliche Material mit wenig Aufwand interessant gestaltet werden kann.

Die Studie zeigt aber, dass das eben nicht der einzige Weg ist. Die Alternative ist ab heute: Nehmen Sie das weniger interessante Zeug, und koppeln Sie es an Material, das die Empfängerhirne in die Neugierhaltung versetzt. So ernten Sie das Neugierverhalten im Hirn ebenso wie im Versuch. Es geht also eventuell weniger darum, lahme Informationen zu pimpen, als vielmehr darum, ein Erlebnisumfeld der Neugier zu schaffen, in welches das Material eingefügt werden kann.

Ich bin nicht neugierig –
nur gerne gut informiert
Spruch auf dem T-Shirt meiner Tochter

3 Wie hoch ist mein Neugierfaktor?

Interessier mich: Neugierige Menschen gibt es in allen Lebensbereichen. Was zeichnet sie aus? Ist Neugier erblich? Warum kann man Neugier an den Augen messen oder auch ihren Grad mit einem Text abfragen? Welche berufsrelevanten Fähigkeiten steigert die Neugier automatisch? Wie entscheidet ein Gehirn, was es interessiert? Warum macht »Wichtiges« nicht auch sofort neugierig? Warum kann Neugier sogar zu einem persönlichen Geschäftsmodell werden? Und was ist, wenn ich das Büro verlasse und Feierabend habe? Bin ich dann anders neugierig?

Neugier prägt unsere Identität und die Geschichte unseres Lebens. Platon nannte das Phänomen »thaumazein« – Staunen. Denn genau das ist die Voraussetzung für Neugier. Alles Wissen entsteht, weil Menschen sich in Staunen versetzen lassen. Ohne Staunen keine Neugier. Dabei sind die »good news«: Die Evolution hat Neugier in allen Lebewesen angelegt und herausgebildet.

Neugier ist weit mehr, als sich in einem Moment gut zu fühlen und das Neue direkt vor uns nutzen zu wollen – sie ist eine Lebenseinstellung. Der Sozialpsychologe Sylvan Tomkins hat es auf den Punkt gebracht: »Ich bin vor allem das, was mich begeistert.«[1]

Neugier ist nicht gleich Neugier

Nein? Diese Gleichung verlangt nach einer Erklärung. Darum drehen wir sie um und fragen zunächst, ob Neugier denn gleich Neugier ist. Der Godfather der Psychologie William James hat in seinen *Principles of Psychology*[2] eine erste Unterscheidung zwischen Formen von Neugier bereits im 19. Jahrhundert getroffen: Er unterschied wissenschaftliche Neugier, die durch das Fühlen eines Wissensdefizits getrieben wird, und einer unspezifischen Neugier, die durch die schlichte Neuheit eines Gegenstandes oder einer Situation hervorgerufen wird. Dem folgte bei der Recherche der, wenn man so will, Godfather der Neugier Daniel Berlyne. Er arbeitete in den 1960er Jahren diese Unterscheidung weiter aus und sprach und schrieb von einer *epistemischen* Neugier, die das Verlangen nach Wissen einfängt, sowie von einer *perzeptuellen* Neugier, die durch alle neuen Reize hervorgerufen wird[3] – worunter heute auch die Erforschung menschlichen Freizeitverhaltens oder der Sensationslust fällt.

Und eine weitere Unterscheidungsmöglichkeit führte Berlyne ein: zwischen der *diversen* Neugier, die nach irgendetwas sucht (Hauptsache es ist neu und eine Art Gegenmittel für Langeweile), und der *spezifischen* Neugier, die sich auf das Finden bestimmter Lösungen konzentriert. Es ist der Unterschied zwischen dem Channel-Hopping, bei dem Sie alle drei Sekunden den Sender wechseln, egal ob *Tagesschau* oder 9Live, einfach auf der Suche nach Stimulation, und der Suche nach einem Sender, der eine Dokumentation über Tieflader im sibirischen Eis bringt.

Im Folgenden geht es um diese spezifische, epistemische Neugier, also um den Drang nach Wissen und Lernen. Wie kommen wir überhaupt dazu, einen solchen zu besitzen? Ist er etwa in uns angelegt? Haben wir ihn von unseren Eltern und unseren Vorfahren vielleicht geerbt?

3.1 Erbliche Neugier

Tatsächlich: Neugier ist erblich. Von Natur aus sind wir Menschen neugierig. Als Kinder schon schauen wir Gesichter genau an, stecken uns Dinge in den Mund und wollen unser Umfeld erkunden. So formulierten es 2001 schon die National Science Foundation und 2009 dann Ogu und Schmidt.[4] Bis zum Alter von zwanzig Jahren wächst unsere Bereitschaft, uns mit neuen Erfahrungen auseinanderzusetzen, ständig. Und dann? Danach verliert das Neue an Reiz. Je älter wir werden, umso weniger offen sind wir für neue Erfahrungen. Wenn wir um die sechzig sind, werden wir für Neues zunehmend unempfänglicher – wir haben schon so viel gesehen und erfahren. So formuliert es die Entwicklungspsychologin Ursula Staudinger von der Universität Bremen.[5] Und danach? Noch mal zwanzig Jahre später, also mit achtzig, war es das dann mit den Veränderungen.

In Zwillingsstudien fand sich ein Neugier-Erblichkeitsanteil von 58 bis 68 Prozent. Nun sind natürlich keine zwei Gehirne gleich. Wir unterscheiden uns darin, wie wir der Welt gegenübertreten und wie wir Informationen verarbeiten. Manche von uns sind offener, andere verschlossener, wenn es um Veränderung und Unsicherheit geht. Doch generell gilt: Neugierig sind wir alle.[6]

Aber ist es so einfach? Fakt ist: Neugier ist eine wichtige Stellschraube unserer Aufmerksamkeit. Sie hilft uns, neue Umgebungsreize wahrzunehmen und zu bewerten. Für die Psychologie geht es darüber hinaus auch um den Grad an Aufnahmefähigkeit und den Willen, sich auf neue Reize einzulassen. Darum überlappt sich die Neugier auch mit intrinsischer Motivation und dem bekannten Konzept von »Flow« sowie anderen Variablen, etwa dem Interesse an neuen Dingen und dem Besitz einer offenen und aufgeschlossenen Einstellung gegenüber all dem, worauf sich unsere Aufmerksamkeit richtet.[7]

Neugier ist eine Persönlichkeitsfacette

Die *Big Five* in der Psychologie messen neben *Neurotizismus*, *Extraversion*, *Gewissenhaftigkeit* und *Verträglichkeit* auch die *Offenheit* eines Menschen – und die Neugier ist hierbei eine wichtige Facette. Sie wurde allerdings in der klassischen psychologischen Forschung nie genau dingfest gemacht, sondern lief sozusagen immer unterschwellig mit. Psychologisch messbar wurde neugieriges Verhalten eben nur im Rahmen des *Big-Five-Persönlichkeitstests* als »Offenheit für neue Erfahrungen«.[8]

Neugier ist generell eng verbunden mit der Persönlichkeitseigenschaft der »Offenheit«. Diese ist auch der verlässlichste Prädiktor für unsere Kreativität, unsere Fähigkeit, neue Ideen zu umarmen und damit auch für unseren beruflichen Erfolg. Professor Deak Keith Simonton von der University of California hat die »Offenheit« als *das* Merkmal derjenigen US-Präsidenten belegt, die als besonders effektiv gelten – naturgemäß belegt George W. Bush dementsprechend den letzten Platz auf dieser Skala.

Wenn zur »Offenheit für neue Erfahrungen« auch noch ein gerüttelt Maß an Extraversion kommt, geht die Post bei dieser Person richtig ab. Diese Mischung ist nämlich eine Art »Super-Faktor« für neue Erfahrungen – wir sprechen dann von »Super-Neugier«. Diese Menschen haben das, was Psychologen als »Engagement« bezeichnen. Es sind die Geselligen, die sich ihre Umgebung aktiv aussuchen, sie gestalten und sowohl mental als auch emotional voll bei der Sache sind.[9]

3.2 Neugier messen

Wie das? Zuerst musste jemand neugierig genug sein, sie mal bei den Hörnern zu packen und in das einzuordnen, was ernste Menschen so den ganzen Tag in Beruf und Freizeit tun. Das waren Patrick Mussel und Jordan Litman. Ihre Studienergebnisse veröffentlichten sie 2012. Und was fanden sie heraus? Neugier ist messbar, schnell und akkurat. Wie sie das gemacht haben? Lesen Sie weiter![10]

Neugier sagt beruflichen Erfolg voraus

Die Möglichkeit, mittels eines Blicks auf die Persönlichkeit eines Menschen seinen (beruflichen) Erfolg vorauszusagen, ist in der Tat faszinierend. Nachdem die Zweifel an der Aussagekraft eines solchen Vorgehens bis in die 1980er Jahre anhielten, zeigten sich mit Ergebnissen aus den Big Five erste Erfolge. Bei diesem Persönlichkeitstest, der die Triebfedern menschlichen Verhaltens in den oben genannten fünf Dimensionen sichtbar macht, gibt es heute, im 21. Jahrhundert, einige deutliche Verbesserungen des ursprünglichen Ausgangsmodells, etwa die »Core-Self-Evaluation-Skala«, die Ihnen schon aus Kapitel 2.9 bekannt ist und die

2003 von dem Organisationspsychologen Timothey Judge entwickelt wurde. Solche »Kern-Selbst-Einschätzungen« stellen immer eine stabile Persönlichkeitseigenschaft dar und fassen die vorbewussten, grundlegenden Einschätzungen eines Menschen bezüglich seiner Fähigkeiten und Kontrollmöglichkeiten zusammen. Menschen mit hoher CSE denken positiv über sich und sind selbstbewusst in Bezug auf ihre Fähigkeiten und ihre Möglichkeiten, sich und ihr Umfeld zu verändern.

Was damit jedoch immer noch nicht gemessen wurde, war, wie sehr das intellektuelle Interesse eines Menschen, also seine Neugier, konkreten Einfluss auf seinen beruflichen Erfolg hat. Der Blick auf die Anforderungen, die unser heutiges berufliches Umfeld im 21. Jahrhundert mit sich bringt, verstärkt die Bedeutung dieses Fragezeichens: Denn Menschen müssen sich permanent auf veränderte und neue Strukturen und Umfelder einstellen; von ihnen werden permanente Weiterbildung und lebenslanges Lernen gefordert sowie stabile Leistungen in einem instabilen Umfeld und nicht zuletzt das Schaffen neuer Lösungen in ökonomisch angespannten Zeiten.

Neugier ist sichtbar

Achtung: Man kann Ihnen Ihre Neugier ansehen! Sie steht Ihnen geradezu ins Gesicht geschrieben. Genauer gesagt, in die Augen. Denn Neugier macht Ihre Pupillen größer. Das können Sie selbst testen, etwa bei neugierigen Menschen, kurz bevor diese die Antwort auf eine Frage wie diese erhalten: »Welches Instrument wurde erfunden, damit es wie das menschliche Singen klingt?«

Warum ist das so? Die Pupillen werden klassischerweise in vier Situationen groß: bei Erregung, bei Aufmerksamkeit, bei geistiger Anstrengung[11] und bei effizientem verbalen Lernen.[12] Das ist der sogenannte Erwartungseffekt (»anticipation effect«). Er tritt immer ein bis zwei Sekunden vor der Antwortausgabe auf. Diese Pupillenreaktionen nehmen nach einem Stimulus, der

Belohnung in Aussicht stellt, sogar noch weiter zu.[13] Die Korrelation von Neugier mit Pupillenerweiterung ist konsistent sowohl mit Belohnungserwartung als auch mit dem Lernen neuer Information.

Es sind meist die intellektuellen Lösungen Einzelner oder die kleiner Teams, die Erfindungen oder Problemlösungen in Krisenzeiten ermöglichen. Bisher war die Vorhersage außergewöhnlich guter intellektueller Leistungen naheliegenderweise zumeist mit Tests rund um die Intelligenz verbunden. Und die Ergebnisse geben diesem Ansatz aus der Forschung für die Praxis recht: Intelligenz ist *der* bestimmende Faktor für Erfolg im Beruf und der Ausbildung.

Aber es gibt noch eine weitere Dimension – Intelligenztests sind die eine Sache. Die psychologische Forschung schaut auch auf andere Faktoren, vor allem auf die Persönlichkeit und damit auf die Frage, ob sich auch aus ihr Vorhersagen für die intellektuelle Leistung ablesen lassen. Viele Studien liegen dazu vor – inzwischen sogar so viele Studien, dass die Forscher Metastudien zweiter Ordnung anlegen, also Zusammenfassungen der Zusammenfassungen der zahlreichen Originalstudien.[14]

Ergebnisse zur beruflichen Befähigung und zur erwarteten Leistung aus den Persönlichkeitsanteilen abzuleiten, wäre in mehrerlei Hinsicht interessant und wichtig. Denn Facetten der Persönlichkeit können geformt und verändert werden. Diese Veränderbarkeit wiederum wäre ein Ansatzpunkt für Entwicklungsmaßnahmen im Unternehmen, um das intellektuelle Potential zu erhöhen und auszubauen.

Befunde aus der Forschung der Psychologen an der Uni Würzburg sagen den beruflichen Erfolg anhand sogenannter »Investment-Traits« voraus. Dabei geht die Investmenttheorie davon aus, »dass die Entwicklung kristallisierter Intelligenz, also kulturgebundenen Wissens über Sprache, Konzepte und Informationen, durch die Anwendung fluider Intelligenz begünstigt wird, sodass Personen mit hoher fluider Intelligenz sich mehr Wissen aneignen.«[15] Und so kann Neugier als ein Investment-Trait Berufserfolg voraussagen.

Die Schriftstellerin Angela Carter prägte 1993 den Satz: »He truly believed that nothing was unknowable. That is what makes him modern.«[16] Heute würden wir nicht sagen, die Neugierigen sind modern, sondern der moderne (Arbeits-)Mensch muss neugierig sein. Wie sonst will er in einer Umwelt, die von Wissenszuwachs, ständigem Dazulernen und dem blitzschnellen Veralten von Wissen geprägt wird, überleben? Die intuitive Antwort liegt auf der Hand: gar nicht. Nur die Neugier bietet den entscheidenden sozialen und beruflichen Überlebensvorteil.

Wenn die nun so wichtig ist, steht natürlich die Frage im Raum, warum sie nicht längst schon vorher mal dingfest gemacht wurde? Es lag an den bisherigen Tools. Die Big Five waren dafür zu ungenau – das haben wir schon gesehen –, denn da ging es lediglich um »Offenheit«. Allerdings verbergen sich hinter diesem Label verschiedene Formen dieser Offenheit. In der Konsequenz misst der Big-Five-Test also zu viele Facetten von Offenheit gleichzeitig – und die Differenzen verschwinden. Der erste wichtige Schritt war also, eine Detailebene tiefer zu gehen und die unter der Dimension »Offenheit« liegenden Facetten »Offenheit für neue Ideen«, »Offenheit für Ästhetik«, »Offenheit für Gefühle« voneinander zu trennen. Denn während Letztere für die Neugier keine Rolle spielt, ist Erstere zum Beispiel zentral wichtig für sie.

Um diese Facette messbar zu machen, trug Patrick Mussel die Persönlichkeitsaspekte intellektueller Leistungen zusammen und setzte sie in Bezug zueinander. Dazu gehörten die Neugier, das typische intellektuelle Engagement, der »need for cognition«, die intrinsische Motivation und die Offenheit für neue Ideen. Alle diese Merkmale hängen extrem stark miteinander zusammen.

Den Intellekt wiederum unterteilte Mussel in fünf Dimensionen: *Kreieren*, *Lernen* und *Denken* als Prozessdimensionen sowie *Suchen* und *Meistern* als Operationsdimensionen. Dabei hat das *Suchen* auch eine emotionale Bedeutung und das *Meistern* viele motivationale Aspekte. Hinzu kommt die Bedeutung der Operationen, also der mentalen Prozesse und Verhaltensweisen. Die drei Schritte sind aus den Tests zur fluiden und kristallinen Intelligenz sowie zur Kreativität abgeleitet. Hier bereits zeigt sich: Neugier ist kein simpler neuer Begriff für das in die Jahre gekommene Wort »Motivation« – Neugier geht nicht in Motivation auf, sondern deutlich darüber hinaus. Es zeigte sich weiterhin: Alle bestehenden Neugierskalen finden sich im Bereich *Lernen*. Für die Kreativität wiederum ist das *Suchen* beziehungsweise das *Lernen* der zentrale erste Schritt.

Ein Besuch bei Mussel offenbart, warum die Neugier in der Psychologie zu Recht als eine Nummer-eins-Tugend angesehen wird: »Vor einigen Jahren kam ein Unternehmensleiter zu mir und sagte: ›Ich will Menschen, die mit soooo großen Augen durch den Betrieb gehen‹«, so Mussel.[17] Doch die Neugier, also der Antrieb, beruflich mehr zu wissen, war zu jenem Zeitpunkt noch gar nicht messbar. Für nahezu alles andere hatte die Persönlichkeitspsychologie inzwischen Tools und Assessments entwickelt, nur für die Neugier, den intrinsischen Wunsch, mehr zu wissen, nicht. So setzte sich das Team an die Entwicklung eines Instruments zur validen und verlässlichen Messung dieser Facette menschlichen Handelns.

Die Teilnehmer für den Versuch kamen von einem mittelständischen Automobilzulieferer. Ein großer Teil der Firma war kurz zuvor veräußert worden, das Unternehmen wurde in der Folge umbenannt und gewann neue Mitarbeiter hinzu. Die Menschen hatten also neben der Herausforderung des ständigen Lernens für ihre technische Expertise zusätzlich mit Reorganisation und Kulturwandel umzugehen – das volle Change-Paket, könnte man sagen.

320 Menschen nahmen insgesamt an der Studie teil. Die Spanne reichte dabei vom Mechatroniker bis hin zu Vertriebsmitarbeitern und Managementassistenten, sowohl Männer (68 Prozent) wie auch Frauen (32 Prozent). Die Teilnahme war freiwillig, und nahezu alle Eingeladenen machten auch mit. Böse Zungen

würden behaupten, dass es damit zu tun hatte, dass diese Tests während der Arbeitszeit absolviert wurden.

Zwölf verschiedene Tests rund um die Leistungsfähigkeit und das Verhalten am Arbeitsplatz wurden eingesetzt – und die neu entwickelte »WORCS«, die »Work-Related Curiosity Scale«. Letztere hatten Mussel und sein Team speziell für den Einsatz in Unternehmen ausgetüftelt und aus dem allgemeinen Test für Neugier, dem CEI (»Curiosity and Exploration Inventory«), abgeleitet. Dabei musste sich Mussel mit dem Problem der »sozialen Erwünschtheit« herumschlagen, eigentlich wie bei jedem Persönlichkeitstest: »Intelligenztests, das ist, wie mit einer Stoppuhr zu messen, wie schnell jemand auf 100 Metern laufen kann. Persönlichkeitstest, das ist, als wenn man den Läufer fragt: ›Wie schnell wirst du denn laufen?‹«

Dessen eingedenk wurde WORCS sehr sorgfältig entwickelt. Das Team stellte 2.201 unterschiedliche Items zusammen – und zwar alltagssprachliche Formulierungen über das eigene berufsrelevante Neugierverhalten. Diese Items wurden von einer Expertengruppe mit 10.146 Bewertungen versehen. Auf deren Basis wurden die 38 Top-Items ausgewählt, die die stärksten Expertenbewertungen auf sich vereinigten und gleichzeitig nicht redundant waren. Den Abschluss bildete eine Item-Analyse, die diese neuen Neugier-Items zu bestehenden Testverfahren aus der Persönlichkeitspsychologie in Bezug setzte. So konnte sichergestellt werden, eine kurze, aber aussagekräftige Skala für WORCS zu entwickeln.

Der Test hat nur zehn Fragen. Beantwortet werden die mit Hilfe einer Sieben-Punkte-Skala. Und es funktioniert! Das belegte das Forscherteam damit, dass die entsprechenden WORCS-Ergebnisse sich auch in etablierten, langwierigen alternativen Testverfahren bestätigen lassen. Damit besteht zum ersten Mal überhaupt in der Geschichte der Persönlichkeitspsychologie die Möglichkeit, berufliche Neugier zu messen und als ernsthaftes Vorhersageinstrument für eine Job-Performance zu nutzen.

1. Es interessiert mich, wie sich meine Leistung auf das Unternehmen auswirkt.
2. Es macht mir Freude, neue Strategien zu erarbeiten.
3. An praktischen Lösungen interessiert mich auch die dahinterstehende Theorie.
4. Bei komplexen Problemen beschreite ich gerne neue Lösungswege.
5. Ich habe Spaß am Tüfteln und Denken.
6. Ich bin wissbegierig.
7. Ich durchdenke ein Problem solange, bis ich es gelöst habe.
8. Ich hinterfrage schon bestehende Theorien kritisch.
9. Ich informiere mich solange, bis ich auch komplexe Zusammenhänge verstanden habe
10. Prozesse im Betrieb versuche ich durch innovative Vorschläge zu verbessern.

Auswertung

Für die Auswertung müssen die angekreuzten Zahlenwerte addiert werden.

10–30 Ihrem Testwert zufolge bereitet es Ihnen weniger Freude, neue Dinge zu lernen oder abstrakte Theorien zu diskutieren. Für die Bewältigung Ihrer Aufgaben verlassen Sie sich lieber auf das, was Sie bereits kennen. Gleichermaßen treffen Sie manchmal Entscheidungen, bei denen Sie sich eher auf Ihre Intuition und auf Heuristiken verlassen. In manchen Situationen funktioniert das gut, besonders, wenn man sich sehr gut mit einer Sache auskennt, zum Beispiel, weil man im Laufe der Jahre Expertise aufgebaut hat. In anderen Situationen ist es hingegen notwendig, sich mit neuen Inhalten auseinanderzusetzen, Dinge ausdauernd zu durchdenken und sich über berufsbezogene Neuerungen auf dem Laufenden zu halten. Wenn ihnen das schwerfällt, kann es hilfreich sein, sich in bestimmten Abständen etwas Zeit einzuplanen, die man ausschließlich für die persönliche Weiterbildung nutzt.

31–50 Ihrem Testwert zufolge liegt die Ausprägung des Merkmals Neugier im mittleren Bereich. In manchen Situationen haben Sie Freude daran, sich neues Wissen anzueignen, komplexe Probleme zu durchdenken oder etwas Neues zu entwickeln. In anderen Situationen verlassen Sie sich lieber auf das, was Sie bereits erlernt haben sowie auf Ihre persönliche Expertise. Ob Ihr Verhalten dabei von Erfolg gekrönt ist, hängt maßgeblich davon ab, ob Sie in der jeweiligen Situation die richtige Wahl treffen. Sich jedoch komplett auf seine Intuition zu verlassen geht oft schief.

Der WORCS-Test

1	2	3	4	5	6	7
Trifft nicht zu						Trifft zu
☐	☐	☐	☐	☐	☐	☐
☐	☐	☐	☐	☐	☐	☐
☐	☐	☐	☐	☐	☐	☐
☐	☐	☐	☐	☐	☐	☐
☐	☐	☐	☐	☐	☐	☐
☐	☐	☐	☐	☐	☐	☐
☐	☐	☐	☐	☐	☐	☐
☐	☐	☐	☐	☐	☐	☐
☐	☐	☐	☐	☐	☐	☐
☐	☐	☐	☐	☐	☐	☐

Wenn Sie beispielsweise bei der ersten Aussage die 4 und bei der zweiten Aussage die 5 angekreuzt haben, so wäre die Summe 9.

Gerade in Situationen, mit denen man sich nicht so gut auskennt, ist es notwendig, sich neues Wissen anzueignen und Probleme ausdauernd zu durchdenken, bis man eine Lösung gefunden hat. Dadurch wird man gerade auch der Anforderung gerecht, sich lebenslang weiterzubilden und sein Wissen stets auf dem aktuellen Stand zu halten.

51–70 Ihr Testergebnis weist darauf hin, dass Sie sich gerne neues Wissen aneignen und bereit sind, dafür Zeit und Anstrengung aufzubringen. Die Bewältigung beruflicher Aufgaben setzt eine große Menge an fachspezifischem Wissen voraus; eine hohe Ausprägung auf der Dimension Wissbegier ist daher eine wichtige Voraussetzung, um sich berufsrelevantes Wissen anzueignen sowie im Laufe des Berufslebens weiter zu vertiefen und zu aktualisieren. Darüber hinaus bereitet es Ihnen Freude, neue Ideen zu entwickeln, Strategien auszuarbeiten oder Produkte zu entwerfen. Schließlich setzen Sie sich gerne mit anspruchsvollen Inhalten oder abstrakten Theorien auseinander. Sie können dabei ausdauernd über komplexe Probleme nachdenken, bis Sie eine Lösung gefunden haben. Je anspruchsvoller eine Aufgabe, desto wichtiger wird diese Eigenschaft, die in Kombination mit Ihren kognitiven Fähigkeiten mitbestimmt, wie erfolgreich komplexe Probleme gelöst werden.

Gespannt waren nicht nur die Geschäftsleitung und die Teilnehmer auf die Ergebnisse. Auch die Forscher waren mehr als interessiert daran, belastbare Aussagen zu finden. Und so stellten sie ein paar Wochen später als Ergebnis Erstaunliches vor: Berufliche Neugier hängt nicht vom Geschlecht ab. Auch das Alter hat keinen direkten Einfluss darauf, wie ausgeprägt die berufliche Neugier ist. Berufliche Neugier korreliert stark mit der »Offenheit für neue Erlebnisse« und überraschenderweise ebenfalls stark mit der »Gewissenhaftigkeit«. Ebenfalls überraschend war eine hohe Korrelation zwischen Neugier, sozialer Kompetenz und Kundenservice-Orientierung. Die Erklärung dafür ist jedoch noch offen. Keinerlei Bezug besteht zwischen Neugier und implizitem Wissen.

Was bedeutet das? Die HR-Abteilung darf jubeln, denn sie hat einen direkten Nutzen auf der Hand: Die Neugier kann die Job-Performance voraussagen – durch WORCS lässt sie sich messen. Statt stundenlanger Testbatterien kann das Ergebnis mit extrem hoher Validität in kürzester Zeit geliefert werden – und es kommt sogar noch besser.

Kann man eigentlich den Wert der Neugier in Unternehmen berechnen? Das fragten sich die beiden Wissenschaftler Stephan und Westhoff. Ausgehend von einer fiktiven Nutzenberechnung für ein mittelständisches Unternehmen bei der Auswahl von Führungskräften stellten sie fest: Das geht in der Tat. Karl Westhoff und Kollegen konnten zeigen: bei einer Unternehmensgröße von 1.400 Mitarbeitern können mindestens 150.000 Euro pro Jahr eingespart werden, wenn strukturierte Auswahlinterviews für Stellenbesetzungen genutzt werden. Die üblicherweise geführten Gespräche im Führungskräftebereich sind alles andere als strukturiert und kosten somit bares Geld.

Warum ist das so wichtig in Bezug auf die Neugierskala? Die Leistungsunterschiede zwischen leistungsstarken und leistungsschwachen Führungskräften können in der Psychologie erfasst werden. Das Maß in der vorliegenden Studie von 1983 ist die

Standardabweichung. Dort belegten Hunter und Schmidt, dass diese Standardabweichung in Geldeinheiten mindestens 40 % bis 70 % des durchschnittlichen Bruttojahresgehalts beträgt. Bei einem durchschnittlichen Führungskräftegehalt im Mittelstand von 61.500 Euro brutto, bedeutet die Spanne zwischen dem, was die Leistungsschwachen und die Leistungsstarken für ihr Geld erarbeiten (ihre Leistung) bei 40 % also 24.600 Euro. Natürlich kann man diese Rechnung auch für Nachwuchsführungskräfte aufmachen. Die Formel ist identisch.

Die Frage aller Fragen ist nun: wie findet man die Leistungsstarken? Die Antwort aller Antworten: mit einem Tool, dass diese Arbeitsleistung möglichst genau voraussagt. Und so ein Tool ist die WORCS. Sie kann für die Personalauswahl kann viel besser als herkömmliche Tools wie der »Intelligenztest« die Leistung (work performance) eines Mitarbeiters vorhersagen. Einfach zusammen gefasst: der Einsatz der WORCS spart bares Geld. Hunderttausende von Euros.[18]

Gut, dann wissen Unternehmen also um die Neugier der Mitarbeiter. Doch allein die Erhebung macht ja keinen Unterschied, denn der Trend geht ja nicht zum neugierigen Mitarbeiter per se. Er geht dahin, eine Belegschaft aufzubauen, die nicht mehr die Erfolge von gestern verwaltet, sondern die Chancen von morgen aus eigenem Antrieb sucht. Und wie kommen wir dazu, genau das zu tun? Was triggert uns bei der Suche nach dem Neuen, was reizt unser Wissenwollen?

3.3 Abwinken oder Anbeißen

2005, 2006, 2008 – dreimal hat der Emotionspsychologe Paul Silvia ihn belegt, diesen zentralen Aspekt der Neugier.[19] Und er war nicht der Einzige, der belegte, dass Neugier eine Frage der Bewertung ist. Die Idee, dass das so ist, kommt aus der Appraisal Theory. Deren Kern dreht sich um Folgendes: Emotionen stammen von den Einschätzungen, die Menschen gegenüber Erlebnissen und Ereignissen vornehmen – sie stammen niemals von den Objekten oder Ereignissen selbst. So führen individuell unterschiedliche Bewertungen zu Unterschieden im emotionalen Erleben. Die Bewertungen aber fußen für die Neugier wiederum auf zwei Fragen:

- *Die »Neu-komplex-Frage«*: Die erste Frage, die wir uns stellen, lautet immer: »Ist das, was ich hier habe, neu, unerwartet, komplex und unbekannt? Oder ist es eine Herausforderung?« Wenn die Antwort darauf ein Ja ist, könnten Sie neugierig sein – aber nur, wenn Sie auch zur zweiten Frage Ja sagen:
- *Die »Bewältigungspotential-Frage«*: Hier interessiert unser Gehirn, ob das Neue oder Komplexe, das potentiell interessant ist, für uns auch zu »handeln« ist – also so nach dem Motto: »Komme ich mit dem Neuen, Komplexen, Unerwarteten klar? Werde ich damit fertig?«

Gerade so, wie wir beurteilen, ob wir eine physische Herausforderung annehmen, schätzen wir auch ein, ob wir eine kognitive Herausforderung deichseln können. Nur wenn die Antwort auf *beide* Fragen Ja lautet, wird die Neugier aktiviert.

Wenn Menschen die Neuheit einer Situation oder Information erkennen, aber nicht glauben, damit fertig zu werden, dreht sich die ganze emotionale Lage in Richtung Verwirrung oder Angst. Wenn Menschen erkennen, dass sie mit der Situation oder Erfahrung klarkommen, aber keine Neuheit darin finden können, setzen sie sich lediglich nebenbei damit auseinander – werden aber nicht neugierig. Das gilt übrigens für Kinder wie für Erwachsene gleichermaßen.

Neugier entsteht demnach, wenn wir etwas als neu und gleichzeitig als begreiflich einschätzen. Neues, das wir nicht fassen können, ruft Gefühle von Konfusion, Furcht und Unbehagen hervor. Menschen unterscheiden sich darin, ob die Komplexität oder die Verständlichkeit einen stärkeren Effekt auf die Neugier hat.[20] Menschen, für die eher die Komplexität den Ausschlag der positiven Neugierbewertung gibt, haben einen höheren Charakterzug *Neugier, Offenheit für Erfahrungen, Sensation-Seeking*. Offenbar vertrauen diese Menschen eher darauf, das Neue handeln zu können.

Dicht verwoben mit der Neugier ist die Tatsache, dass Menschen das Gefühl haben müssen, effektiv mit der Mehrdeutigkeit, der Neuheit, der Unsicherheit umgehen zu können oder darin einen Sinn zu finden – nur ist das Bedürfnis nach dieser Sicherheit unterschiedlich stark ausgeprägt oder variiert je nach Situation. Aber über alle Situationen hinweg wird sich die Neugier zeigen als der grundsätzliche Wille, offen zu sein für das Neue, Unsichere und Unvorhersehbare. Und genau dazu gehört eben das Offensein für Unsicherheit, statt diese zu fürchten und zu vermeiden.

Über unser ganzes Leben hinweg schafft Neugier es, Wissen, Fertigkeiten, Beziehungen und Expertise anzuhäufen.[21] Poetisch gesprochen fängt Neugier die Neigung von Menschen ein, an die Grenzen ihrer Fähigkeiten und Möglichkeiten zu gehen. Hier sehen wir wieder einmal, dass sie viel mit intrinsischer Motivation zu tun hat. Neugier kann also verstanden werden als das Erkennen, Aufnehmen und Suchen von Wissen und neuen Erfahrungen.

Anscheinend spielt es aber für die Neugier keine Rolle, als wie »wichtig« ein Mensch ein Ereignis beurteilt. Studien zeigen, dass Wichtigkeit und Neugier auseinanderstreben. Leser unterscheiden in Büchern etwa ganz klar zwischen wichtigen und interessanten Teilen.[22] Warum ist das so und welche Rolle spielt das für unsere Neugier im Job?

3.4 Wissbegierde von Berufs wegen

Was zeichnet also die beruflich Neugierigen aus? Der WORCS-Test bringt diese Menschen ja nicht nur ans Tageslicht, sondern zeigt auch ganz deutlich, welche Features sich durch ein hohes Neugierprofil ziehen: Neugierige lernen besser, auch im beruflichen Kontext, Neugierige sind offener für neue Erfahrungen, und Neugierige sind resilienter. Neugier hilft also, mit der Disruption durch Neues und Veränderung zurechtzukommen. Außerdem zeigt sich, dass Bewusstsein, Offenheit, Flexibilität und Stresstoleranz bei neugierigen Menschen stärker ausgeprägt sind als bei anderen.

Neugierige sind außerdem gewissenhafter! Nix da, werden Sie nun sagen: Neugierige sind flatterhaft, brauchen Input und fliegen deshalb immer schnell von Blüte zu Blüte, so auch das Vorurteil. Das aber ist eine ganz andere Form von Neugier, die mit unserer nichts zu tun hat und die wir im folgenden Kapitel betrachten. Der neugierige Mitarbeiter und Kollege ist eben nicht der, der immer auf dem fremden Schreibtisch rumschnüffelt. Es ist der, der neben dem Schnüffler sitzt, vertieft in die neue Präsentation und interessiert daran, neue Wege zu gehen.

In Summe: Die Neugierigen sind im Job die Erfolgreicheren – und für Unternehmen in der Konsequenz die Begehrenswerten.

3.5 Die dunkle Seite der Neugier

Aber Neugier ist ja nicht per se eine gute Eigenschaft. Ein kleines Kapitel wollen wir hier auch dem Charakterzug widmen, den der Engländer so treffend als »nosy« bezeichnet. Die perzeptuelle Neugier ist die, die uns unsere Nase in alles – und vor allem in alles, was uns nichts angeht – stecken lässt. Manche versuchen sich mit der kreativen Auflösung des Akronyms

»NSA« mit »Neugier schafft Arbeitsplätze« rauszureden und argumentieren, Neugier sei ein ökonomisches Gut. Na ja.

Wie gut Staaten darin sind, diese dunkle Seite der Neugier zu nutzen, wissen wir spätestens seit den Äußerungen und Enthüllungen von Edward Snowden. Und dass nicht nur die USA ein gesteigertes Interesse an der Kommunikation und am Verhalten der Menschen auf diesem Planeten haben, ist ebenfalls bekannt.

Es gibt also offensichtlich zu neugierige Staaten, so viel ist klar. Aber gibt es auch ZU neugierige Menschen?

Sie langweilen sich schnell? Gieren nach unbekannten Eindrücken? Fürchten Monotonie? Sind Sie vielleicht ein *Neuheitssucher*? So bezeichnet C. Robert Cloninger von der Washington University in St. Louis Menschen mit erhöhter Impulsivität und innerer Unruhe.[23] Und ein solcher Neuheitssucher ist eben nicht ein Neugieriger, wie wir ihn hier in diesem Buch verstehen.

Wer ist schuld daran, dass Menschen Neuheitssucher werden oder sind? Der Bösewicht ist ein Botenstoff, der bisher eigentlich ein recht gutes Image hatte: Dopamin, zuständig für Glücksgefühle und Motivation. Ist der Dopaminspiegel eines Menschen aber zu niedrig, bleibt, einfach gesagt, die Meldung im System »Achtung – neu!« aus. Der Effekt: Langeweile setzt ein. Dieser Mensch strebt dann dauernd (über)aktiv nach neuen Erfahrungen und Erlebnissen. Davon gibt es aber nicht so viele, darum sucht er sie sich. Die meisten von uns haben allerdings einen gut geregelten Dopaminhaushalt und suchen daher Neues in Maßen und brauchen es nicht ständig.

Doch die Gretchenfrage »Öfter mal was Neues ausprobieren, oder im Bekannten bleiben?« wird schon früh beantwortet. Sie haben es nicht gemerkt, aber schon im Sandkasten zeigte sich Ihre spätere Präferenz:[24] Während Sie vielleicht gerne oft oder immer auf denselben Spielplatz wollten, war der Spielgefährte mies drauf, wenn er mal zwei Tage hintereinander in derselben Umgebung mit demselben Förmchen auskommen musste. Und was damals so harmlos begann, setzte sich später fort. Wenn Sie schon früher weniger offen waren, hängen Sie auch später stärker an Gewohntem. Warum? *Offenheit für Neues* ist eine ziemlich stabile Persönlichkeitseigenschaft.

Diese Offenheit ist normalverteilt. Das bedeutet: Nur eine kleine Gruppe von Menschen schneidet extrem hoch oder niedrig auf den Messskalen ab. Denn Interesse zieht grundsätzlich Menschen zu neuen, unbekannten Dingen. Nicht wenige dieser Dinge stellen sich dann aber als trivial, kapriziös, gefährlich oder verstörend heraus. Und auch dieses Verhalten kann man dingfest machen. So gibt es eine Skala zur sozialen Neugier, die von Britta Renner entwickelt wurde. Sie misst, wie sehr der Befragte an anderen Menschen und deren Leben und Verhalten interessiert ist.[25]

Neugier kann eben sowohl hilfreich als auch gefährlich sein und ist somit ein doppelschneidiges Schwert. Die gleiche Abenteuerlust, die Menschen zu Büchern und Hobbys zieht, kann sie auch zur Teilnahme an tendentiell gefährlichen Dingen verleiten wie Basejumping oder Experimenten mit bewusstseinserweiternden Drogen.[26]

Die Büchse der Pandora unter meinem Bett

Die Geschichte von der Büchse der Pandora aus der griechischen Mythologie lehrt uns, dass die Neugier das Böse in die Welt gebracht hat. Manchmal reicht eben eine solche Geschichte, um das Image eines ganzen Charakterzugs einprägsam zu schädigen. Dass am Boden von Pandoras Büchse unter allen Übeln, die durch das neugierige Öffnen in die Welt entfleuchen konnten, als letzte Gabe die Hoffnung saß, vergessen wir dabei oft.

Allerdings gibt es sie tatsächlich, die »schlechte«, die »verwerfliche« Neugier, das Schnüffeln und das Spionieren. Und dass diese schädlich ist, besonders für den, der sie praktiziert, kann ich

Ihnen anhand einer schönen Geschichte erzählen – frei nach dem Motto: Wer viel fragt, bekommt viel Antwort!

Seit vierzig Jahren sind die beiden ein Paar und verheiratet. Damals, zu Beginn, nahm der verliebte Bräutigam seiner Liebsten das Versprechen ab: »Ich stelle eine Kiste unter mein Bett. Du musst versprechen, dort nie hineinzuschauen.« Und während der ganzen vierzig Jahre hatte die Frau tatsächlich nie ihr Versprechen gebrochen. Doch eines verregneten Nachmittags im britischen Hochsommer tat sie es doch. Sie lupfte den Deckel und lugte hinein: In der Box waren drei leere Flaschen und 2.423,56 britische Pfund.

Sie schloss die Kiste und stellte sie wieder unter das Bett. Nun, da sie wusste, *was* darin war, wollte sie natürlich auch wissen, *warum* das darin war. Am folgenden Abend ging das Paar zum romantischen Diner – Hochzeitstag. Lecker und kerzenbeschienen, locker und champagnergetränkt. Nun konnte sie ihre Neugier nicht länger im Zaum halten. »Es tut mir so leid. All die Jahre habe ich mein Versprechen gehalten und die Kiste unter deinem Bett in Ruhe gelassen. Doch heute habe ich es getan: Ich habe reingeschaut.«

Worauf ihr Ehemann antwortete: »Na gut, ich denke, nach all den wundervollen Jahren hast du das Recht auf eine Erklärung. Die Wahrheit ist: Wann immer ich dir untreu war, habe ich eine leere Bierflasche in die Kiste getan. Sie sollte mich daran erinnern, es nie wieder zu tun.« Seine Frau war natürlich im ersten Moment geschockt: »Ich bin sehr enttäuscht und traurig. Aber ich denke, nach vierzig Jahren – nur drei Flaschen. Das kann ich verzeihen.« Sie umarmten sich herzlich und vertrugen sich wieder. Auf dem Heimweg fiel ihr dann noch etwas ein: »Warum hast du denn all das Geld in dieser Box?« Seine Antwort: »Wann immer die Kiste voll mit Flaschen war, bin ich zum Supermarkt. Das ist das Geld vom Leergut.«

Das Internet verstärkt die gute wie die böse Neugier – nützliche Informationen, aber auch potentiell gefährliche Begegnungen sind nur einen Mausklick entfernt. In unserer Informationsgesellschaft ist es ganz einfach, fast jeden Tag eine Büchse der Pandora zu öffnen – eben schon beim Surfen im Netz. Ruck, zuck landet der Neugierige auf der Suche nach Wissen schon mal auf einer Pornoseite – und dann kommt die Frage: neugierig weiterschnüffeln im Reiz des Verbotenen oder Anrüchigen oder nichts wie weg hier?

Neugierige sind eben auf allen Kanälen unterwegs – und das kann auch enorm oberflächlich sein, wenn sie eben nicht an Erkenntnis interessiert sind, sondern nur am schnellen Wissenwollen. Tiefgang dagegen erfordert Recherche und ist somit langsam. Wer Informationen sorgfältig aus einwandfreien Quellen sammeln und verarbeiten will, braucht Zeit. Das kann man heute noch so machen wie früher, als man noch für jede ernsthafte Recherche in eine Bibliothek musste, aber man muss sich dafür bewusst entscheiden – eben weil das Netz mit der schnellen Info lockt.

Eine Kombination aus Aufgeschlossenheit, gezieltem Interesse und Geduld kann hier helfen. Wahllose Neugier auf alles wirkt lediglich zerstreuend und ablenkend, aber nicht erfolgsfördernd.

Schaulust und Sensation-Seeking

So heißt das in der Fachsprache, wenn der Verkehr auf der einen Seite der Autobahn langsamer wird oder sich sogar staut, weil auf der Gegenfahrbahn ein Unfall passiert ist.[27] Eine sehr dunkle Seite der Neugier!

Echte Sensationsgier ist eine weitere dunkle Spielart der Neugier. Und die gibt es nicht erst, seit Menschen aus Dortmund sich das Wochenende um die Ohren hauen, um eine unbewohnte Luxusimmobilie in Limburg anzuschauen oder einen Blick auf eine Vollzugsanstalt für bayerische Fußballmanager zu werfen. Neu ist das Phänomen nicht: Früher pilgerten diese Menschen zu Hexenverbrennungen. Katastrophentourismus nennt sich das. Ereignisse, die ihn triggern, gibt es in unserer heutigen Welt viele – egal ob Oderflut oder Dschungelcamp.

Doch Sie als geneigter Leser können sich entspannen: Diese Form der Neugier korreliert kaum mit dem Interesseverhalten, von dem dieses Buch vornehmlich handelt. Obwohl sich beides um die Annäherung an neue Reize dreht, geht es bei der Sensationssuche eher um Erlebnisse im Sinne perzeptueller Neugier und darum, Risiken einzugehen. Das ist in keinem anderen Neugierverhalten zu finden.

Doch Sozialpsychologen gehen davon aus, dass die Bereicherung, die neugierige Menschen erleben, im Allgemeinen schwerer wiegt als das Risiko, das sie eingehen. Ein Leben voller Neugier zu führen, heißt also nicht, Risiko und Angst zu ignorieren.

3.6 Die Neugier der Freizeit

Beruflich neugierig zu sein zahlt sich aus, wie wir gesehen haben. Zu neugierig zu sein, kann schaden – auch das haben wir gesehen. Was aber ist mit der Neugier, wenn Sie aus dem Büro raus sind? Ist es dann ein anderes Feuer, das sich entzündet und in Ihnen brennt?

Sagen wir mal so: Der Brennstoff ist der gleiche, aber die Flamme sieht mitunter anders aus. Doch auch die ist schon vermessen und untersucht worden. Und zwar schon etwas länger …

»Erstellen Sie doch bitte eine Liste von Dingen, die Sie interessieren«, bat Pamela Pearson 1970.[28] Heraus kamen Antworten wie: »Mich interessiert, wie ein Vergaser funktioniert.« Und das zeigt wieder, dass für einen Forscher in einer solchen Studie immer eine Menge irrelevanter Ballast drinsteckt: Er erhält viele Informationen, die er nicht braucht, um zu einem klaren Ergebnis zu gelangen. Für diesen Ballast kann der Neugierige natürlich nichts – der sagt ja nur, was ihm in den Sinn kommt, und das ist auch gut so.

Der Psychiater und Psychologe Frank Naylor versuchte es 1981 etwas fokussierter. Er fragte die Menschen einfach, worauf sie neugierig sind – und in der Regel quasselten die Leute drauflos, so ungefähr: »Ich bin neugierig auf …« Auch das ist recht aufwendig in der Ergebnisevaluierung, auch dort bringt der Informationsfluss viel unnützes Schwemmland mit sich. Und dazu waren die Informationen tendentiell ungenau, denn jeder Befragte hat ja seine eigenen Wertkriterien dazu, was neugierig sein überhaupt ist und bei welcher Gelegenheit er es gewesen ist.

Neugier und Explorationsinventar

Natürlich hat sich seitdem in den letzten vierzig Jahren einiges getan. Und so finden Sie auf der nächsten Seite den brandaktuellen Test, um Neugier beim Menschen zu messen und daraus interessante Schlussfolgerungen abzuleiten. Der Test nennt sich »Curiosity and Exploration Inventory (CEI-II)«, auf Deutsch heißt er »Neugier und Explorationsinventar (2. Version)«.[29]

Und so machen Sie den Test: Bewerten Sie die Aussagen danach, wie sehr sie wiedergeben, wie Sie sich normalerweise verhalten und fühlen. Es geht nicht darum, was Sie denken, wie Sie sein müssen oder wie Sie gerne wären. Ehrlichkeit schafft Ergebnisse. Okay, los geht's:

	1 Ganz selten	2 Ein wenig	3 In Maßen	4 Ziemlich viel	5 Extrem
1. Ich suche in neuen Situationen aktiv so viele Informationen, wie ich kann.	☐	☐	☐	☐	☐
2. Ich gehöre zu den Menschen, die es wirklich genießen, mit den Unsicherheiten des Alltags umzugehen.	☐	☐	☐	☐	☐
3. Ich bin am besten, wenn ich etwas Komplexes und Herausforderndes machen kann.	☐	☐	☐	☐	☐
4. Überall, wo ich hingehe, suche ich nach neuen Dingen und Erlebnissen.	☐	☐	☐	☐	☐
5. Ich sehe herausfordernde Situationen als eine Möglichkeit, zu lernen und zu wachsen.	☐	☐	☐	☐	☐
6. Ich mache gerne Sachen, die ein wenig furchterregend sind.	☐	☐	☐	☐	☐
7. Ich suche immer nach Erlebnissen, die mein Denken über mich und die Welt herausfordern.	☐	☐	☐	☐	☐
8. Ich bevorzuge Jobs, die angenehm unvorhersehbar sind.	☐	☐	☐	☐	☐
9. Ich suche regelmäßig nach Möglichkeiten, mich herauszufordern und als Person zu wachsen.	☐	☐	☐	☐	☐
10. Ich bin ein Mensch, der offen für unbekannte Menschen, Ereignisse und Orte ist.	☐	☐	☐	☐	☐

Der CEI-II-Test

So, jetzt wollen Sie auch wissen, was das Ergebnis bedeutet? Dazu kommen wir sofort. Doch zuvor nur ganz kurz dazu, was Sie da gerade gemacht haben: einen kurzen, verlässlichen, validen Neugiertest, der trotz seiner Kürze in die Breite geht. Will sagen: Er ist recht umfassend und schaut sich die unterschiedlichen Facetten Ihres Neugierverhaltens an, zum Beispiel das aktive Suchen nach Möglichkeiten, neue Informationen und Erfahrungen aufzutun.[30] Ein zweiter Aspekt ist der Wille, die neue, unsichere, unvorhersehbare Natur im Alltag zu umarmen.[31]

Aber wie sieht es nun mit Ihrem Ergebnis aus? Die zehn Aussagen, mit deren Hilfe Sie sich gerade selbst eingeschätzt haben, messen diese zwei unterschiedlichen, aber sehr entscheidenden Faktoren der oben beschriebenen Neugier: das »Stretching« (Strecken) und das »Embracing« (Umarmen).

»Strecken« können Sie sich so vorstellen wie eine Streckbewegung mit Ihrem Körper: Sie recken und strecken sich nach etwas, was Sie gerne haben wollen, aber das außerhalb Ihres körperlichen Komfortbereichs liegt. Genauso definiert es die Psychologie auch,[32] nur eben in Bezug auf den Geist. »Strecken« ist daher der Antrieb, Wissen und neue Erfahrungen außerhalb des Bekannten zu machen. Fünf der zehn Fragen widmen sich diesem Verhalten: die Aussagen Nummer 1, 3, 5, 7 und 9. Und wenn Sie mit diesem Wissen noch einmal draufschauen, fällt Ihnen vielleicht auf, dass sich diese Aussagen in der Tat darum drehen, wie sehr Sie es mögen, sich selbst herauszufordern, um Neues zu lernen und zu erleben. Dabei gilt: Je höher Ihre Punktzahl, umso ausgeprägter ist dieser Faktor bei Ihnen. 25 Punkte maximal können Sie erreichen. Wie viele sind es bei Ihnen? Der Durchschnitt der bisher in Studien getesteten Erwachsenen liegt bei 17,5 Punkten. Wenn Sie also höherliegen, schneiden Sie stärker ab als die Hälfte der bisherigen Testkandidaten.

Ähnliches gilt für die verbleibenden fünf Aussagen. Sie widmen sich auf vergleichbare Weise dem Faktor »Umarmen«.[33] Sinnbildlich können Sie sich das vorstellen wie die Geste, jemanden »mit offenen Armen« zu empfangen. Aus psychologischer Perspektive drückt dies aus, wie sehr Sie willens sind, sich auf neue, unsichere und nicht sofort vorhersehbare Situationen und Erlebnisse einzulassen. Dieser Form der mentalen Toleranz gegenüber dem Unbekannten, mithin Geheimnisvollen sind die Aussagen Nummer 2, 4, 6, 8 und 10 gewidmet. Und auch hier gilt: Je höher Ihre Punktzahl, umso stärker die Ausprägung dieses Faktors. Wie hoch ist Ihre Punktzahl? Und wie sieht es mit dem Durchschnitt aus? Der liegt hier etwas tiefer als beim Faktor »Strecken«, nämlich bei 15,5 Punkten.

Wenn Sie nun die beiden Teilergebnisse zusammenzählen und auf eine Punktzahl von über 33 kommen, können Sie davon ausgehen, dass 50 Prozent der übrigen Erwachsenen weniger neugierig sind als Sie! Doch das Abenteuer des Klügerwerdens ist noch nicht zu Ende. Denn nun steht die Frage an, was Sie als neugierigen Menschen mehr antreibt: Ihr eigenes Interesse oder das nagende Gefühl, eine Lücke in Ihrem Wissen nicht auf Anhieb füllen zu können.

3.7 i-Curiosity?

Die epistemische Neugier, um die es im Gegensatz zu der »dunklen«, perzeptuellen Neugier in diesem Buch ja geht, hat zwei sehr gegensätzliche Facetten. Auf der einen Seite steht die »i-type curiosity« – das ist die durch Interesse getriebene Neugier. Sie bildet das Vergnügen ab, das Menschen dabei haben, neue Ideen zu entdecken. Hier geht es um das Hervorbringen positiver Affekte, um diversives Erforschen, darum, etwas komplett Neues zu lernen, und um Lernen, welches das Meistern einer Sache zum Ziel hat. Genuss trifft Kompetenz, sozusagen. Ihr gegenüber steht die »d-type curiosity«. Ihr geht es um Fehlervermeidung und Erfolgsorientierung. Alles dreht sich darum, Unsicherheit zu reduzieren, Spezifisches zu erforschen und

Informationen aufzufinden, die in einem bestimmten Wissensset fehlen. Leistungsorientiertes Lernen ist ebenfalls getrieben durch »d-type curiosity«. Hier nenne ich das: Unsicherheitsminimierung trifft Verlustvermeidung und Erfolgsstreben. Wir haben also zwei sehr unterschiedliche Motive für das Suchen und Finden von Informationen. Während sich der erste Stil um positive Emotionen dreht, geht es beim zweiten leider hauptsächlich um negative Affekte wie Angst, Depression und Wut.[34]

Aber welches Motiv liegt unserer persönlichen epistemischen Neugier zugrunde? Können wir das überhaupt messen? Jordan Litman ging diese Fragen mit einer Langzeitstudie in den Jahren 2004 bis 2007 an und befragte insgesamt 2.660 Menschen. Das Ergebnis dieser bemerkenswerten Arbeit ist eine Skala, mit der jeder messen kann, welches Motiv seiner epistemischen Neugier zugrunde liegt. Gleich folgen die zehn Aussagen, die nach ihrer Aussagekraft in absteigender Folge sortiert sind. Die höchste Aussagekraft hatte Nummer 1, was zeigt, dass es sich dabei um einen Stil handelt, der sich hauptsächlich darum dreht, eine weite Spanne von Information zu verfolgen, und dabei ein genussvolles Bestreben ist. Die höchste Aussagekraft für die »d-type curiosity« hatte dementsprechend Nummer 6, was belegt, dass dieser Stil sich hauptsächlich darum dreht, fehlende Informationsstücke in einem bestehenden Wissensset zu finden und dafür auch einiges an Zeit und Mühe zu investieren.

Verschiedene Arten von Neugier führen zu unterschiedlichen Lernmotiven. Und die erlauben eine Vorhersage über den Grad an Mühe und Durchhaltevermögen, den Menschen zeigen, wenn sie neue Informationen suchen.[35] Besonders spannend werden diese Ergebnisse, wenn es darum geht, Neugiererlebnisse für sich und für andere zu schaffen. Da müssen diese grundverschiedenen Motive beachtet werden, damit die Erlebnisse »andocken«. Die gute Nachricht ist, dass man diese Erlebnisse »maßschneidern« kann (und muss), da Menschen selten beide Neugiertypen in sich vereinen.

	1 Fast nie	2 Manchmal	3 Oft	4 Fast immer	5 Sehr stark
»i-type curiosity«					
1. Es macht mir Spaß, neue Ideen zu entdecken.	☐	☐	☐	☐	☐
2. Ich finde es faszinierend, neue Informationen zu lernen.	☐	☐	☐	☐	☐
3. Es macht mir Spaß, über Themen zu lernen, die mir unbekannt sind.	☐	☐	☐	☐	☐
4. Wenn ich etwas Neues lerne, möchte ich mehr darüber herausfinden.	☐	☐	☐	☐	☐
5. Es macht mir Spaß, abstrakte Konzepte zu diskutieren.	☐	☐	☐	☐	☐
»d-type curiosity«					
6. Ich kann Stunden mit einem Problem verbringen, weil ich nicht ruhen kann, bis ich die Antwort habe.	☐	☐	☐	☐	☐
7. Konzeptuelle Probleme halten mich wach, weil ich darüber nachdenke.	☐	☐	☐	☐	☐
8. Ich bin frustriert, wenn ich ein Problem nicht lösen kann, daher arbeite ich härter.	☐	☐	☐	☐	☐
9. Ich arbeite wie ein Besessener an Problemen, bei denen ich das Gefühl habe, sie müssten gelöst werden.	☐	☐	☐	☐	☐
10. Ich grüble lange, um ein Problem zu lösen.	☐	☐	☐	☐	☐

Neugierskala für »i-type curiosity« und »d-type curiosity«

Ich habe keine besonderen Talente.
Ich bin nur leidenschaftlich neugierig.
Albert Einstein

4 Wie sieht Neugier aus?

Interessier mich: Neugierige sind nicht nur die Kulturtreiber, sondern auch die Werttreiber im Unternehmen. Einige Firmen haben das schon erkannt – und gehören so keinesfalls zufällig zu den innovativsten der Welt. Neugier macht Menschen zu Experten, und diese Expertise kann sogar zum eigenen Geschäftsmodell werden. Optimalerweise hat diese Expertise eine T-Form, geht also von der Breite aus an einer Stelle in die Tiefe. Diese Art der Expertise wiederum kann dazu führen, dass Menschen auf Gebieten Leistungen vollbringen, wo sie sich zuvor gar nicht so besonders hervorgetan haben. So wie bei mir: Ein Schauspieler konzipiert eine Dauerausstellung zur Archäologie – mit T-Expertise.

Werfen Sie einen kurzen Blick unter die Kapitelüberschrift: Kaum ein Genius der letzten tausend Jahre, dem nicht ein Neugierzitat zugeschrieben wurde! Von Einstein bis Edison, von Goethe bis da Vinci. Und vor allem letztgenannter Leonardo war ein vielseitig interessierter Mensch: Er steckte die Nase so tief in manchen Sachverhalt, dass er ihn beinah den ganzen Kopf gekostet hätte. Nun war der Italiener aus Vinci aber nicht nur interessiert und notorisch neugierig, sondern auch einigermaßen eloquent und schrieb manchen Gedanken auf. Und so kommt es, dass wir heute noch wissen, dass bereits für ihn die Neugier, »la curiosità«, das erste geistige Prinzip war. Für die unnachgiebigen Neugierigen unter Ihnen sind die anderen sechs Prinzipien im Anhang zu finden.[1]

Dass Neugier in Leonardos Zeitalter eine eher unerwünschte Charaktereigenschaft war, liegt nahe. Dirk Maxeiner formuliert das so:

> »Neugier ist eine politische Angelegenheit – sie verändert immer etwas. Sie ist die Vorstufe zum Lernen. Wer neugierig ist, stellt das Vorhandene infrage, auch sich selber – denn Neugier, echte Neugier, zwingt auch zur Selbstkritik. Das schützt gegen Vorurteile und gegen Dummheit.«[2]

Und das wiederum mache die Neugier zum natürlichen Feind der Moralisten und Ideologen, so Maxeiner weiter. Tja, und das also zu Leonardos Zeiten in einem von der katholischen Kirche dominierten Staat. Der große Meister konnte zu Recht Angst um seinen Kopf haben, ließ sich aber trotzdem nicht von seiner Neugier abbringen – und das nötigt mir heute noch Respekt ab!

Und es dokumentiert die Stärke des Antriebs, den die Neugier in uns erzeugt.

4.1 Beim ersten Mal tut's noch weh

Apropos Stärke des Antriebs: Neugier ist eine regelrechte Leidenschaft. Und wenn sie auch im Unternehmen leidenschaftlich gelebt wird, kann es etwa passieren, dass sich fünfundzwanzigtausend Patente im Portfolio dieses Unternehmens ansammeln. Wow, wo das? In Neuss – Neuss hat also offensichtlich Leidenschaft! Denn hier sitzt 3M – mit besagten fünfundzwanzigtausend Patenten. 3M hat es sich zusätzlich zum Ziel gesetzt, diese Leidenschaft im Unternehmen und mit anderen zu teilen.

Und das ist das Ziel eines ganz besonderen Tages bei 3M: Die Mitarbeiter teilen dann anderen mit, was sie im Privatleben fasziniert und beschäftigt. Und so befriedigen sie die Neugier der Kollegen nach dem Motto: »Was der wohl so macht, wenn der immer mittwochs um halb sechs geht …« Das wiederum offenbart Facetten, welche die Kollegen bisher nicht kannten, nun aber abspeichern und bei Gelegenheit nutzen können.

Wenn zum Beispiel ein leidenschaftlicher Segelflieger seinen Vogel an diesem besonderen Tag auf dem Firmenparkplatz abstellt, lädt er nicht nur Kollegen ein, über das Fliegen zu philosophieren, und freut sich selbst über anerkennende Blicke, sondern sendet damit eine unternehmensrelevante Nachricht. Denn die Kollegen wissen von diesem Moment an: Der kennt sich wohl mit Thermodynamik aus – zumindest sollte er sich damit auskennen. Nicht wenige Produkte von 3M haben mehr oder weniger mit diesem Thema zu tun – es geht dabei also um eine wichtige Information. Aber wenn der Hobbypilot nicht in der eigenen Abteilung arbeitet, bekommt man eben normalerweise nichts von seinem Potential mit – weder was das Fliegen betrifft, noch was das zugehörige Wissen angeht.

Neugier ist gefragt

Neugier zu befriedigen, kann also durchaus unternehmensrelevant sein. Aber warum gehört Neugier mittlerweile auch zu den Top-5-Eigenschaften, nach denen Unternehmen bei Mitarbeitern suchen? Nach der Lektüre der letzten zwei Seiten können wir das mit einer Gegenfrage beantworten: Was ist ein besseres Maß für Leidenschaft als Neugier? Deren An- und auch Abwesenheit kann man bei Vorstellungsgesprächen, in Meetings, in Telefonaten oder beim Geschnatter am Mittagstisch fühlen und sehen. Man kann sie zeigen, man kann sie erkennen.

Universum, ein Employer-Branding-Unternehmen aus Stockholm, gibt jährlich eine Umfrage heraus, in der die Firma vierhunderttausend Studenten und Erwerbstätige weltweit zu jobbezogenen Themen befragt. 2012 hat Universum folgende fünf Persönlichkeitseigenschaften zusammengetragen, nach denen Unternehmen bei Bewerbern suchen: Hier sind die ersten drei: Professionalität (86 Prozent), Energiegeladenheit (78 Prozent) und Selbstsicherheit (61 Prozent).

Während diese Eigenschaften im Jobinterview bereits in den ersten dreißig Sekunden ins Auge springen, verhält es sich mit den beiden folgenden nicht ganz so – auch wenn sie ebenbürtig sind. Selbstmonitoring (58 Prozent) ist die eine Eigenschaft und – wer hätte es gedacht? – intellektuelle Neugier mit 57 Prozent die andere. Das bedeutet auf der einen Seite, dass die Hobbys-Sektion im Lebenslauf weitaus wichtiger ist, als oft angenommen wird, und entsprechend mehr Einfluss hat. Denn Unternehmen suchen bei den Neugierigen nach zwei Dingen: Lernbereitschaft und dem Willen, Probleme zu lösen.

Nun sind Unternehmen keine Selbsthilfeeinrichtungen, sondern es geht ihnen in der Regel darum zu lernen, wie man Dinge verbessern und die Bedingungen der Branche besser ausnutzen kann. Führungskräfte schätzen Menschen mit einer nie versiegenden Neugier in Bezug auf die unterschiedlichen Facetten des

Geschäfts. Gleichsam zeigen erfolgreiche Mitarbeiter jeder Couleur eine nicht versiegende Neugier, die sich als »Leidenschaft« in einem Besprechungsraum voller Menschen zeigt.

Es ist also äußerst löblich, den intellektuellen Überdruss, der die »lernende Organisation« umgibt, hinter sich zu lassen und sich auf das zu fokussieren, was wirklich Lernen verursacht: auf die Neugier. Falls Sie also einen Job suchen: Zeigen Sie Ihre Neugier durch Fragen, die bedeutungsvoll sind. Falls Sie Kandidaten suchen, die mit Leidenschaft ans Werk gehen: Nutzen Sie Neugier als Barometer, um sie zu finden.

Mitstreiter gesucht

»Ich brauchte die Neugierigen«, entfuhr es ihm in unserem ersten Gespräch am Rande eines Personalerkongresses im Jahr 2015. Die Intensität der Formulierung spiegelte sich in seiner Haltung, denn Harald Schirmer brennt: für Change, für Innovation im Lernen. Die Flamme seiner Begeisterung springt nicht nur im Gespräch über, sondern auch in seinen Projekten für Continental, wo er ein wichtiger Teil der Personal- und Organisationsentwicklung ist. Seine »Feuermacher-Qualitäten« verteilt er im Unternehmen auf drei Bereiche: »Enterprise 2.0«, sprich »Social-Business-Adoption«, die digitale Transformation sowie die Ausbildung von begeisterten und begeisternden Multiplikatoren. Sein Spezialgebiet ist das »Führen bei Veränderung«, will sagen: Er entwickelt und setzt die Rahmenbedingungen für Change-Management in der Organisation sowie den Bereich Kulturentwicklung, wo er die Grundzüge und Kernwerte des Unternehmens mitentwickelt und präzisiert.

Für sein bisher intensivstes Projekt benötigte Schirmer dringend Mitstreiter, die seine Begeisterung für das Vorantreiben neuer digitaler Lernformen teilten und die Geschwindigkeit des Change-Prozesses hochhielten und ihr Momentum hineingaben. Denn eines von Schirmers Zielen war es, so schnell zu sein, dass keiner etwas dagegen unternehmen konnte. Er brauchte also Menschen, die offen waren für neue Erfahrungen – und für Geschwindigkeit. Und er fand sie intuitiv mit ein paar Techniken, die nicht deutlicher den Effekt von Neugiermanagement zum Nutzen der Veränderung, des Change, belegen könnten.

Zuerst versandte er eine E-Mail an *alle* im Unternehmen! Das sind neunzigtausend Empfänger – mit der Erlaubnis seines Chefs. Die Mail triggerte die Neugier der Empfänger mit der Frage, ob sie auch Lust hätten, die unternehmerische Welt zu verändern. Einziger technischer Hinweis war die Ankündigung einer Softwareeinführung. Viele Mitarbeiter reagierten, Schirmer bekam Hunderte von Antworten. Die enthielten nicht ein einfaches »Ja, warum denn nicht?!«, sondern bereits konkrete Antworten auf einen Fragebogen, zu dem Schirmer in seiner Auftakt-E-Mail verlinkt hatte.

Auch dieser dreißigminütige Fragebogen hatte es – aus Sicht der Neugierforschung – in sich. Er war als eine Art Selbstvorstellung gestaltet, enthielt aber auch Elemente, welche die Selbstreflexion zum Thema Neuheit anstießen. Er fragte nicht nur generelles Interesse daran ab, Unternehmen und Organisation zu verändern und sich beim Thema digitales Lernen einzubringen, sondern er wollte auch herausfinden, was die Antwortenden als das Wichtigste etwa an »Tool X« ansehen würden. »Tool X« war die geplante Software, deren Aussehen und Funktionalität zu diesem Zeitpunkt jedoch noch keiner kannte.

Der Bogen enthielt Fragen wie: »Was hast du innerhalb einer Veränderung in der Firma als negativ erlebt?« Oder: »Was sind die drei besten Erfahrungen, die du mit Social Media gemacht hast?« Wem dazu nichts einfiel, der hatte sich für das Thema nicht besonders erwärmt, so die Schlussfolgerung Schirmers. Auch Überraschendes kam ans Licht: Interessenten füllten den ganzen Fragebogen minutiös aus, setzten sich mit allen Themen auseinander und schrieben zum Schluss: »Ich bin eigentlich nicht so gerne bei so etwas dabei …« Waren sie aber dann doch – und das war gut so. Denn es handelte sich dabei um die Gewissenhaften – diejenigen, die auch nach drei Jahren Projektlaufzeit immer weiter neue Ideen entwickelten.

Mit dem Ergebnis war der Initiator also mehr als zufrieden. Er fand »Guides«, die von sich aus die Neugier mitbrachten, Neues zu entdecken, zu verstehen und zu vermitteln. Das Projekt startete und immer wieder ergaben sich herausfordernde Situationen, in denen sich zeigte, wie sehr Neugier und Gewissenhaftigkeit zusammengehören. Denn über die Dauer des Projekts waren nicht nur die Extrovertierten die Meinungsführer der ersten Stunde im Lead, sondern vielmehr diejenigen, die zu Beginn ruhiger waren, das Thema und seine Herausforderungen gründlich annahmen und während der Motivationstiefs der Schnellen für die erforderliche Triebkraft sorgten.

Locations, die neugierig machen

Auch das Aufrechterhalten des Momentums in solchen Phasen gelang Harald Schirmer, weil er nicht dem klassischen Fehler auf den Leim ging: einer falschen und langweiligen Location für das Setzen der Interessenimpulse – ein echter Neugierkiller übrigens. Doch die meisten Workshop-Gruppen treffen sich immer noch hier: in einem kahlen Raum mit fünf Resopaltischen, einem Whiteboard und einem halbvollen Mülleimer. Das ist nicht Sex, Drugs and Rock 'n' Roll, das ist Homöopathie und Helene Fischer.

Harald Schirmer nutzte stattdessen »Business-Playgrounds«, wie sie die avantgardistische Hotellerie inzwischen nennt. Diese sind eine Art upgedateter Kuriositätenkabinette, die neue Impulse im Kopf allein schon durch ihre Einrichtung erzeugen – ungewöhnliche Break-out-Räume, die gut sind für intensives Brainstorming und die einem Klub ähnlicher sehen als einem Tagungsraum. Auf den Tischen stehen in der Regel wohlgeformte »Curiosity-Boxes«, die entweder vom Hotel oder vom Veranstalter selbst befüllt werden. Das Ergebnis: komprimierte Neugier – Sex, Drugs and Rock 'n' Roll fürs Gehirn!

Curiosity-Box

Change-Profis und Offenheit für Veränderung

»Beim ersten Mal tut's noch weh.« Das ist Harald Schirmers Mantra. Er sagt, zu Beginn brauche es Menschen mit Change-Hintergrund – einem gewissen Vorwissen über die Vorgänge und über die zu erwartenden Aktionen und Reaktionen.

Doch selbst bisher erfolgreiche Change-Agents haben mitunter nicht so richtig Lust auf Neues im eigenen Umfeld. Deren Reaktion lautet dann eher: »Das ist toll, was du da machst, aber du denkst fünf Jahre voraus.« Das ist das bekannte Prinzip: »Veränderung? Klar! Aber bitte nicht für mich.« Der Initiator wusste das und stellte daher die Teams zusammen aus Change-Profis und aus denen, die einfach Veränderungen mit offenen Armen empfingen – und so durch ihre Begeisterung Offenheit für Veränderung erzeugten.

Beim ersten Mal tut's noch weh – aber eben nur beim ersten Mal. Denn mit Hilfe dieser Mischung wechselte die Grundhaltung von »Angst« hin zu »von mir gewünscht und gefordert« oder »Jederzeit kann ich mich dazu entschließen, es als Projektteilnehmer auch anders zu machen«. So wuchsen Selbstvertrauen und das Vertrauen auf andere.

Zum Schluss unseres Gesprächs berichtete der Veränderungstreiber von einem Teammitglied, das einen neuen Job mit exzellenter Vergütung angeboten bekam, aber ablehnte und folgendermaßen kommentierte: »Wer einmal so arbeiten kann, getrieben von der eigenen Neugier und dem wahren Interesse, der ist versaut für jeden Job, der einem erst mit Geld schmackhaft gemacht werden muss.«

4.2 Neugier, Ziegelsteine und neue Ideen

Die Lust auf Neues steht in direktem Zusammenhang mit der Kreativität – einer Eigenschaft, die im Job sehr gefragt ist. Wenn die Neugierigen also aktiv nach Neuem suchen und so lange gewissenhaft dranbleiben, bis sie es durchdrungen haben, hat das Einfluss auf das Ideenmanagement im eigenen Kopf und im Unternehmen. Schließlich ist die »Kreativität« Teil des psychologischen Konstrukts, aus dem sich berufliche Neugier ableitet.

Intelligenz und Persönlichkeit

In der psychologischen Forschung unterscheidet man zwischen kognitiven Verfahren, zum Beispiel Intelligenztests, und nicht kognitiven Verfahren, die Persönlichkeit, Temperament oder Werte erfassen. Beide Bereiche spielen in unserem Leben eine unterschiedliche Rolle: Wenn wir beispielsweise eine Klausur schreiben, steht die Persönlichkeit nicht so sehr im Mittelpunkt – die aber dann wichtig ist, wenn wir unser Lernpensum für ebenjene Klausur festlegen und durchziehen. Diese Trennung dessen, was in unterschiedlichen Aufgabenbereichen unseres täglichen Lebens wichtig ist, hat eine Entsprechung in der Betrachtung durch die Psychologie.

Persönlichkeitsmerkmale sind veränderbar und bei jedem Menschen individuell ausgeprägt. Mit ihrer Hilfe lässt sich die Motivation abbilden, die uns überhaupt erst zu kognitiven Leistungen antreibt. Sie werden erst durch individuelle Befragung messbar, weniger durch Tests. Diese unterschiedlichen Betrachtungsweisen und Beurteilungsarten haben bisher eine Verzahnung der Konstrukte »Persönlichkeit« und »Intelligenz« verhindert. Die ist aber nicht unmöglich, und sie kann Erhellendes über das Neugierverhalten und dessen Einfluss auf unsere Leistungen beitragen.

Offenheit für Erfahrungen = Erfolg im Job?

Noch bevor sich Patrick Mussel auf die Entwicklung des WORCS-Tests konzentrierte, untersuchte er eine andere Fragestellung. Die war aus einem Widerspruch entstanden: Die Forschungsergebnisse zeigten bis dato, dass »Offenheit für neue Erfahrungen« nicht ausschlaggebend für den beruflichen Erfolg war. Gleichzeitig aber verlangten die von Mussel unter die Lupe genommenen Jobinserate fast ausschließlich »Neugier«, »Aufgeschlossenheit« oder »Anpassungsfähigkeit«. Warum suchen Unternehmen also nach solchen Menschen, wenn es doch scheinbar keinen Zusammenhang zwischen diesen Verhaltenstendenzen und der individuellen Leistung gibt?

Die Antwort des Forschers ist spannend. Mussel sortierte zunächst die Persönlichkeitsaspekte intellektueller Leistungen in ein Modell. Auf der einen Seite versammelte er motivationale Tendenzen und unterschied dabei zwei Arten: zum einen das »Suchen«, das darauf anspielt, wie sehr Menschen aktiv Neues entdecken wollen, zum anderen das »Erobern«, das den Wunsch beschreibt, das Neue zu beherrschen und zu durchdringen. Auf der anderen Seite des Modells sammelte er die entscheidenden Beschreibungen für Intelligenzleistungen. Auch diese unterteilte er, und zwar in »Denken«, »Lernen« und »Kreieren«.

Indem nun die beiden motivationalen mit den intelligenzrelevanten Kategorien kombiniert wurden, ergaben sich sechs Kombinationen. Diesen lassen sich in Form von Ich-Aussagen Verhaltenstendenzen zuordnen.

1. *Suchen/Denken*: »Es bereitet mir Freude, komplexe Probleme zu lösen.«
2. *Suchen/Lernen*: »Ich finde es faszinierend, Neues zu lernen.«
3. *Suchen/Kreieren*: »Ich bin gerne an der Entwicklung neuer Ideen beteiligt.«
4. *Erobern/Denken*: »Ich kann lange und angestrengt über Dinge nachdenken.«
5. *Erobern/Lernen*: »Wenn ich etwas nicht weiß oder verstanden habe, beschäftige ich mich intensiv damit.«
6. *Erobern/Kreieren*: »Wenn ich an einem neuen Konzept arbeite, setze ich mich dafür ein, es auch abzuschließen.«

Die Sache mit dem Ziegelstein

Soweit die Theorie. Und die Praxis? Die hat unser Team von Braincheck in Köln unter die Lupe genommen. Im Mai 2015 saßen achtundachtzig Menschen in einem wohltemperierten Vortragsraum in Düsseldorf – sechzehn Frauen und zweiundsiebzig Männer, Angestellte und Selbstständige, zwischen zwanzig und neunundsechzig Jahren alt, Menschen aus dem E-Commerce, der Bildungswirtschaft, der Finanzdienstleistungsbranche und der Softwareentwicklung.

Zu Beginn füllten sie den WORCS-Test aus – ohne zu wissen, dass es ein solcher war. Dezente Irreführung gehört zum Forscherhandwerk: Sie stellt in vielen Versuchsanforderungen sicher, dass Menschen nicht im Hinblick auf ein antizipiertes Ergebnis ihr Verhalten oder ihre Antworten anpassen.

Als Nächstes wurden die Teilnehmer gebeten, das Blatt mit dem »Fragebogen« umzudrehen. Auf der Leinwand erschien in diesem Moment ein Ziegelstein – aus ihm besteht die Bad-Ass-Kreativitätsübung schlechthin. Sie ist der Klassiker aus der Kreativitätspsychologie und wurde entwickelt vom Godfather der Kreativitätsforschung, von Joy Paul Guilford. Der war bereits während des Zweiten Weltkriegs der Frage nachgegangen, warum manche Fliegercrews nach einem Abschuss schneller wieder in die heimischen Baracken zurückfanden als andere – also, schlicht gesagt, die besseren Rettungsideen hatten. Diese Ideenentwicklung wollte Guilford messbar machen. Dazu nahm er einen Ziegelstein, legte ihn vor die Leute hin und stellte eine Aufgabe: »Notieren Sie möglichst viele ungewöhnliche Verwendungsmöglichkeiten für diesen Ziegelstein.« Dann überlegten die Menschen drauflos – ihre Denkergebnisse konnte Guilford in die Kategorien Punkte, Menge und Ungewöhnlichkeit einsortieren.

Zurück zu unserer Feldforschung: Die Teilnehmer sahen diese Ziegelsteinfrage auf der Leinwand und fingen an, ihre Lösungsvorschläge auf der Rückseite des Blatts zu notieren. Dafür hatten sie zwei Minuten Zeit, danach wurde die Veranstaltung beendet, und die Ergebnisse wurden von den Tischen eingesammelt. Was kam heraus? Zuerst mal das wichtige Drumherum:

- Es gibt keine geschlechtlichen Unterschiede beim Zusammenhang zwischen WORCS und divergentem Denken, also der Fähigkeit zum Querdenken.
- Es zeigt sich keinerlei Zusammenhang zwischen der Zahl und der Art der Ideen einerseits und dem Alter andererseits.
- Und wie verhält sich das Abschneiden bei WORCS zu der Zahl an Ideen, die die Probanden aufgeschrieben haben? Es zeigt sich eine deutliche Korrelation: Je höher ein Teilnehmer auf der Neugierskala abschloss, umso mehr Ideen produzierte er. Nur so als Beispiel: Die WORCS-Top-7 kamen mit neun oder mehr Ideen um die Ecke, während die WORCS-Bottom-7 eine Ideenanzahl von drei bis sechs zu Papier brachten.

Es scheint also tatsächlich so zu sein: Menschen mit einem hohen Neugierindex haben auch mehr und mitunter bessere Ideen. Patrick Mussel meint dazu: »Wenn es um Problemfindung und Ideengenerierung geht, sind Neugier, Aufgeschlossenheit und Ambiguitätstoleranz wichtig. Bei der Konzeptprüfung und Umsetzung hingegen sind Beharrlichkeit, Ausdauer und Frustrationstoleranz von Bedeutung.«[3]

Vielleicht hat der zweifache Nobelpreisträger Linus Pauling den Kern kreativen Denkens getroffen, als er sagte: »If you want to have good ideas you must have many ideas. Most of them will be wrong, and what you have to learn is which ones to throw away.« WORCS kann dann helfen, diejenigen zu finden, deren Denkarbeit auf dieses Zitat einzahlt: Sie verbinden Lust auf Lernen und den Wunsch, weiterzukommen.[4]

Wenn Sie nun vielleicht wissen wollen, welche Verwendungsmöglichkeiten es für einen Ziegelstein gibt: Nein, ich verrate sie Ihnen nicht, Sie müssen sich schon selbst die Mühe machen und Ihre grauen Zellen ein wenig anstrengen. Viel Spaß!

4.3 T-Wissen: Hinterm Tellerrand geht's weiter

Gut, ich bin neugierig – das wissen wir jetzt. Aber was bedeutet das konkret für mich? Kann ich damit Geld verdienen? Wie kann ich vielleicht aus dem Ergebnis der Messung der eigenen Neugier, der persönlichen Expertise, ein funktionierendes Arbeits- und Geschäftsmodell ableiten?

Eine Grundkomponente so einer Entwicklung ist das, was die Psychologin Ellen Winner eine »rage to master« nennt. Ob das bedeutet, dass Sie so lange Ablehnungsschreiben von der *Süddeutschen* sammeln, bis Sie dann doch endlich veröffentlicht werden, oder ob Sie stundenlang im Keller sitzen, um Banjo-Fingerübungen zu machen: Ein so intensiver Fokus auf ein spezielles Interesse oder Ziel führt zu dem, was Ihnen jeder im Motivationsgewerbe immer verkaufen will – nämlich zu einer mentalen Immersion namens »Flow«. Der entsteht hier nämlich von selbst.

»Ich mag es, meinen Geist auf Dinge zu fokussieren, die ich mir selbst ausgesucht habe«, beschreibt der Blogger Evan Schaeffer seine unbändige Neugier. »Es gibt mir ein Gefühl von Freiheit, das ich sonst nicht hätte.« Er ist also ein Mensch mit Persönlichkeitsneugier: ein Mensch mit der Tendenz, tief einzutauchen in Themen, die seine Aufmerksamkeit anziehen, und so dann mehr über sich und die Welt zu lernen. Die Umwelt hat dafür einen Namen: »band geek« – »Außenseiter« oder »Bücherwurm«. Das ist die Art und Weise der Umwelt, um zu sagen: »Mann, entspann dich mal!« Aber die Neugierigen lachen oft zuletzt! Nicht, weil sie es nicht eher verstanden haben, sondern, weil sie das bessere Leben führen.

Apropos in Themen eintauchen, die einen interessieren: Neugier hat eine klare Form – sie sieht aus wie ein T. Der obere Balken steht für ein breites Wissen, das eher oberflächlich ist, und der vertikale Strich steht für die Vertiefung einiger der Wissensbereiche aus der Breite. Ein so aufgestellter Wissensarbeiter kann das erreichen, was jedes Unternehmen fordert: Out-of-the-Box-Denken. Das ist nämlich nahezu unmöglich für viele.[5]

Und weil es so unmöglich erscheint, nahmen wir uns an der Uni Köln dieses Themas an. In unseren Köpfen geisterte die Frage umher: Was wäre, wenn man eine einfache Technik hätte, mit der Menschen im Alltag schnell auf ungewöhnliche Ideen kommen? Denn wir wussten: Unser Hirn hat ein Archiv seiner kuriosen Lieblinge – unserer Lieblingsautoren, -zeitschriften, -bücher, -bilder, -promis, -fähigkeiten et cetera. Wenn wir nun einen dieser kuriosen Lieblinge aussuchen und in Bezug zu unserem Problem, zur Fragestellung, zur gesuchten Lösung setzen würden, dann würde das Gehirn automatisch mit dem Assoziieren beginnen und eine Verbindung zwischen beiden herstellen.

Nehmen wir beispielsweise einen Vokabeltrainer, der uns in der Regel nicht so viel Freude bereitet. Wenn wir in den kuriosen

Archiven unserer Köpfe nach Dingen suchen, die uns Spaß machen, weil sie uns herausfordern, und vielleicht bei Videospielen landen, bei denen man online gegeneinander spielt, und beides schließlich mit der Frage verbinden: »What if? – Was wäre wenn?«, dann entstehen die Assoziationen sofort: Die Spieler müssten die passenden deutschen und fremdsprachigen Vokabeln abschießen, um einen Punkt zu bekommen. Und wer am Schluss die wenigsten Punkte hat, muss für die anderen den Abwasch machen … Diese Technik hat bereits 2006 so gut funktioniert, dass wir unwilligen Studenten Kanji-Vokabeln beibringen konnten, die gar kein Chinesisch lernen mussten. Der Kern aber war die Verbindung einer Problemstellung mit einem beliebigen »Lieblingsdings« aus unserem Kuriositätenkabinett im Kopf mit Hilfe einer einfachen Frage: »What if?« So wurde die »What-if-Theory« (WIT) geboren.

Expertise und Out-of-the-Box-Denken

Nach einem Vortrag, bei dem ich diese What-if-Theorie vorstellte, kam ein Gast auf mich zu und sagte: »Das ist ja irre, dass das so einfach gehen soll mit den neuen Ideen; aber ich finde, es ist sooooo schwierig! Wie kann ich denn an etwas denken, was es noch nicht gibt?« Das ist in der Tat nicht so einfach. Was es aber leichter macht, ist das T-Wissen. Das zumindest ist die Meinung von IBM, denn dieses Unternehmen hat den T-Terminus geprägt.

Neben dem tiefen Wissen in einem Spezialgebiet – dem vertikalen T-Balken – sollte ein Mensch breites Wissen über andere Disziplinen und Inhalte mitbringen – den horizontalen Balken. Mit einem solchen Setup verbinden Menschen Expertise mit dem (leider überstrapazierten) Out-of-the-Box-Denken. Im Umkehrschluss bedeutet das: Wer nicht T-mäßig aufgestellt ist, kann gar nicht außerhalb irgendeiner Box denken. Er hat quasi nur das im Kopf, was in der Box ist.

Manche Menschen bringen diese Aufstellung von sich aus

mit – sie verbinden tiefe Expertise mit einem Wissen in anderen Disziplinen. Anderen muss man die Chance geben, sich in ein T zu verwandeln. Denn die Crux ist, dass jedes Unternehmen diese Menschen gerne hätte, aber nicht wirklich darin investiert, sie zu schaffen.

Was wir alles können – und es nicht unbedingt wissen

Allerdings ist uns selbst oft gar nicht bewusst, wie sehr wir schon nach diesem T-Prinzip operieren. So war es auch für mich eine gewisse Überraschung, dass ich mich in einem Pitch für die Konzeption einer archäologischen Ausstellung gegen erfolgreiche Ausstellungsagenturen aus ganz Deutschland durchsetzen konnte. Woran lag das? Das Archäologenteam des Museums suchte (unbewusst) nach einem T-Menschen, nicht nach einem Fach- oder Ausstellungsprofi. Das Team wollte kein fertiges Konzept mit Vitrinen und hübsch gestalteten Texten. Sie suchten nach einem gänzlich anderen Zugang – also nach jemandem, der zwar eine Expertise im Wissen um Lernen und Informationsverarbeitung hat, aber zugleich über den Tellerrand hinausschauen kann und die Ausstellung folgerichtig zu einem rekursiven Erlebnis machen würde, das lange im Gedächtnis haften bleibt. Die Besucher sollten nämlich nicht nur irgendwelche Erkenntnisse über Altertumsforschung vermittelt bekommen, sondern auch direkt erleben, was das heute mit ihrem Leben zu tun hat.

So sollte es in einem Raum um den Siegeszug des kreativen Denkens gehen. Denn dieses ermöglichte das Beherrschen des Feuers, die Herstellung von Speeren, deren Form sich seit der Urzeit nicht geändert hat, oder die Perfektionierung des Schlachtens, was auch heute noch vom Metzger kaum anders als damals bewerkstelligt wird. Das rekursive Prinzip in diesem Ausstellungsraum: An das archäologische Wissen rund um die Beherrschung des Feuers kommt der Besucher nur, wenn er zwei Griffe mit Hilfe seiner Körperwärme auf eine identische Temperatur aufheizt – die per Farbveränderung sichtbar gemacht wurde. Erst bei der passenden Temperatur ging die Lade auf, welche die Informationen enthielt. Hinter dieses Prinzip musste der Besucher aber erst mal kommen, dass er so vorgehen muss, um an seine Informationen zu gelangen. Und das war so gewollt – schließlich lernte er so am eigenen Leib das Grundprinzip, das aus archäologischer Sicht aller Wahrscheinlichkeit nach das Fortkommen der Urmenschen ermöglichte: sich durchzusetzen, weil man so lange dran bleibt, bis man eine Lösung hat.

Und damit ergab sich die nächste Frage: Wenn die Ausstellung schon so sehr das eigene Verhalten des Besuchers als Basis für den Erkenntnisgewinn nutzt, wie muss dann eine Museumsführung aussehen, die auf das gleiche Prinzip einzahlt? Eigentlich wie ein fortlaufendes sozialpsychologisches Experiment mit kurzen Ausflügen in die Archäologie sowie Zeit zur Reflexion. Um sicherzustellen, dass Menschen eine solche »Inszenierung« in konstanter Qualität erleben, kann man entweder Archäologen zu Schauspielern ausbilden oder Schauspieler mit den passenden Texten versehen. Sie ahnen, wie sehr ich auch bei dieser Facette mein T-Wissen nutzen konnte ... Und so sind aktuell die Führungen der Ausstellung immer ausgebucht, jedes Wochenende.

Wie kamen solche Ideen in meinem Kopf zustande? Die steile, aber offensichtliche These ist: per T-Wissen. Denn als promovierter Linguist und pädagogischer Psychologe besitze ich ein gerüttelt Maß an Tiefenwissen rund um die Vermittlung von Informationen: Wie verarbeitet das Hirn Informationen, wie schwer fällt ihm ein Transfer, welche Aspekte braucht es für einen Aha-Moment der Erkenntnis? Hinzu kam mein Breitenwissen: Ich bin ausgebildeter Schauspieler mit einer zwar nicht überwältigenden, aber ausreichenden Menge an Erfahrungen in Fernsehfilmen und Bühnenauftritten – und die Inszenierung von

Informationen fasziniert mich. Ebenso wie eine Fragestellung, die mich in meiner Arbeit im Bereich Corporate Infotainment für Unternehmen immer begeistert: Wie kann man Unternehmensveranstaltungen und -trainings so gestalten, dass Wissen erfahrbar wird?

Dabei habe ich schnell gemerkt, dass die Lektüre von Fachbüchern dafür nur bedingt hilfreich ist. *Architectual Digest*, das *Zeitmagazin*, Uhrenzeitschriften und selbst die Zeitschriften meiner Frau waren für mich immer Fundgruben für neue Ideen. Denn letztlich sind neue Ideen nichts anderes als die ungewöhnliche Kombination bestehender Ideen. Die finden aber eben am ehesten zusammen, wenn der Ideenkopf ein T hat.

4.4 Das würden wir niemals tun

Dazu ein weiterer Ausflug in die Praxis: Die »Boring Conference«, die am 9. Mai 2015 in London stattfand, war schon Monate zuvor ausverkauft. Das besondere Bonbon für mich war dabei: Sie sollte in meiner früheren Theaterschule in Conway Hall über die Bühne gehen, das durfte ich natürlich nicht verpassen. Aber warum wollte ich überhaupt dahin? Weil diese Konferenz erst zu einem Ereignis wurde, als die Begründer das Gegenteil von dem machten, was sie eigentlich geplant hatten. Denn eigentlich wollten sie die Konferenz als »Interesting Conference« veranstalten. Es gab nur ein Problem: Niemand hatte daran Interesse.

Warum kommen mehr Menschen, wenn Sie Ihre Tagung »Boring Conference« statt »Interesting Conference« nennen? Eine Frage, die nicht einmal ihr Gründer James Ward beantworten konnte. Was er aber wusste war, dass jedes Jahr immer mehr Menschen kommen, wenn es um Präsentationen über Krawattenkollektionen, Parkdecks oder Supermarktkassen geht und es in den Pausen langweilige Gurkensandwiches zu essen gibt.

Eine paradoxe Verheißung

Eine zwar nicht belegte, aber auch nicht besonders gewagte These lautet, dass Menschen eher irritiert sind vom Versprechen, zu Tode gelangweilt zu werden als von der Verheißung, dass es megainteressant wird – was allerdings fast immer, wenn dies behauptet wird, nicht der Fall ist. Sie erinnern sich an das IEEE-Prinzip aus Kapitel 1.3? Da haben Sie es: Die Langeweile-Konferenz irritiert. Sie wirft Fragen auf, die nicht mit eigenen Erwartungen oder Erfahrungen abgeglichen werden können!

Jenseits des gelungenen Marketings hatte die Konferenz auch einen inhaltlichen Anspruch. Es ging darum, das Neue im Bekannten zu suchen. Und darin wiederum steckt ein Postulat, das jeder positive Psychologe sofort unterschreiben würde: Das Unbekannte im Bekannten zu suchen, öffnet den Blick für neue Erlebnisse, Erkenntnisse und Erfahrungen.

Wenn Menschen in Workshops und Vorträgen bei dieser Aussage den Kopf schütteln, ziehe ich eine kleine Übung aus der Tasche, die uns schon in den fensterlosen Räumen der Kölner Uni höllischen Spaß gemacht hat. Sie heißt: »Tauschen Sie Ihre Routinen!« Wir haben damals die Studenten eingeladen, einem Kommilitonen in Zweierteams von einer alltäglichen Routine zu berichten, beispielsweise »Schuhe anziehen«. Und der Teampartner hatte nichts anderes zu tun, als ganz genau nachzufragen: »Warum machst du das so? Wie bist du darauf gekommen, da so heranzugehen? Ist dir dabei schon einmal aufgefallen, dass …«

Warum Alltägliches nicht langweilig ist

»Es ist so leicht, aus dem Blick zu verlieren, was uns wirklich antreibt und wo der wahre Sinn in unserem Leben herkommen sollte«, sagt die Psychologin Jacqui Marson.[6] Im Blick auf das Alltägliche aber steckt der Schlüssel genau hier. Fazit und konkrete Lösung: Verbannen Sie die Langeweile-Etiketten! Wann immer wir etwas

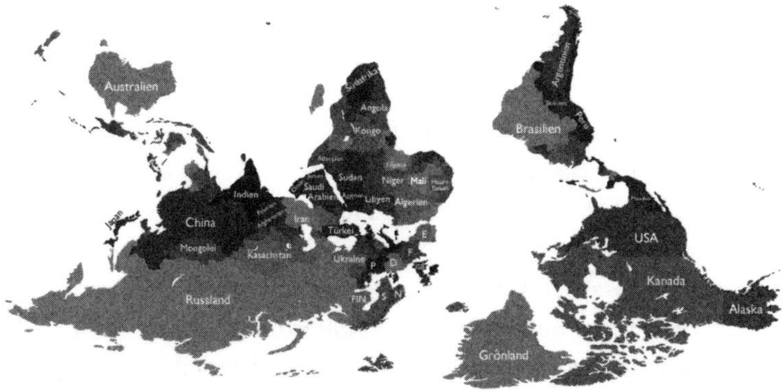

Die Welt von unten

als »langweilig« etikettieren, schließen wir eine Tür zu vielen, vielen Möglichkeiten. Neugierige Menschen nennen selten etwas »langweilig«. Stattdessen sehen sie es als eine Tür in eine aufregende Welt. Selbst, wenn sie gerade keine Zeit für die Tür haben, lassen sie sie offenstehen und schauen ein anderes Mal vorbei.

Und das funktioniert besonders gut, wenn Sie eine Technik nutzen, die aus dem Etikett der »Boring Conference« abgeleitet werden kann: Denken Sie genau das Gegenteil von dem, was Sie für interessant, richtig und wichtig halten – und fragen Sie sich dann, was genau daran gut und richtig ist. Denn überall auf der Welt gibt es Muster, die das genaue Gegenteil bedeuten von dem, was für uns so selbstverständlich ist. In Peru zeigen die Indianer nach vorne, wenn sie die Vergangenheit beschreiben. Sie begründen das damit, dass man die Vergangenheit ja sehen und betrachten kann – daher muss sie vor einem liegen. Die Zukunft hingegen kann man nicht sehen, also muss sie hinter einem liegen. Nachvollziehbar, aber wir machen es genau umgekehrt. In Asien bezahlen Sie Ihren Doktor dafür, dass er Sie gesund erhält. Wenn Sie krank werden, bekommt der Arzt kein Geld mehr. Genau umgekehrt handeln wir in Europa. Und auch die abgebildete Weltkarte ist richtig! Wenn die ersten Entdecker, sagen wir, aus Chile gekommen wären und nicht aus Europa, sähe unsere Weltkarte vielleicht überall so aus.

»Richtig« und »falsch« sind oft eine Frage der Perspektive – und die Wahrheit ist eine Funktion der Wahrnehmung. Fazit: Beim Streit um die Wahrheit bleibt der Streit die einzige Wahrheit. Dabei liegt in dieser Fähigkeit zur alternativen Sichtweise eine große Chance! Ganz apart zusammengefasst wird das in einem Zitat, das Maxim Gorki zugeschrieben wird: »Bisweilen macht es Freude, einen Menschen dadurch in Erstaunen zu setzen, dass man ihm nicht ähnelt und ganz anders denkt als er.«

Tipp für die Lebenspraxis

Wie können Sie das in Ihr Leben überführen? Das geht relativ leicht: Machen Sie eine Liste von Dingen, die Sie niemals tun würden. Listen Sie etwa zunächst die Top 5 Ihrer persönlichen »No-Gos« auf. Oder machen Sie eine Liste von Neujahrsvorsätzen, die weit weg sind von Ihren Präferenzen und suchen sich eine Aktivität auf der Liste und machen genau das – etwa Standardtanzen lernen oder in ein Fitnessstudio gehen und Bodybuilder werden.

Der Kreativitätsguru Chic Thompson hat einmal genau das umgesetzt: Er ist in ein Fitnessstudio gegangen, um Bodybuilder zu werden. Wenn man ihn sieht, weiß man sofort, dass nichts weiter von seinen Präferenzen entfernt sein könnte: Er lässt Haile Gebrselassie aussehen wie das Michelin-Männchen. Er ist einer der schmalsten Marathonläufer, die Sie jemals sehen werden. Doch er ging ins Fitnessstudio, obwohl es zu seinen erklärten Nicht-Lieblingsorten und -dingen gehörte. Dreimal in der Woche trainierte er mit einem 100-Kilogramm-Footballprofi. Zwei Jahre später zog er sich einen komplizierten Ellenbogenbruch zu. Was war das Erste, was der untersuchende Arzt sagte: »Haben Sie ein Glück, dass Sie so gut trainiert sind und viele Muskeln haben. Ihre Heilung wird um ein Vielfaches schneller gehen als beim Durchschnitt meiner Patienten.«

Also, Frage an Sie: Wo würden Sie niemals Urlaub machen?

Welchen Kursus würden Sie niemals belegen? Welches Fernsehprogramm würden Sie niemals anschauen? Schreiben Sie Ihre »Big-dislike-Liste«, und suchen Sie sich einen Punkt aus, um genau diesen auszuprobieren. Fragen Sie sich dabei: »Was sind die drei Dinge, die ich gerade lerne, mit denen ich nicht im Traum gerechnet hätte?«

Und noch etwas. Wenn Sie sich die Frage stellen: »Was sollen wir als Nächstes machen, wo wollen wir in fünf Jahren stehen?«, dann fragen Sie sich auch: »Wo wollen wir auf gar keinen Fall in fünf Jahren stehen?« Und fragen Sie weiter: »Und was ist daran doch richtig?« Auch hier lässt der Praxiseffekt dann nicht lange auf sich warten.

»Neugiermanagement als Treibstoff für Innovation«: Diesen Titel verpassten wir einer Studie, die wir 2014 mit dem Zukunftsinstitut herausgaben. Wir hatten lange und intensiv gesammelt: Interventionen, Fallbeispiele und Kampagnen. Als wir unsere Studie im November 2014 veröffentlichten, ahnten wir noch nicht, dass uns schon im Juni 2015 ein Fallbeispiel erster Güte für gelungenes Neugiermanagement erwarten würde – und das bei einer Bank!

Generell stehen die Banken vor einer Herausforderung, um Ihre Kunden zu halten, zu befriedigen oder gar zu begeistern. Niedrigzins und Imageschädigung machen den Blick in die Zukunft nicht gerade freudvoll. Manche Geldhäuser setzen auf externe Innovationsberatung, andere wiederum schauen in die eigenen Reihen, um dort das Potential für erfolgreiche Zukunftsideen zu finden. Diese Finanzinstitute laden ihre Mitarbeiter ideenreich und ästhetisch anspruchsvoll dazu ein, »die Zukunft der Bank aktiv mitzugestalten«. Interne Innovationskampagnen, früher wenig sexy »betriebliches Vorschlagswesen« genannt, funktionieren wiederum nur, wenn die Menschen aktiviert und – wenig überraschend – bestimmte Gesetzmäßigkeiten aus der Neugierforschung beachtet werden: Es gilt zum Beispiel, die Aufgabenstellung mit Neuartigkeit, einem gewissen

Maß an Komplexität und Überraschung anzureichern und sie so zu formulieren, dass sie von den Teilnehmern als sinnstiftend angesehen wird. Spielerische Elemente sind dabei ebenso wichtig wie das Erleben von Lösungswegen in Gruppen.

Folgende Herangehensweise wurde in der vorwärtsgewandten Bank gewählt: ein Brettspiel, bei dem dreihundert Fünfer-Teams mitmachten. Mit Hilfe eines Würfels durften die Spieler vom Startpunkt aus je nach Augenzahl Schritte gehen. Einige Felder, auf die die Teams gelangten, enthielten Wissensfragen rund um die Angebote und Prozesse der Bank, andere forderten die Beteiligten zu Brainstormings rund um mögliche zukünftige Produkte auf oder dazu, Best-Practice-Transfers aus entfernten Branchen wie der Modeindustrie oder aus eigenen Markenerlebnissen zu entwickeln, zum Beispiel nach dem Motto: »Was können wir von Nutella lernen?«. Innerhalb von zwölf Wochen galt es das durchzuspielen, die Fragen schriftlich zu beantworten und den so gewonnenen Input zu unterschiedlichen Zukunftsthemen im Intranet zu posten. Brettspiel – das klingt zunächst gar nicht so innovativ. Aber hier wurde es ein wirklich gelungenes Beispiel für Neugiermanagement – und das lag an zwei Dingen:

Erstens wurden die Ergebnisse im wahrsten Sinne des Wortes sichtbar – der gesamte Input von dreihundert Teams, die im Schnitt fünf einfache bis komplexe Fragen beantworten mussten. Das Spiel konnte bis zu neunzig Minuten dauern – eine Menge Zeit für eine Menge Input. Ungefähr zweitausend Datensätze kamen so zusammen. Die galt es, innerhalb von zehn Tagen zu sinnvollen Clustern zu bündeln und gemäß unserer Expertise aus der Wissenskommunikation[7] zu visualisieren und zu präsentieren. Und bereits bei den ersten Clustern zeigte sich etwas sehr Interessantes: Manche Fragestellungen fielen den Teams anscheinend leichter zu beantworten als andere.

Dies betraf etwa Fragen zu den Lieblingsmarken der Menschen und dazu, was die Bank in eine solche Lieblingsmarke verwandeln würde. Neben naturgemäß vielen Nennungen aus dem digitalen

Bereich – denn wer glaubt nicht, dass Amazon, Apple und Co. alles verändert haben und noch immer verändern – kam es zu dem, was wir als »Tellerrandmomente« bezeichnet haben. Wenn ein Mitspieler oder eine Mitspielerin zum Beispiel »Prada« als Lieblingsmarke notiert und den Slogan »Makes me feel beautiful« dazuschreibt, dann steckt da unter einer bestimmten Voraussetzung eine »Zukunftsbombe« drin – und zwar wegen des »Das-würden-wir-niemals-tun-Moments«, den diese Idee hervorruft.

Warum allerdings sollte eine seriöse Bank sich so gebärden wollen wie ein Modelabel? Die Antwort liegt eigentlich auf der Hand, wenn man die Begehrlichkeit von Modemarken einmal genauer betrachtet: den Wunsch dazuzugehören, die enorme Identifikation mit den Produkten. Davon kann auch eine Bank doch eigentlich nur träumen, oder? Grund genug also, sich intensiv mit einer solchen Marke auseinanderzusetzen.

Ein ähnlicher »Das-würden-wir-niemals-tun-Moment« tauchte bei Nennungen wie »Harley Davidson« auf. Klar, über die Liebe der Biker zu dieser Marke wurden schon so viele Motivationsvorträge gehalten, dass eigentlich jeder ehrliche Harley-Fahrer die Lust am Fahren verlieren müsste. Aber wie wäre es, wenn sich Menschen den Namen einer Bank auf den Oberarm tätowieren ließen? Gut, vielleicht grenzwertig. Aber kurz vor der Tintenstecherei kann man natürlich auch stehenbleiben und sich fragen, welche (anbieterseitigen) Ursachen solche (kundenseitigen) Auswirkungen herauskitzeln können. Und diese daraufhin abzuklopfen, was ein Bankhaus daraus lernen kann, ist wiederum alles andere als abwegig.

An diesem Punkt greift der zweite Aspekt. Der widmet sich der Frage, warum zur Hölle da eigentlich alle so intensiv mitgespielt haben – schließlich handelte es sich nur um ein Brettspiel. Retro pur, ein Spiel mit zuvor teilweise völlig unbekannten Kolleginnen und Kollegen, und die Inhalte hatten mit dem Job zu tun, nicht mit Freizeit oder Privatem. Alles Gründe, die keine übergroße Begeisterung erwarten lassen. Und doch war sie da –

weil die Aktion genau die Aspekte in die Tat umsetzte, welche die Forschung immer wieder einfordert. Denn die sagt: Es gibt Möglichkeiten, mit momentanen Erlebnissen individuelle Veränderungen zu unterstützen – bis hin zur Ausformung stabiler, neuer Verhaltensmuster.

Eine Möglichkeit möchte ich Ihnen vorstellen: die Script-Theorie. Diese geht im Kern von folgender kurioser Annahme aus: Wenn Menschen etwas Neues ausprobieren und es als interessant einstufen, leiten sie daraus (unbewusst) eine Regel ab: »Das war interessant, das sollte ich noch mal machen.« Diese Überzeugung wiederum prägt natürlich das zukünftige Verhalten. Und wenn das zum wiederholten Male passiert, fangen Menschen an, tatsächlich ihre Einstellungen zu Themen zu ändern. Die Folge sind neue »mentale Modelle«, neue Arten, die Welt zu sehen, zu verstehen und zu interpretieren. Das ist eine sich positiv verstärkende Spirale, weil der Entdeckergeist und die Lust an weiteren neuen Erfahrungen gestärkt werden.[8] Im Kern werden solche Erfahrungen zu regelrechten »Change-Turbos«, vorausgesetzt, man baut sie auf drei Säulen auf:

- *Autonomie*: Menschen entwickeln mehr Neugier an einer Aufgabe, wenn sie mehr Wahlmöglichkeiten,[9] mehr Information und mehr Ermutigung bekommen.[10] Wenig überraschend wirken Drohungen, Bestrafungen sowie negatives Feedback und Überwachung wie Bremsen auf das Neugierverhalten. Das gilt übrigens auch für externe Belohnungen.[11]
- *Kompetenz*: Ereignisse, die Menschen das Gefühl geben, effektiv mit ihrer Umgebung interagieren zu können (wahrgenommene Kompetenz), oder die ihnen das Gefühl geben, genau das tun zu wollen (Kompetenzbewertung), führen zu erhöhter Neugier.[12] Ernsthafte Belobigung hingegen erhöht beide genannten Kompetenzwahrnehmungen und scheint daher ein sehr geeignetes Mittel, um Neugier zu entfachen.[13]
- *Bezug*: Das Gefühl von Zusammengehörigkeit oder Verbun-

denheit – das Gefühl, mit anderen verknüpft und davon überzeugt zu sein, dass emotionale Erfahrungen anerkannt werden – scheint auch das Neugierverhalten zu promoten.[14] Ganz besonders das Verbundenheitsgefühl zeigt eine verstärkende Wirkung auf die Neugier und die Performance in akademischen[15] und in Arbeitskontexten.[16] Sich wohl und sicher zu fühlen erhöht ebenfalls die Neugier.[17]

Aus diesen Grundsäulen lassen sich verschiedene Faktoren ableiten, über die Neugierinterventionen verfügen sollten[18] – und auf genau diese zahlten die Bausteine des Brettspiels bei der Bank ein:

1. *Aufgaben, die aus Neuheit, Komplexität, Mehrdeutigkeit, Abwechslung und Überraschung Kapital schlagen.* Die spielerische Herangehensweise in unserem Projekt sorgte natürlich für Abwechslung und Überraschung, da die Spielfelder nicht sukzessive, sondern zufällig im Würfelverfahren angesteuert wurden. Unerwartete Fragestellungen, wie die nach den Lieblingsmarken, brachten zusätzlich noch Neuheit und Ambivalenz in das Spiel ein. Komplexer wurde es immer dann, wenn aufgrund der mit einem Spielfeld verbundenen Fragestellung diskutiert und strategisch spekuliert werden musste.
2. *Menschen gezielt in Kontexte bringen, die von ihren bisherigen Erfahrungen, Fähigkeiten und Persönlichkeit abweichen.* Der Spielkontext mit Kollegen erzeugte genau diese Diskrepanz. Mit Kollegen ein Gesellschaftsspiel zu spielen, das allerdings ernste unternehmerische Fragestellungen beinhaltet, gehört für die wenigsten Menschen zum Alltäglichen. Neben den Fragestellungen, die strategisches Denken mit Wissensfragen abwechselten, kamen Kreativaufgaben zum Einsatz, etwa das Entwickeln eines Teamnamens oder das Erschaffen eines Teambilds. Diese Erwartungsbrüche zogen sich bis hinunter zur Spielrichtung durch das gesamte Setup. Diese Spielrich-

tung war anfänglich gegen den Uhrzeigersinn gerichtet und wechselte im Verlauf des Spiels. Je nach Aufgabe wurden also sehr verschiedene Fähigkeiten, Erfahrungen oder Persönlichkeitsaspekte relevant. Da natürlich kein Mitspieler über alle gleichzeitig verfügte, war die Diskrepanz zum »Üblichen« vorprogrammiert. Einzig die Forderung, dass die Menschen ab und an auch Aufgaben bewältigen sollen, die sie unabhängig von anderen Teammitgliedern ausführen konnten, wurde nicht genutzt.

3. *Möglichkeiten zum Spielen zulassen.* Dieser Forderung wurde zur Gänze Rechnung getragen, denn die ganze Intervention war ein Spiel.
4. *Aufgaben erschaffen, die persönlich als bedeutungsvoll eingeschätzt werden.* Da sich die Fragestellungen grundsätzlich im Spannungsfeld zwischen den eigenen Erfahrungen und deren Übertragung in das betriebliche Umfeld bewegten, erlebten die Mitspieler die Relevanz der eigenen Ideen und Impulse. Die spielerseitige Einschätzung wurde indirekt deutlich durch die Menge und Intensität der Antworten. Selbst Küchenpsychologie reicht aus, um festzustellen, dass Menschen Fragen eher ausführlicher und intensiver diskutieren und beantworten, wenn sie für sie persönliche Relevanz haben und bei denen sie von einem Sinnstiftungspotential für sich selbst ausgehen.
5. *Herausforderungen schaffen, die zu den bestehenden Fähigkeiten passen oder leicht über diese hinausgehen.* Einige der Fragestellungen verlangten den schon vielzitierten Blick über den Tellerrand. So sollten die Spieler Zeitungsheadlines entwerfen, die über das Geldhaus im Jahre 2030 veröffentlicht werden würden. Dieser spielerische Umgang mit den eigenen sozioökonomischen Prognosefähigkeiten führte zu unterschiedlichen Ergebnissen. Unsere Cluster zeigten eine Bandbreite von einer beträchtlichen Sammlung an nüchternen Überschriften, die über einen DPA-Ticker laufen oder sich gar als Aufmacher der *FAZ* eignen könnten, bis hin zu schmissigen Krawall-

formulierungen, die das Konzept eines Boulevardblatts ausmachen.

6. *Gruppenaktivitäten schaffen, die Spaß machen.* Hinter vorgehaltener Hand berichteten einige der Teams, dass ihnen das Spiel so viel Freude bereitet hatte, dass sie sich in Weinstuben trafen, um gemütlich bei einem Schoppen weiter zu brainstormen und zu spielen.

Um nun dem gerecht zu werden, was zu Beginn dieses Kapitels gefordert wurde – ein fortlaufendes Neugier-Erlebnis-Kontinuum –, wurden unsere Cluster im Rahmen einer Tagung vorgestellt. Dieses Blitzlicht war nicht nur inhaltlich von entscheidender Bedeutung – Menschen finden den Input gerne »offiziell« wieder, den sie geleistet haben –, sondern auch in Bezug auf die weitere Entwicklung einer Neugierkultur in diesem Unternehmen. Die Kontinuität ist sogar der entscheidende Faktor. Sonst kann der selbstverstärkende Mechanismus der Script-Theorie gar nicht greifen. Die Aktion verpufft dann wie viele ihrer Art, und die Motivation ist gebrochen, weil gegen die drei oben genannten Grundregeln verstoßen wird.

Es ist ein Wunder,
dass Neugier
die Schulbildung überlebt.
Albert Einstein

5 Wer hat die Neugier auf dem Gewissen?

Interessier mich: Neugierkiller gibt es viele. Wir graben alle an den gleichen Stellen nach einem Schatz, tadeln allzu neugierige Kinder, ersticken das eigenständige Forschen mit rhetorischen Fragen und wollen auf alles immer sofort eine Antwort. Darüber hinaus überschätzen wir unser eigenes Wissen und Können oder haben einfach Angst vor dem Neuen. Für manche und bei manchen ist die Erziehung dafür verantwortlich, für andere und bei anderen die Rhetorik. Fest steht aber: Einige dieser Neugierkiller sind tief in unserem Gehirn verdrahtet. Wenn wir uns unsere Neugier erhalten oder sie zurückerobern möchten, gilt für die Neugierkiller das alte Agentencredo: aufstöbern und ausschalten. Oder zumindest: milde belächeln und nach Alternativen suchen. Zum Wohle des eigenen Hirns und der Hirne der anderen.

Die Geschichte der Neugier ist eine Geschichte voller Missverständnisse. Der Fachbuchautor John Maxwell schrieb in seinem Blog einen Beitrag mit dem Titel »On Cultivating Curiosity«, dass er sich darüber Sorgen mache, dass Menschen das »Wunder der Neugier« verloren hätten. Er fragt sich, warum Menschen so selten neugierig sind. Sein Eindruck ist, dass viele einfach indifferent sind. Sie fragen nicht mehr: »Warum?«[1]

Warum sie das nicht tun? Wurden sie ohne den Wunsch zu lernen geboren? Sind sie einfach nur mental faul? Oder wird das Leben so zur Routine, dass es ihnen einfach nichts ausmacht, in solch ausgefahrenen Gleisen zu leben, dieselben Dinge tagein, tagaus zu machen?

Neugier und Alter

Das Bemerkenswerte dabei ist: Wir alle sind mit unbändiger Neugier geboren, doch bereits vor dem dreißigsten Lebensjahr lässt sie allmählich nach. Unser Gehirn sammelt Erfahrungen. Und je umfangreicher unser Archiv unter der Schädeldecke wird, desto stärker haben wir das Gefühl, dass wir wissen, wie der Hase läuft. Nach dem Motto: Altes schätzen, Neues scheuen. Eine Befragung des Discovery Channels von 2004 scheint dies zu belegen: Während 66 Prozent aller Vierzehn- bis Neunundzwanzigjährigen sich als sehr neugierig bezeichnen, sind es bei den Vierzig- bis Neunundvierzigjährigen nur noch 37 Prozent. Und: Danach wird es nicht mehr mehr.[2]

Gründe für den Verlust der Neugier zu suchen, ist natürlich müßig. Doch drei Grundtendenzen beherrschen wir in unserem gesellschaftlichen Miteinander so elegant, dass sie als gute Basis für eine Erklärung dienen könnten: Unser Instinkt, Neues zu erleben, ist behindert durch den Druck, konform zu sein. Wir hören auf, Fragen zu stellen, weil es uns dumm und unwissend aussehen lässt. Wir bringen uns nicht mehr in unsichere Situationen, weil wir darin verletzlich sind. Und wir trainieren schon in jungen Jahren Menschen darin, Regeln zu folgen, und halten sie gleichzeitig davon ab, auf ihre eigenen Instinkte zu hören. Wir hören auf, sie zu fragen, was sie begeistert.

5.1 Alle graben im Sandkasten an der gleichen Stelle

Warum gibt es so wenige gute Ideen? Ein Sandkasten im heimischen Garten brachte mich auf die Idee eines kleinen Feldversuchs mit folgender Fragestellung: Wenn Kinder so viel neugieriger sind als Erwachsene – wie schlägt sich das in ihrem Verhalten nieder? Ich steckte also ein Quadrat im Sandkasten ab und hatte für die Kinder und deren Eltern die gleiche Fragestellung vorbereitet: »Irgendwo in diesem Sandkastenquadrat ist ein Schatz versteckt. Wo würdet ihr ihn zuerst suchen?«

Während die Kinder im Alter zwischen drei und fünf Jahren wahllos an allen Stellen im Quadrat loslegten und den Sand umwühlten, zeigte sich bei den Erwachsenen ein anderes Muster – sie folgten alle einem bestimmten Raster. Das deckt sich kurioserweise mit den Ergebnissen, die ein Team um den Psychologen Richard Wiseman herausgearbeitet hatte:[3] Die Erwachsenen gruben an genau den Stellen, die Hunderte Menschen spontan als die Stellen angaben, an denen sie einen Schatz vermuten würden. Tatsächlich also sucht die Mehrheit den Schatz in einem Gelände an sehr ähnlichen Stellen.

Wiseman und Kollegen führen das auf unsere gesellschaftliche Entwicklung zurück – in einem Kulturkreis sind eben die Erziehungsmuster ähnlich. Auch bei gefühlten 863 Fernsehkanälen schauen wir meist die gleichen Sendungen und Sender. Leider kommt unsere Neugier uns (unter anderem) dadurch abhanden, weil wir alle die gleichen Erfahrungen machen und die gleichen Muster im Kopf aufbauen. Wenn (fast) alle die gleichen Dinge denken, wird es eben schwer, auszubrechen und zu glauben, dass es noch ernsthaft Wertvolles und Spannendes an den anderen Stellen im Sandkasten geben kann.

Der Blick ins Hirn

Warum ist das so? Ein kurzer Blick ins Hirn gibt Auskunft: Während der jüngste Teil unserer grauen Zellen, die »neue Rinde«, also der Neocortex, für das schnelle Lernen und Umlernen optimiert ist, ist einer der ältesten Teile zwar auch für das schnelle Lernen gut, aber noch besser im »Schwer-wieder-Vergessen« – das limbische System. Dazu muss man wissen, dass das Lernen in der Amygdala, einem Teil dieses limbischen Systems, zwar nicht unbewusst, aber vorbewusst ist. Und im Erwachsenenalter verläuft das Lernen hauptsächlich selbststabilisierend – das heißt, man eignet sich in aller Regel diejenigen Erfahrungen besonders gründlich an, die bereits bestehende Erfahrungen bestärken. Tja, und das bedeutet wieder: Je weiter wir fortgeschritten sind, umso schwerer wird es, unsere »Grundeinstellungen« zu ändern.

Die Konsequenz daraus ist: Der Sinn für das Ungewöhnliche, das Staunen, kommt uns abhanden, wenn wir die Welt nicht mehr auf eine neue, ungewöhnliche und originelle Weise sehen (können)! Es gibt aber auch eine gute Nachricht: Die Welt so zu betrachten, als sei sie eine Wundertüte voller Überraschungen, kann man zumindest üben – und es kann sogar super klappen.

Warum das in einem Buch für Erwachsene steht? Weil wir ein soziales Umfeld haben, das Sicherheit und Geduld als Moderatoren von Leistungen nutzt – oder eben nicht. Das heißt dann nur anders: Vorgesetzte, Unternehmenskultur und so. Denn inzwischen wurden auch viele andere Altersgruppen unter die Lupe genommen. Es gibt Aussagen zu Menschen zwischen zwanzig und vierzig Jahren oder zu Menschen um die sechzig Jahre. Und hierbei zeigt sich immer wieder: Wir alle haben ein ausgefülltes emotionales Leben mit guten wie mit schlechten Gefühlen und Erfahrungen. Wir suchen aktiv nach einem individuellen Sinn im Leben. Wir fühlen uns wenig durch soziale Normen beeinträchtigt und wählen Berufe, die uns die Möglichkeit geben, wir selbst zu sein und in gewissem Maße unabhängig und kreativ zu arbeiten.

So ganz kann man es uns als Kindern also doch nicht austreiben. Im Gegenteil: Diese Eigenschaften zeigen bereits klare Ansätze, das eigene Leben für das Neue und für Zufriedenheit und Erfolg vorzubereiten. Denn unsere Persönlichkeit ist ja nicht mit dem Ablegen der Zahnspange festgelegt.

Seien Sie ein neugieriger Entdecker!

Doch wie geht das in der Praxis? Wenn wir etwas verändern wollen, sollten wir immer mit den unmittelbaren Ereignissen beginnen. So können wir den Mindset eines neugierigen Entdeckers trainieren. Das ist bitter nötig, denn wir sind mehr und mehr Wissensarbeiter: Wissen bringt Gewissheiten. Und aus Gewissheiten werden Gewohnheiten. Und Gewohnheiten halten unseren Geist gefangen. Und erst Neugier ist der Weg aus dieser Gefangenschaft.

Die Schlussfolgerung aus diesem Kapitel scheint auf der Hand zu liegen: Gute Ideen sind selten. Doch das stimmt nicht ganz. Es ist eher so, dass viele gute Ideen auf der Strecke bleiben. Der Hauptgrund ist, dass sie keiner kennt. Da kann als Praxistipp das *Journal of Brief Ideas* Abhilfe schaffen. Es behebt diesen Missstand und hat das Zeug, eine Blaupause für Unternehmen und Teams zu werden. Dieses Magazin, das wie eine Zeitschrift Leser hat und die Runde macht, sammelt Ideen, denn der Initiator und Wissenschaftskommunikator David Harris dachte sich: »Gute Wissenschaftler haben viel mehr Ideen als Gelegenheiten, sie umzusetzen.«[4] Daher bietet er mit seinem Journal an, die Ideen in die Öffentlichkeit zu tragen.

Das Prinzip: Der Urheber bleibt immer erhalten, aber die Ideen gehen nicht mehr unter, weil sie oder er sie nicht weiter verfolgen kann. Das ist Ideen-Sharing – kombiniert mit einem »Facebook-Daumen«. Denn die Beiträge können »geliked« werden, was zu einem Ranking der interessantesten Gedanken und Ideen führt. Und noch etwas, was diese Wissenssammlung besonders attraktiv macht: Kein Beitrag darf länger sein als zweihundert Wörter. Die Ideen sind damit nicht nur sexy für das uns nun schon bekannte 3E-Gehirn, sondern bieten unter Umständen sogar Impulse für die eigene Ideenbibliothek. Also schauen Sie mal vorbei auf www.briefideas.org – das lohnt sich!

5.2 Sei nicht so neugierig!

Wer im Biologieunterricht aufgepasst hat, weiß, dass eine Gans es gut hatte, wenn sie bei Konrad Lorenz landete – aber auch Kinder gehörten zum Forschungsinteresse des Zoologen und Verhaltensforschers. Er warf dabei einen Blick auf die kindliche Neugier, nannte sie das »Explorationsbedürfnis« und beschrieb, wie Kinder durch Neugier lernen, sich in der Welt zurechtzufinden. Im Kinderkopf ist sie ein Perpetuum mobile. Eine neue Erfahrung wird zum Treibsatz für die nächste. So sammelt das Gehirn die Erfahrungen, leitet Regelmäßigkeiten ab und erstellt ein Bild der Welt.

Früh übt sich ...

Neugeborene tasten nahezu systematisch den eigenen Körper ab. Dass bereits dies ein relativ zielgerichtetes Verhalten ist, leiten Forscher daraus ab, dass die Tasterlebnisse von der sogenannten Alertness-Reaktion begleitet werden: Die Babys öffnen die Augen weit und ziehen die Augenbrauen hoch – ein Zeichen für Aufmerksamkeit und Auseinandersetzung mit einem Informationsreiz.

Das klingt immer so, als seien alle jungen Menschen zu 110 Prozent neugierig, und später käme ihnen die Neugier insgesamt völlig abhanden. Das ist natürlich falsch. Schon im Kleinkindalter lassen sich klare Unterschiede ausmachen, wie neugierig einzelne Kinder sind: Die eine wendet sich neuen Objekten und Ereignissen intensiv zu, der andere viel weniger. Wir sprechen also auch über eine Anlage oder einen Charakterzug.

Optimalerweise kann das durch die Bezugspersonen korrigiert werden. Eltern etwa helfen dabei, Fragen zu beantworten, und ermutigen ihre Kinder, weiter zu fragen. Diese Fragerei ist nämlich für die Kids im Grunde nichts anderes als die effizienteste Art, an neue Informationen zu kommen, Zusammenhänge zu durchschauen und Gedanken zu formen.[5] Alles nicht neu und durch die Forschungen von Jean Piaget zum Neugiermotiv gut belegt.[6]

Auch heute sieht es die Entwicklungsforschung so: Neugier ist die zentrale Antriebskraft zur Erkundung der Welt. Was also passiert, wenn sie uns ausgetrieben wird? »Frag nicht so viel – sei nicht so neugierig!« Sind solche Aussagen von Lehrern oder Eltern der Grund für das nachfolgende Desaster? Es stimmt nicht, dass nette Lehrer Neugier per se ermutigen und gemeine Lehrer sie verhindern. Daran liegt es überraschenderweise gar nicht. Es ist etwas völlig anderes.

Susan Engel hat den Ursprung der Neugier im menschlichen Leben erforscht – am lebenden Objekt: am kleinen Menschen. Erstes Ergebnis: Wenn Sie ein achtzehn Monate altes Baby in einen Raum voller neuer Objekte, Ereignisse und Menschen stecken, arbeitet es sich da durch wie ein Top-Team vom Abrissunternehmen. Was so zerstörerisch wirkt, ist in Wirklichkeit aber ein Ein-Personen-Labor. Die kleinen Menschen müssen wissen, wie die Welt funktioniert. Ihr Organismus ist auf Überleben gepolt. Und wenig hält sie davon ab.

Auch der Erwerb der Sprache wird unbarmherzig diesem Ziel untergeordnet. Wenn Kinder die Sprache dann aber endlich erobert haben, gibt es kein Halten mehr: Einundzwanzig Warum-Fragen hat meine Tochter einmal hintereinander gestellt. Sie ist in guter Gesellschaft. Forscher nennen das die »intellektuelle Suche«. Untersuchungen belegen, dass es bei Kindern zwischen fünfundzwanzig und fünfzig Fragen pro Stunde sein können, die sie raushauen. Das ist, was ich »unerschrocken« nenne. Ein Kreuzverhör fühlt sich dagegen an wie ein Duett von einer Kuschelrock-CD.

Kindlicher Neugierexkurs

Nur falls Sie sich gerade fragen: Wie findet man so etwas denn eigentlich heraus? Ganz einfach: Kindern wird ein kleines Aufnahmegerät an ihr Leibchen geklebt. Das zeichnet einfach alles auf, was der kleine Mensch so von sich gibt. Und das wird dann von eifrigen Forschern abgehört und transkribiert. So kommen Datenbanken zusammen, die belegen: Vierzigtausend Fragen stellen Kinder im Alter zwischen zwei und sechs Jahren, also etwa zwanzig pro Tag. Was glauben Sie, wie viele Fragen eine vierundvierzigjährige Führungskraft stellt? Nur sechs, pro Tag.

Was ist passiert auf diesem langen Weg des Neugierverlusts? Der erste Bruch kommt, wenn wir uns auf den Weg in die Schule machen. Da stürzt unsere Fragequote auf zwei Fragen pro Stunde! Man könnte es für einen Anfangsschock halten. Doch Entwicklungspsychologen belegen, dass Kinder in der fünften Klasse in einem Zeitraum von zwei Stunden keine einzige Neugierphase zeigten – also liegt kein Anfangsschock vor. Und da hören die Erkenntnisse aus der Wissenschaft schon fast wieder auf – aber das Bild, dass das bisschen Forschung zeichnet, ist irritierend.

Denn die erste Vermutung, der erste grundlegende Verdacht für den Einbruch der kindlichen Frageneugier trifft immer die

Lehrer. Dem muss man zumindest nachgehen. Haben die professionellen Wissensvermittler unsere Neugier auf dem Gewissen? Die Lehrer in den folgenden Versuchsanordnungen rund um die kindliche Neugier waren nett, freundlich und warmherzig. Nicht alle, klar – manche waren auch die strengen, gestressten, etwas harscheren Typen. Doch gibt es eine erste Entwarnung: Dieses Benehmen hatte keinen direkten Einfluss auf das Neugierverhalten der Kinder. Der Grund für den Neugierverlust war ein gänzlich anderer.

Susan Engel ließ Lehrer in ihr Labor kommen und bat sie, mit einem Kind eine Chemieaufgabe zu lösen. Die Hälfte der Lehrer im Versuch wurde gebeten, dem Kind einfach etwas über Wissenschaft erlebbar zu machen. Die andere Hälfte bekam eine etwas andere Instruktion: »Wir möchten, dass Sie genau diese Versuchsanordnung machen und darauf achten, dass das Arbeitsblatt vollständig ausgefüllt wird.« Statt »Habt Spaß beim Lernen!« hieß es nun: »Habt Spaß beim Ausfüllen von Arbeitsblättern!« In der ersten Gruppe wurde ein Abweichen des Kindes von der vorgegebenen Aufgabe sogar unterstützt – »großartige Idee«. Gruppe B reagierte mit: »Ich glaube, das sollten wir jetzt nicht machen. Wir haben keine Zeit. Mach das später.« Die Lehrer verspürten so einen Druck, bestimmte Aufgaben abzuarbeiten, dass sie gar keine Zeit hatten, den Kindern zu erlauben, ein wenig abzuweichen.

Das Kind allerdings war ein Verbündeter der Forscher, wich mitten im Experiment von der eigentlichen Aufgabe ab und machte etwas völlig anderes. Auf Nachfrage sagte der kleine Mensch: »Um zu sehen, was passiert ...« Wie reagierten die Lehrer? Sie verhielten sich gemäß ihrer Aufgabenstellung. Allein diese Vorgabe entschied darüber, wie viel Freiraum sie den Kindern ließen.

Auf geht's also zum Gegenbeweis. Jetzt spielte eine Psychologin die Lehrperson, und die Kinder waren die Versuchsobjekte. Bei der Hälfte der Experimente fing die Lehrerin an, von der

Aufgabe abzuweichen und Neugierfragen zu stellen. Bei den anderen Malen sagte sie nur: »Lass uns mal ein wenig aufräumen!« Nach dieser Episode ging die Lehrerin raus und sagte, sie müsse etwas besorgen. Das Kind wurde ermutigt zu tun, wozu es Lust hatte. Das Ergebnis: Wenn die Lehrerin die Neugierabweichung vorgemacht hatte, waren die Kinder in der unbeobachteten Zeit sehr viel häufiger dabei, selbst etwas auszuprobieren. Die Kinder aus der »Aufräumgruppe« standen einfach rum und warteten.

Es kommt also nicht darauf an, was Lehrer *sagen*, sondern was sie selbst *tun*. Wer Neugierverhalten an den Tag legt, prägt Neugierverhalten bei anderen! Es geht letztlich überhaupt nicht um gute und schlechte Lehrer. Es geht darum, was Menschen glauben, was in einem Klassenraum passieren sollte, und wie sie sich daraufhin benehmen.

Aber hurra, die kopernikanische Wende in der Schule ist in Sicht. Und zwar durch das »Inquiry Based Learning« (IBL), ein dynamisches Lernkonzept, das auf dem natürlichen Neugierverhalten aufbaut. Die Fragen der Lernenden stehen dabei im Mittelpunkt – und nicht die der Lehrenden. Dieser Ansatz ist getrieben durch Neugier und das Staunen. Das führt unter anderem zu anderem Denk- und Reflexionsverhalten – und zu kritischem, eigenständigem Denken. Denn Schüler im 21. Jahrhundert haben nicht mehr das Problem der Informationsbeschaffung – sie müssen vielmehr Fähigkeiten erlernen, die helfen zu entziffern, welche der unendlich vielen Informationen nützlich sind und welche nicht.[7]

Ein zentrales Element von IBL ist der »Knowledge Building Circle«. Dabei werden die Schüler ermuntert, bereits bestehendes Wissen zu äußern und zu visualisieren. Eine Frage könnte also sein: »Was willst du über das Thema wissen?« Lernende finden es nämlich leichter, Fragen zu formulieren über ein Thema, nachdem der Lehrer ihnen die Möglichkeit gegeben hat zu beschreiben, was sie wissen. Und das ist ein zentraler Aspekt der Neugiertheorie: Das Formulieren von eigenem Wissen ermöglicht es, die eigenen Wissenslücken aufzudecken und neugierig zu werden darauf, mit was man sie füllen kann.

Der Lehrer ist hier also vielmehr ein »Facilitator«. Das heißt, er doziert nicht, sondern er erleichtert das Lernen. Er belehrt nicht, er unterstützt. Die Lernenden sollen angeregt werden, in den Designmodus zu gelangen. Sie werden ermuntert, selbst vorzuschlagen, wie sie die eigenen Ideen erforschen. Und das wiederum wird möglich durch bestimmte offene Fragestellungen: »Was fällt dir auf? Was denkst du, würde passieren, wenn …? Worüber lässt dich das nachdenken? Was können wir machen, um es herauszufinden? Warum, denkst du, passiert das?«

Kinder lernen also am besten, wenn sie Antworten auf ihre eigenen Fragen finden. Wir wissen das, weil Kinder besser lernen, wenn sie am Material interessiert sind: Sie lernen länger, und sie behalten mehr Information. Wenn Kinder eine Frage stellen oder von einer Frage fasziniert sind, dann arbeiten sie das Material tiefer durch. Unterm Strich: Sie erhalten ein tieferes Verständnis. Neugier ist nachweislich eine bessere Trägerrakete fürs Tiefenlernen als die Angst vor Bestrafung oder eine Belohnung mit Fleißkärtchen.

Das Feuer der Neugier wieder entfachen

Kann es denn auch noch wiederentfacht werden, das Feuer der Neugier, wenn Kinder die »klassische« Schule abgeschlossen haben? Dafür müssen wir eine kurze inhaltliche Schleife ziehen: Beim frühkindlichen Lernen spielen vor allem Beispiele eine wichtige Rolle. Denn diese stimulieren nämlich einerseits die Vorstellungskraft und liefern dem forschenden Intellekt Orientierungshilfen, andererseits bieten sie Raum für die Entwicklung von Neugierde und spornen das weitere Interesse an. Durch das in diesem Alter weitgehend selbstgesteuerte Lernen wirkt der schrittweise erarbeitete Erfolg selbstverstärkend, das heißt, solches Lernen macht Spaß. In der Motivationspsychologie wird dieses explorierende Verhaltenssystem als Neugiermotiv bezeichnet, und die Psychologen gehen auch davon aus, dass Menschen von Geburt an mit einem Neugiermotiv ausgestattet sind.

Doch das kindliche Interesse weicht immer mehr dem Druck des Sozialen, der die Neugierinstinkte erstickt, bis zu dem Punkt, an dem wir vergessen, dass wir sie jemals hatten. Wie viele Menschen haben in ihrer Jugend beispielsweise ein Instrument gespielt? Bei mir waren es Gitarre, mit zwölf Jahren, und ein paar Orff-Instrumente, mit zwanzig Jahren. Spiele ich sie jetzt noch, mache ich noch Musik? Bevor ich mich mit diesem Thema beschäftigte, hätte ich wahrscheinlich wie viele andere Erwachsene geantwortet: »Ich mache das jetzt nicht mehr, weil ich arbeite.« Natürlich ist das Unfug. Es gibt keine Definition dafür, was man als Erwachsener in erster Linie zu tun hat. Und weit ab vom weitverbreiteten Glauben, dass die Neugier kontinuierlich aus uns als Kindern herausgeprügelt wird: Es ist wirklich erst im Erwachsenenalter, dass wir aufhören mit dem Neugierigsein.

Allerdings sollten wir hier die berechtigte Frage stellen, ob wir denn überhaupt die kindliche Neugier für das Erwachsenenalter konservieren oder wiederbeleben möchten. Steven Dutch bringt es nämlich auf den Punkt, wenn er formuliert, dass die Tragödie unserer Gesellschaft nicht darin liegt, dass so viele Menschen ihre kindliche Neugier verlieren, sondern dass so viele es nicht tun. Das erwachsene Pendant zur kindlichen Neugier wäre nämlich Channel-Hopping und das Leben in Zehn-Sekunden-Soundbites – und das braucht kein Mensch.[8]

Wirklich »erwachsene« Neugier hat damit wenig zu tun. Sie dreht sich vielmehr darum, die eigenen mentalen Modelle innerhalb des umrissenen Kontexts anzugreifen, die wir uns in unserer Kindheit so mühevoll erarbeitet haben. Und damit das gelingt, müssen wir die Neugierkiller ausschalten, mit denen wir uns im Erwachsenenalter konfrontiert sehen – getreu dem oben schon genannten Agentencredo: aufstöbern und ausschalten. Beginnen wir nun im Folgenden mit dem Identifizieren.

5.3 Kennmaschon

Neugierkiller Nummer 1: Unsere Grundeinstellung ist geprägt von *Achtlosigkeit*. Wir sehen es meist gar nicht, wenn wir etwas Neuem gegenüberstehen. Das liegt daran, dass wir uns im Bekannten so schön sicher fühlen. Und daran, dass wir uns gleichzeitig so sicher sind, vor etwas Bekanntem zu stehen. »Kennen wir schon!« – das ist sozusagen unsere Werkseinstellung. Eine der vielen Konsequenzen dieser Haltung ist: Wir sind blind für Veränderung – »Change-Blindness« nennt das die Wahrnehmungspsychologie.

Dazu ein Beispiel: In einem klassischen Experiment zum »Partnerwechsel« werden Menschen in freier Wildbahn von einem Passanten angesprochen, der sich den Weg zum Bahnhof erklären lassen möchte. Bei einer Vorbefragung gehen 80 Prozent fest davon aus, dass sie es selbstverständlich sofort merken würden, wenn sie es plötzlich mit einem anderen Gesprächspartner zu tun hätten. Im Versuch werden dann Erklärer und Zuhörer kurzzeitig durch zwei Umzugsleute gestört, die einen Spiegel quer zwischen beiden hindurchtragen. Damit verbunden ist ein Personenwechsel aufseiten des Fragestellers. Kaum sind die Störenfriede wieder weg, erklärt der Gefragte also einem völlig anderen Menschen den weiteren Weg. Und statt dass acht von zehn Versuchspersonen das merken, so wie sie das selbst eingeschätzt haben, sind es nur magere vier von zehn! Wenn diese Selbsttäuschung nicht so putzig wäre, könnte sie einem Angst machen. Diese Lücke zwischen Selbstwahrnehmung und Realität ist recht beunruhigend, wie Sie zugeben werden.

Wo nun finden wir ähnliche Zusammenhänge im privaten oder beruflichen Alltag? Zum Beispiel, wenn wir Entscheidungen für die Zukunft treffen. Denn worauf achten wir dabei? Natürlich auf Unbekanntes, also auf alles, wovon wir annehmen, dass wir es nicht wissen. Aber sobald wir denken, dass etwas bekannt ist, also dass wir etwas wissen, hören wir auf, dem unsere Aufmerksamkeit zu schenken. Und das ist gefährlich: Denn darum etwa verschwindet die Leidenschaft in Beziehungen. Und darum sind Leute überhaupt erst gefangen in der Box, außerhalb derer sie immer denken sollen.

Aber die gute Nachricht ist: Es gibt eine Lösung! Und die liegt kurioserweise genau in dem Zusammenhang, der dieses Leid hervorruft: Es hilft, einen Schritt zurückzutreten und im Bekannten ganz bewusst all die kleinen neuen Dinge zu sehen, die immer direkt vor unseren Augen sind.

5.4 Die Antwort – jetzt

Ganz oben auf der Liste der Neugierkiller steht unser Bedürfnis nach Sicherheit. Wir alle wollen Sicherheit – denn wir glauben, dass Sicherheit hilft – an vielen Stellen und überhaupt im ganzen Leben. Oft fühlen wir uns zu einer engen, sicheren Einschätzung einer Gegebenheit geradezu gezwungen, weil wir aus einem inneren Zwang heraus klare Antworten auf drängende Fragen finden und Mehrdeutigkeit verhindern müssen. Warum? Ganz einfach, der menschliche Verstand hat extrem viel gegen Unsicherheit und Ambiguität.

Sicherheit und Eindeutigkeit erwarten wir also auch von vielen alltäglichen Dingen, etwa von der *Tagesschau*. Denn Judith Rakers stellt Ihnen keine offenen Fragen: »Was schätzen Sie: Wie viele Überlebende gab es beim Flugzeugabsturz der MH 370?« So etwas ist einfach nicht vorgesehen, weil das Format unsere Präferenzen bedienen soll. Verlässliche, sichere Aussagen erwarten wir auch von unserem Anlageberater. Wir wollen nicht, dass der zu uns sagt: »Sind Sie neugierig darauf zu erfahren, wie viel Geld

Sie verlieren könnten, wenn Sie in eine Mangrovenplantage im Hinterland von Dresden investieren würden?« Das passt nicht in unser Konzept.

Sicherheit hat natürlich ihre Berechtigung. Unglücklicherweise hat sie aber auch ihren Preis. Schon als junge Menschen reagieren wir auf Unsicherheit und Mangel an Klarheit, indem wir spontan plausible Erklärungen aus den Fakten generieren, die uns vorliegen. Ein großer Nachteil davon: Diese Erklärungen sind zwar plausibel, müssen aber nicht stimmen. Und mehr noch: Wir halten an diesen erfundenen Erklärungen fest, als hätten sie einen eigenen intrinsischen Wert. Haben wir sie, fühlen wir uns sicher und lassen sie deshalb nicht mehr los.

1972 schon erkannte der Psychologe Jerome Kagan, dass die Auflösung von Unsicherheit einer der dominierenden Faktoren unseres Verhaltens ist. Wenn wir nicht sofort unser Bedürfnis zu verstehen befriedigen können, sind wir hochmotiviert, schnell eine konkrete Erklärung zu finden, um unsere Unsicherheit auszuschalten. Diese Motivation, so Kagans Ansatz, ist der Kern der meisten anderen Motive, die unser Leben bestimmen, zum Beispiel Leistung, Zugehörigkeit oder Macht. Wir wollen die Qual des Unbekannten um fast jeden Preis eliminieren.

Wir möchten, mit anderen, wissenschaftlichen Worten, einen »kognitiven Abschluss« erreichen. Der entsprechende englische Begriff »cognitive closure« wurde von der Sozialpsychologin Arie Kruglanski geprägt. Sie definiert ihn als den Wunsch eines Individuums, eine verbindliche Antwort auf eine Frage zu finden, und als eine »Aversion gegenüber Ambiguität«. »Cognitive closure« oder auch der Need for Closure (NFC) ist also ein Streben nach Sicherheit im Angesicht einer Welt, die alles andere als sicher ist. Wenn wir mit Mehrdeutigkeit und einem Mangel an klaren Antworten konfrontiert werden, verspüren wir den Drang zu wissen – und zwar so schnell wie möglich.

Wie gesagt, der Need for Closure spiegelt eine Aversion gegenüber Mehrdeutigkeit und Unsicherheit wider. Er zeigt unsere

Präferenz für als sicher geltende, definitive Antworten auf alle offenen Fragen.[9] Interessanterweise gilt: Menschen, für deren Präferenzen das in hohem Maß zutrifft, tendieren dazu, eher Regeln zu folgen und Autoritäten zu akzeptieren, sind aber weniger daran interessiert, Vielfalt anzunehmen.

1994 entwickelte Kruglanski zusammen mit Donna Webster ein Standardprozedere, um diesen »Need for Closure« zu messen. Dazu gibt es für Interessierte auch einen Test, der zweiundvierzig Fragen umfasst und die vier unterschiedlichen motivationalen Facetten betrachtet, die unsere zugrunde liegende Tendenz nach Klarheit und Auflösung aufschlüsseln. Diese Facetten sind: Wunsch nach Ordnung, Entschlusskraft, Abneigung gegenüber Ambiguität und Engstirnigkeit.

Diese Faktoren oder Tendenzen hängen ursächlich miteinander zusammen: Die Versuchspersonen zeigen Unbehagen und fühlen sich unwohl, wenn sie unsicher bezüglich eines Ereignisses oder Themas sind – eine Emotion, die verschwindet, sobald sie Klarheit bekommen. Um diese Klarheit zu erhalten, zeigen sie eine Präferenz für Vorhersagbarkeit und bevorzugen Settings, in denen sie voraussagen können, was als Nächstes passiert. Aufgrund dieser Präferenz hegen sie auch einen Wunsch nach Ordnung und suchen Umgebungen auf, die organisiert und geordnet sind. Und wegen ihrer Aversion gegen Mehrdeutigkeit wiederum fällen sie schnell Entscheidungen, ohne Verzögerung oder ohne lange zu überlegen – das nennt man Entschlossenheit. Um das schnell durchziehen zu können, ziehen sie selten andere Quellen für Informationen in Betracht, so zum Beispiel Ratschläge von Experten, bevor sie die Entscheidungen fällen. Zusammengenommen sagen diese Elemente viel darüber aus, wie hoch unser Need for Closure ist. Ein erhöhter Need for Closure kann unser Wahlverhalten verzerren, unsere Präferenzen verändern und unsere Stimmung beeinflussen.

Engstirnigkeit im Beruf

Besonders im Job kann Engstirnigkeit eine lästige Eigenschaft sein, die uns auf verschiedene Weise zu schaffen macht. Warum? Ganz einfach, der Need for Closure will die Antwort immer sofort. Im Job bevorzugen Menschen mit einem hohen Need for Closure also Teams oder Arbeitsgruppen mit homogenen und wenig voneinander abweichenden Wertvorstellungen, Haltungen und demographischen Charakteristika, damit sie schnell zu Ergebnissen kommen und bloß keine Fragen offenbleiben. Es überrascht daher nicht, dass sie in der Folge ungewöhnliche oder abweichende Sichtweisen konsequent zurückweisen.

Wenn Sie diese Menschen unter Zeitdruck setzen, werden sie so engstirnig, dass sie sozusagen mit beiden Augen gleichzeitig durch ein Schlüsselloch schauen können. Denn Zeitdruck potenziert den Need for Closure! Die so Benachteiligten mögen dann auf einmal nur noch diejenigen Menschen, mit denen sie gemeinsame Werte und Charakteristika teilen. Sie neigen dazu, im eigenen Saft zu schmoren und suchen nur noch den Kontakt zu denen, die ihnen ähnlich sind, und das nicht nur unter Arbeitsaspekten, sondern auch unter sozialen oder ethnischen Gesichtspunkten. Warum ist das so? Diese Menschen suchen die Nähe zu Gruppen mit Normen und Standards, die ihnen ähnlich sind, und hoffen so, unmissverständliche Klarheit durch eindeutige Regeln und stabile Strukturen zu bekommen. Sie wollen wissen, welches Verhalten von ihnen erwartet wird, und wollen nichts mit Unsicherheit, Mehrdeutigkeit oder übermäßiger Reflexion zu tun haben.

Wenn der Need for Closure sehr hoch ist, bevorzugen diese Menschen sogar autokratische Führer – denn die stellen die gewünschte Uniformität und Klarheit sicher. Diese Menschen freuen sich richtiggehend darauf, wenn jemand ihnen sagt, wie sie sich verhalten sollten. Sie wollen Erklärer, nicht Aufklärer –

frei nach dem Motto: Kant kann mich mal! Damit einher geht die Ablehnung jeglichen Verhaltens, das von Gruppennormen abweicht: Diversity wird zur Gefahr. Andersdenkende Ethnien oder abweichende Glaubensbekenntnisse verwässern nur die klaren Verhältnisse, die solche Menschen suchen. Ablehnung ist die Folge.

Das hat auch Auswirkungen, wenn Menschen recherchieren oder nach Informationen suchen. Bei einem hohen Need for Closure tendieren sie dazu, weniger Hypothesen zu produzieren und weniger sorgfältig nach Informationen zu suchen. Vorsichtige Abwägung ist dann passé. Wenn Sie solche Menschen so richtig auf die Palme bringen wollen, präsentieren Sie ihnen abweichende Meinungen – womöglich noch in einer Situation unter Zeitdruck.[10]

So erklärt der Need for Closure viele existierende Vorurteile. Geben Sie diesen Menschen zu allem Überfluss noch das Gefühl, sie müssten ihre Meinung schnell äußern, ist der Ofen ganz aus – oder eben zu. Dann urteilen sie husch, husch auf der Basis erster Einschätzungen. Dies ist bekannt als »Primat oder der Fluch des ersten Eindrucks«.[11] Fazit: Bei hohem Need for Closure neigen wir zur sogenannten »Ankerungsverzerrung« und zur »Übereinstimmungsverzerrung«. Das bedeutet, dass wir unsere ersten Eindrücke als Anker für unsere Entscheidungen nehmen und nicht ausreichend auf die situationsbezogenen Variablen achten. Und ungünstigerweise merken wir nicht einmal, wie sehr wir dann unsere eigenen Urteile verzerren.

Die Kehrseite der Medaille ist: Je höher der Index des NFC, umso geringer der Drang, irgendjemand anderen zu manipulieren oder soziale Regeln zu brechen. Diese Menschen möchten eben, dass die Gesellschaft insgesamt Regeln und Konventionen folgt. Die Konsequenz daraus: Sie tendieren selbst dazu, alle Regeln und Traditionen zu befolgen. Glaubenssätze wie »Menschen sollten respektvoll behandelt werden« und »Regeln soll man nicht brechen« stehen bei ihnen hoch im Kurs.

Den eigenen Need for Closure testen

So, und nun möchten Sie wissen, wes Geistes Kind Sie sind? Hier finden Sie eine überarbeitete Version des oben erwähnten NFC-Tests.[12] Die Auflösung wartet dann weiter unten auf Sie. Wenn Sie allerdings gerade denken: »Das ist mir zu knapp. Ich will den kompletten Test machen und wirklich wissen, wann ich meinen Kopf verschließe«, biete ich Ihnen eine Online-Version unter www.neugier.com an.

	1	2	3	4	5
	Stimme nicht zu				Stimme zu
1. Ich mag keine Situationen mit ungewissem Ausgang.	☐	☐	☐	☐	☐
2. Ich mag keine Fragen, die auf viele verschiedene Arten beantwortet werden können.	☐	☐	☐	☐	☐
3. Ein geordnetes Leben mit einem regelmäßigen Zeitplan passt mir.	☐	☐	☐	☐	☐
4. Ich fühle mich nicht wohl, wenn ich nicht verstehe, warum etwas Bestimmtes in meinem Leben passiert.	☐	☐	☐	☐	☐
5. Ich fühle mich gereizt, wenn eine Person in einer Gruppe eine andere Meinung vertritt als alle anderen.	☐	☐	☐	☐	☐
6. Ich begebe mich nicht gerne in Situationen, in denen ich nicht weiß, was mich erwartet.	☐	☐	☐	☐	☐
7. Wenn ich eine Entscheidung getroffen habe, bin ich erleichtert.	☐	☐	☐	☐	☐
8. Wenn ich mit einem Problem konfrontiert bin, will ich möglichst schnell eine Lösung finden.	☐	☐	☐	☐	☐

	1	2	3	4	5
	Stimme nicht zu				Stimme zu
9. Ich werde schnell ungeduldig und gereizt, wenn ich für ein Problem nicht sofort eine Lösung finde.	☐	☐	☐	☐	☐
10. Ich mag es nicht, von Menschen umgeben zu sein, die zu unerwarteten Handlungen neigen.	☐	☐	☐	☐	☐
11. Ich mag es nicht, wenn die Äußerung einer Person mehrdeutig ist.	☐	☐	☐	☐	☐
12. Wenn ich einer einheitlichen Routine folge, kann ich das Leben mehr genießen.	☐	☐	☐	☐	☐
13. Ich genieße es, einen klaren und strukturierten Lebensmodus zu haben.	☐	☐	☐	☐	☐
14. Ich hole normalerweise nicht viele verschiedene Meinungen ein, bevor ich mir selbst ein Bild mache.	☐	☐	☐	☐	☐
15. Ich mag keine unberechenbaren Situationen.	☐	☐	☐	☐	☐

Der NFC-Test.

Zur Auflösung gelangen Sie schnurstracks, wenn Sie die Punkte zusammenzählen. Sie können maximal 75 Punkte erreichen. Teilen Sie dann Ihre Punktzahl durch 15. Das Ergebnis ist Ihr NFC, Ihr persönlicher Kopf-Dicht-Index. In vielen Versuchen zeigt sich ein Durchschnitt der getesteten Personen von 3,76. Je höher Ihr Ergebnis darüber liegt, umso stärker ausgeprägt ist Ihr Need for Closure im Vergleich zu 50 Prozent der anderen. Und umso eher neigen Sie – unbewusst – zu den Verhaltensweisen, die in diesem Kapitel beschrieben werden.

Jetzt hat man ja nicht immer so einen ganzen Test dabei, um zu überprüfen, wie man selbst tickt. Geht's vielleicht auch schneller im Alltag? Ja, zumindest für einen dezenten Hinweis reicht Folgendes: Ein hoher Need for Closure verträgt sich gar nicht mit offenen Enden bei Filmen und auch nicht mit abstrakter Kunst. Wenn Sie dabei also Unbehagen verspüren, wissen Sie ungefähr, woran Sie sind. Und auch hierbei greift der Zeitdruck-Mechanismus: Je schneller Menschen mit hohem Need for Closure abstrakte Bilder beurteilen müssen, umso eher neigen sie dazu, diese Kunstwerke abzulehnen.

Ergreifen und Einfrieren

Der Need for Closure ist bei jedem von uns ganz unterschiedlich stark ausgeprägt. Zu großen Teilen wird er durch die Situation bestimmt und nicht durch Anlage. Je mehr im Fluss und je ungewisser unser Umfeld ist, desto mehr wollen wir irgendeine Art von Aufklärung erreichen. Förderlich wirken sich neben Zeitdruck auch Erschöpfung, extreme Umgebungslautstärke oder einfach eine Flut an schwer interpretierbaren Daten auf den NFC-Index aus. Der Need for Closure ist auch direkt abhängig von Stress und erreicht einen Höhepunkt in Umständen wie Notfall oder Krise.

»Zuschnappen und einfrieren« sind nach Kruglanski die zentralen mentalen Vorgänge, die beim Neugierkiller NFC greifen. Im ersten Stadium schnappen wir uns alles, was wir schnell und einfach an Informationen bekommen können. Keinen Gedanken verschwenden wir dabei an eine ruhige Verifizierung oder Überprüfung der Fakten. Haben wir erst einmal zugeschnappt, halten wir alles fest, was wir gerade in der Hand haben. Es geht darum, das Ergebnis so lange wie möglich aufrechtzuerhalten, und dazu »frieren« wir unser Wissen ein und tun, was immer wir können, um es zu bewachen und zu bewahren. So unterstützen wir etwa Gesetze oder Argumente, die unsere ursprüngliche Sichtweise validieren.

Und wenn wir »eingefroren« sind? Dann steigt unsere feste Überzeugung geschwind! Es ist ein sich selbst verstärkender

Kreislauf. Und wenn wir uns dann noch extern zu unserer Position bekannt haben? Twittern! Posten! Rausposaunen! Sich öffentlich committen! Das verhärtet die Überzeugung noch mehr – wir wollen ja nicht widersprüchlich wirken. So kommen viele falsche Gerüchte in die Welt – und wollen einfach nicht mehr sterben.

Die Lösungen

Aber es gibt eine gute Nachricht: Der Need for Closure lässt sich gezielt vermindern. Wie? Indem Sie zum Beispiel »Angst vor Nichtigkeit« kreieren. Das ist die Angst, dass ein Fehler, der auf der Basis der gesammelten und eingefrorenen Informationen bei der Beurteilung passiert, persönliche Konsequenzen hat. Wenn wir befürchten, dass etwas, was wir denken oder sagen, mit starker sozialer Bestrafung oder Sanktionen verbunden sein könnte, werden wir plötzlich sehr viel vorsichtiger in unseren Urteilen. Je sichtbarer und nachvollziehbarer diese Möglichkeit für uns ist, desto besonnener wird unser Denken.

Ein Beispiel: Die Berichterstattung, die dem Bombenanschlag auf den Boston-Marathon folgte, war durchsetzt mit Fehlern und Gerüchten, die sich verselbständigten und in den Nachrichten »Amok liefen«. Auf jede Story (»Sie haben einen Supermarkt überfallen!«) folgte eine Gegenstory im direkten Nachrichtenfahrwasser (»Sie waren doch nicht in einem Supermarkt!«). Die Fehlinformationen fanden sich bei professionellen Nachrichtenkanälen ebenso wie bei den Twitter-Reportagen von Laien. Nachvollziehbar, wenn man bedenkt, dass die Umstände ideal waren für einen erhöhten Need for Closure.

Aber dennoch gab es ein paar besonnene Stimmen, die Ruhe bewahrten. Auf NBC etwa blieb Pete Williams stoisch und stellte immer wieder sicher, dass seine Storys mehrfach bestätigt waren. Auf Twitter berichtete Seth Mnookin minutiös und sorgfältig über die Entwicklungen und korrigierte Fehlinformationen.

Hätten sich alle, die sich zur Berichterstattung berufen fühlten, vor Augen geführt, wie viel zusätzliches Leid und Verwirrung ihre Fehlinformationen auslösen würden und hätten sie sich dabei vor sozialer Sanktionierung fürchten müssen, wären sie vorsichtiger gewesen.

Blockiert oder im Fluss?

Wie wirkt sich NFC auf Kreativität und das Finden neuer Ideen aus? Auch da gibt es einen Zusammenhang: Der Need for Closure beeinflusst die Assoziation zwischen dem Ärger einer Person und der darauffolgenden Kreativität einer anderen Person.[13] Die Basis für diese Erkenntnis war ein Experiment, in dem die Lieblingsaufgabe der Kreativitätspsychologie zur Anwendung kam: »Finden Sie Verwendungsbeispiele für einen Ziegelstein.«

Im Nachhinein gab es allerdings einen Unterschied zu den üblichen Ideentests. Es ging nämlich eigentlich um das Feedback zu den Ideen, nicht um die Ideen selber. Die Feedbackgeber waren instruiert, entweder verärgert über die Leistungen ihre Unzufriedenheit kundzutun oder bei der Rückmeldung neutral zu bleiben. Bei einer weiteren Kreativitätsaufgabe passierte dann Folgendes: Bei Menschen mit einem hohen Need for Closure führte das verärgerte Feedback eher zu originellen Antworten. Sie blieben auch bei dieser Aufgabe am Ball und wirkten engagierter. Bei denjenigen Teilnehmern, die einen niedrigeren Need for Closure zeigten, erhöhte das verärgerte Feedback die Kreativität nicht, sondern beeinträchtigte sie sogar.

Ähnlich wie dieses Feedback funktionieren erstaunlicherweise übrigens auch die oben schon genannten Faktoren Zeitdruck, Lärm oder die Unzufriedenheit von Führungskräften. Letztere etwa kann bei Mitarbeitern die Beharrlichkeit, bei schwierigen Aufgaben am Ball zu bleiben, erhöhen. Nichtsdestotrotz sollten Führungskräfte Ärger natürlich nicht frontal an die Mitarbeiter richten, sondern einfach bei ihrem Feedback implizieren, dass die Situation nicht zufriedenstellend ist.

Noch deutlicher hat es ein Team von der Singapore Management University herausgearbeitet: Laysee Ong und Angela K.Y. Leung widmeten sich 2013 der Fragestellung, wie die kreativen Köpfe von Menschen mit hohem NFC geöffnet werden könnten.[14] Die zugrunde liegende Fragestellung war, ob dieses Kopf-Dicht-Phänomen grundsätzlich der Ideenfindung abträglich ist. Die Antwort der beiden Forscher ist klar: nein. Es kommt lediglich auf einen kleinen Kniff an: dass Sie diese Mitmenschen gezielt aufmerksam machen auf die bisherigen unkreativen Lösungen für das jeweils aktuelle Problem. Dabei stellen Sie ganz beiläufig heraus, dass diese einvernehmlich auch von anderen im Team als »taugt nix« angesehen werden. Das nämlich aktiviert den oben beschriebenen Wunsch, dazugehören zu wollen. Und dies führt zu einem Fokus, was einvernehmlich gewünscht wird, und aktiviert so wiederum den Ideenfluss. Wie lässt sich nun so etwas belegen?

Die Aufgabenstellung war recht alltagstauglich: »Im Rahmen der Veränderungen beginnen die Schokoladenhersteller ihre Designs weg von der traditionellen Schokolade. Schokolade in Belgien ist ein Kultobjekt wie die Pasta in Italien. Aber warum fühlen wir uns der Tradition verbunden? Wir müssen die traditionellen Formen zerstören. Wir müssen neue Kombinationen und neue Ingredienzen erschaffen.« So formuliert es Giovanni Massini, ein Forscher, der die Designinitiative für Schokolade in Brüssel anführt. Stellen Sie sich einmal vor, Sie gehörten zu Giovannis Team, und Ihre Aufgabe wäre es, das Schokoladendesign zu revolutionieren.

Bei der anschließenden Ideensuche wurden zwei gleichgroße Teams aufgestellt, mit jeweils unterschiedlich detaillierten Aufgabenstellungen: Die eine Hälfte der Interimsdesigner sollte zuerst konventionelle Schoko-Designs kreieren. Ihnen wurden dadurch die einvernehmlich ungewünschten Ideen vor Augen geführt. Erst dann sollten sie sich den unkonventionellen zuwenden. Das andere Team sollte sofort mit dem Aufspüren der ungewöhnlichen Ideen loslegen. Das Ergebnis war deutlich: In der ersten Gruppe, so kann man es vorsichtig formulieren, schoss die Ideenfindung durch die Decke – und übertraf sogar den Output derjenigen, die einen niedrigeren NFC hatten.

Wenn Sie nun einen Schritt weitergehen möchten, können Sie im Anschluss den Menschen deutlich machen, woran es liegt, dass auch ein geschlossener Kopf offen sein kann für Neues. Besonders zielführend ist es, wenn Sie dabei die Ausführungen des nächsten Kapitels beachten.

5.5 Er war's!

Der Need for Closure hat außerdem einen starken Einfluss auf einen fiesen weiteren Neugierkiller: den fundamentalen Attributionsfehler (FAF). Den begehen Menschen, wenn sie ein Verhalten eher auf die Charakteristika der Person als auf eine Situation oder die Umstände zurückführen. Macht jemand einen Fehler bei der Arbeit, heißt es oft: »Der kann nix!« Und viel seltener: »Die Umstände waren schuld!« Dieses Denken greift in Unternehmen um sich wie eine Grippe. Vielleicht ist es einer »deutschen« Grundhaltung geschuldet, die es verteufelt, den Fehler nicht bei sich selbst zu suchen. Dieser Drang wird bei hohem NFC-Index noch verstärkt.

2007 argumentierte der Sozialpsychologe Daniel Stalder, dass eine Facette des Need for Closure, nämlich der Drang nach Struktur, der die generelle Abneigung gegen Ambiguität, den Wunsch nach Ordnung und den Wunsch nach Vorhersagbarkeit umfasst, positiv verbunden ist mit dem fundamentalen Attributionsfehler (FAF). Die andere Facette des Need for Closure dagegen, die Entschlossenheit, korreliert negativ mit dem FAF.

Im Experiment sollten die Teilnehmer zwei Menschen beobachten. Einer davon konstruiert und stellt Fragen, die auf das

Allgemeinwissen abzielen. Der andere, der Kandidat, versucht diese Fragen zu beantworten, kann jedoch nur drei der zehn Fragen richtig beantworten. Typischerweise nehmen die Teilnehmer nun an, dass der Fragesteller über ein gutes Allgemeinwissen verfügt – und übersehen dabei den unfairen Vorteil, den diese Person hat. Und jetzt kommt's: Die Menschen mit einem hohen Drang nach Struktur neigen im Versuch eher dazu, den Kandidaten als weniger gebildet anzusehen; Menschen mit einer hohen Entschlossenheit wiederum sahen den Kandidaten eher als gebildet an. Menschen mit hohem Drang nach Struktur neigen also dazu, eine schlechte Performance schneller dem geringen Wissen des Kandidaten zuzuschreiben und versagen darin, alternative Sichtweisen in Betracht zu ziehen.

Engstirnigkeit, Zeitdruck und die Realität im Job

Die Entdeckung, dass Zeitdruck den Need for Closure erhöht, hat zu weiterführender Forschung über ein weiteres Phänomen, den sogenannten »Aufmerksamkeitsrest«, geführt.

Besonders im Arbeitsumfeld tendieren Menschen dazu, eine Reihe von verschiedenen Aufgaben zu übernehmen und nacheinander abzuarbeiten. Erst geht es vielleicht um Buchhaltung und Controlling und später am Tag werden sie zu einem Vorstellungsgespräch hinzugezogen, wobei sich dann alles um die Einschätzung von Bewerbern dreht. Unglücklicherweise kreisen, wenn Menschen zur zweiten Tätigkeit kommen, also zur Beurteilung eines Bewerbers, recht viele Gedanken noch um die erste Aufgabe – die Aufmerksamkeit ist also nicht hundertprozentig bei dem, was gerade an der Reihe ist. Hier spricht man von besagtem »Aufmerksamkeitsrest« – und dieser beeinträchtigt auch unsere Fähigkeiten in einem breiter gefächerten Feld von Reflexionsmöglichkeiten, etwa bei der Suche nach alternativen Lösungen.[15]

Zwei Faktoren helfen, den Aufmerksamkeitsrest zu verringern: Der erste und offensichtliche Faktor kommt dann zum Tragen, wenn Menschen das Gefühl haben, dass sie eine Aufgabe erledigt oder die vorgegebenen Ziele erreicht haben. Unvollendete Ziele dagegen scheinen im Bewusstsein hervorstechend oder zumindest aktiviert zu bleiben – unabhängig etwa von der Umgebung.[16] Selbst wenn Menschen die Umgebung wechseln und dann eine andere Tätigkeit aufnehmen, bleiben unerledigte Zielsetzungen präsent.

Der zweite Faktor, der den Aufmerksamkeitsrest eindämmt, ist Zeitdruck. Dieser führt nicht nur zum Need for Closure, sondern hat auch positive Auswirkungen auf den Aufmerksamkeitsrest. Wenn Menschen Zeitdruck verspüren, fokussieren sie sich nur auf offensichtliche und leicht zu findende Alternativen und vernachlässigen das weitere Nachdenken. Weil sie sich damit als Ausgangspunkt auf eine kleine Auswahl an Alternativen beschränken, verspüren sie tendentiell weniger Bedauern über vertane Möglichkeiten, weil sie sich den Handlungsoptionen, die sie abgelehnt haben, nicht so verbunden fühlen. Klar, denn sie haben sie ja auch nicht auf dem Schirm. Daraus entsteht ein Gefühl von Selbstvertrauen, das diesen Menschen wiederum erlaubt, ihre Aufmerksamkeit auf andere Dinge zu richten.

Die Ergebnisse von Studien zeigen: Wenn der Zeitdruck verschärft wird, verliert der Aufmerksamkeitsrest an Einfluss. Man hört auf, an die alte Aufgabe zu denken, wenn man sich Neuem zuwendet, und fühlt sich zuversichtlicher bezüglich des eigenen Abschneidens bei dieser Aktivität.

5.6 Hey, wir sind in tune!

Ein weiterer Aspekt des Need for Closure, der unsere Neugier oft alt aussehen lässt: Viele von uns lieben es, mit anderen auf einer Wellenlänge zu sein. Die Forschung nennt das »social tuning«.[17] Die Kernthese dazu besagt:

»Wenn Menschen danach streben, Informationen zu finden, um ihr Verständnis zu verbessern und Verwirrung auszuschalten, suchen sie nach Optionen und Wissen aus ihrem sozialen Umfeld. Wenn diese Menschen ihrer Anlage gemäß gemeinschaftsorientiert, umgänglich und liebenswürdig sind, sind sie sensibler für Informationen, die Harmonie vergrößern und Freundschaften oder Kollektive bestärken. Sie werden sich daher besonders der Normen und der Standards dieser Gruppen bewusst.«[18]

Ein Beispiel dazu: Die meisten westlichen Nationen schätzen einzigartige und originelle Ideen, weil Individualität in unserem kulturellen Umfeld stark geschätzt wird. Der Need for Closure, verbunden mit einem gemeinschaftsorientierten oder sozial umgänglichen Benehmen, verstärkt also die Wahrscheinlichkeit, dass Menschen sich konform zu diesen Normen verhalten und daher mehr originelle, neue, individuelle und kreative Lösungen finden.

Betrachtet man nun auf der anderen Seite der Welt die östlichen Nationen, so gilt dort nicht das Individuum als höchste Instanz, sondern die Gemeinschaft und das große Ganze. In diesem Fall verstärkt der Need for Closure, gekoppelt mit einem gemeinschaftsorientierten oder umgänglichen Benehmen, folgerichtig auch die Wahrscheinlichkeit, dass Menschen sich konform zu diesen Normen verhalten – und daher weniger originelle, neue, individuelle und kreative Lösungen finden.

5.7 Zu schnell zu sicher

»Haben Sie jemals das Gefühl gehabt, dass eine Verschwörung gegen Sie im Gange ist? Und wenn ja, wie stressig, beherrschend und definitiv sind solche Gedanken für Sie?« Solche und ähnliche Fragen finden sich in einem einundzwanzigteiligen Fragebogen, der den möglichen Hang zu wahnhaften Gedanken abklärt. Das essentielle Ergebnis einer solchen Befragung ist: Menschen, die zu voreiligen Schlüssen neigen, tendieren eher zu wahnhaften Gedanken.

»Jumping to conclusions« nennen es die Anglophilen. Es klingt wie ein Alltagsphänomen, findet sich jedoch häufig in der Literatur über Psychosen und zu Wahnvorstellungen. Und auch dieses Phänomen hängt mit dem Need for Closure (NFC), zusammen. Eine Studie aus dem Jahr 2011 konfrontierte Menschen mit Aufgaben, die sie dazu verleiten sollten, voreilige Schlüsse zu ziehen.[19] Dazu bekamen sie eine Reihe von Kommentaren zu hören. Die Aufgabe lautete herauszufinden, ob diese Kommentare von eher positiv oder eher negativ eingestellten Befragten stammten. Manche Teilnehmer kamen schon nach dem Vernehmen weniger Kommentare zu ihrer endgültigen Einschätzung – ohne den ganzen Input abzuwarten: Das ist typisch für voreiliges Schließen.

Better look twice

Vor einiger Zeit hat eine Werbekampagne dieses Phänomen genutzt, um Menschen zu sensibilisieren, genau dieses voreilige Schlüsseziehen gefälligst zu unterlassen. Lesen Sie mal hier:

Imagekampagne für den Islam: »Rebranding European Muslims« in Graz

Alles klar? Ein paar Zeilen zum Hintergrund dieser interessanten Kampagne: In Graz leben rund zwanzigtausend Muslime, die häufig schon dort geboren und aufgewachsen sind. Für ein zukünftiges islamisches Kulturzentrum wurde kürzlich der Grundstein gelegt; auch eine Moschee soll entstehen. Anerkennung und friedliches Miteinander sind das Ziel und ein offener Umgang miteinander ist die Grundlage dafür.

Allerdings kämpft die muslimische Gemeinde mit Widerstand gegen Multikulti im Allgemeinen und Muslime im Besonderen. Und der gipfelt in einer Art von Politik, die viele politische Parteien nach außen tragen, weil sie versuchen, mit antiislamischen Wahlkampagnen Stimmen zu gewinnen. Ein letzter Höhepunkt in Österreich war der Link zu einem Computerspiel: »Moschee baba – lasst uns auf Moscheen schießen«, abrufbar über die Homepage der FPÖ.[20] Die muslimische Gemeinde in Graz jedoch will solche Aussagen nicht akzeptieren – deswegen also die Kampagne »Rebranding European Muslims«. Drei internationale Werbekampagnen, die die Aktion umsetzen, wurden bei einer Gala vorgestellt, und das Publikum wählte den Siegerentwurf.

Der Wiener Werbeprofi Mariusz Jan Demner ging daraus als Sieger hervor. Er will mit Irritationen die Aufmerksamkeit der Menschen wecken. Seine Botschaft auf Plakaten lautet: »Look twice! Schau genau hin und ertappe dich vielleicht selbst!« Das funktioniert, weil in unseren durch die lateinischen Buchstaben geprägten Köpfen arabische Schriftzeichen nicht nur positiv besetzt sind. Eigentlich ist das ein Update des Schulzeitklassikers: »Si ehta uswi ela tei nis tesa bern icht – sieht aus wie Latein, ist es aber nicht.« Auf den ersten Blick scheint vieles unverständlich, aber beim genauen Hinschauen … Also: Keep an open mind!

Schnellschüsse drosseln

Was kann man nun tun, um nicht allzu voreilig irgendwelche Schlüsse zu ziehen? Positive Gemütsbewegungen führen mitunter dazu, dass Schnellschüsse gedrosselt werden. In einem Versuch dazu ging es um das Feedback, das die Teilnehmer nach einem Kreativitätstest erhielten. War dieses positiv, war das »Schnellschießen« in den nachfolgenden Übungen weit weniger verbreitet. Das ist an dieser Stelle des Buchs nicht mehr ganz so überraschend, denn Sie wissen aus vorherigen Kapiteln, dass Freude, Enthusiasmus und Spaß zu einer gesteigerten Motivation führen, Dinge zu erforschen und mehr Informationen aufnehmen zu wollen.

Und wann haben Sie das letzte Mal flexibel reagiert und Ihre Meinung geändert – und zwar als Reaktion auf neue Informationen, die Ihnen jemand gegeben hat? Wie oft haben Sie Artikel von einem Kolumnisten gelesen, dessen Meinung Sie eigentlich nicht teilen? Das wäre wichtig, denn sonst sind Sie auch nicht offener für Neues als die Menschen, die Sie für Neues und Veränderung begeistern möchten. Nicht vergessen: Neugierige haben es leichter. Neugier ist der Motor für Perspektivenwechsel – und dessen Schmiermittel.

Unsicherheit kann Spaß machen

Warum ist das so schwer? Wir ignorieren das Vergnügen an der Unsicherheit, weil wir Angst haben. Wir vergessen, wie viel länger unsere Zufriedenheit anhält und wie intensiv sie ist, wenn Unsicherheit in den Prozess involviert ist. Wir sind nur schrecklich schlecht darin vorherzusagen, was ein Ereignis mit uns anstellt und welchen emotionalen Einfluss es auf uns hat. Wir fürchten uns eher, als an einen guten Ausgang zu glauben. Das bremst uns – und das ist wichtig und schade zugleich. Denn wir fällen Entscheidungen auf der Basis des Gefühls, von dem wir glauben, dass es uns ein zukünftiges Ereignis geben wird. Weil wir also so schlecht darin sind, dieses Gefühl vorherzusagen, wählen wir die falschen Abzweigungen auf dem Weg zu einem erfüllenderen Leben. Stattdessen suchen viele von uns den einfachen Weg, weil wir glauben, dass da die Action ist – und laufen dann ins Leere und landen mitten in der Langeweile.

Es gibt einen Weg aus diesem Dilemma – und der läuft über die unterschätzte Kraft der Neugier. Die meisten winken bei diesem Wort ab, nach dem Motto: »Du wirst mir nix erzählen, was ich nicht schon weiß.« Wenn ich einen Zehnjährigen mit einem T-Shirt von Marianne und Michael die Straße heruntergehen sehe, dann brauche ich Ihnen nicht zu sagen, dass Sie neugierig sein sollen, da fragen Sie sich von selbst: »Wie konnte das passieren? Wie oft wurde der schon gemobbt? Was ist nicht in Ordnung mit dem armen Kind?« Aber wenn Sie grundsätzlich und ohne direkten Anlass offen und mutig sein sollen, dann kneifen Sie.

Was helfen kann, ist ein Mantra, das ich über Neugier habe: »Du kannst nicht die ganze Zeit glücklich sein, aber du kannst fast immer zutiefst bewusst und neugierig sein.«

5.8 Nur nix Neues

Neugier kann Angst machen. Dieser Zustand heißt »Neophobie« und funktioniert nach dem Prinzip: »Kenn ich nicht – ess ich nicht!« Ein neophobes Gehirn will alles, nur nichts Neues. »I liked it more when Yoga was called Twister«, so bringt mein Vater, der aus England stammt, es auf den Punkt. Natürlich können unbekannte Dinge gefährlich sein, aber gerade deswegen brauchen Menschen einen Mechanismus, der sie motiviert, Neues auszuprobieren. Man weiß ja nie, wann ein neues Stück Wissen, eine neue Erfahrung und eine neue Bekanntschaft hilfreich sein können – eben auch in einer brenzligen Situation oder einfach nur so. Interesse ist daher das grundsätzliche Gegengewicht zu Gefühlen wie Unsicherheit und Angst.[21]

Allerdings ist die Angst vor Neuem sehr verbreitet und vielleicht sogar ein Zeichen dieser Zeit. Wir Menschen wollen generell vorhersagen, verstehen und kontrollieren, was uns widerfährt. Das fällt naturgemäß leichter, wenn wir uns auf bekanntem Terrain bewegen. Jack Gonzalo von der Cornell University hat in solchem Verhalten die Triebkraft für eine regelrechte Ideenangst in Unternehmen ausgemacht – eine richtige »Ideophobie«. Denn obwohl Menschen und Unternehmen dauernd sagen, sie wollen kreative und innovative Lösungen, lehnen sie diese in Wirklichkeit oft ab.[22]

Angst und Neugier

Warum ist das so? Nun, am Bekannten festzuhalten vermittelt das Gefühl von Sicherheit, Geborgenheit und Kompetenz und reduziert die Furcht vor der Zukunft und dem Versagen. Konfrontiert mit dem Neuen keimt häufig der Gedanke auf: »Wenn das die Lösung ist, dann hätte ich lieber mein Problem zurück.« Wenn sich dieses Gefühl verstärkt, wird aus ihm die »3N-Regel«: »Nur nix Neues« – der Schlachtruf der Neugiergegner. Das sind diejenigen unter uns mit richtiggehender Angst vor Neuem. Manch einer denkt da vielleicht: »Richtig so! Was habe ich davon, wenn ich aus lauter Neugier mein Hinterteil riskiere? Lieber setze ich mich auf die Couch, warte ab, ob die anderen aus der großen weiten Welt wiederkommen, und höre mir dann an, was die zu erzählen haben.« Dieses Secondhand-Learning ist bei weitem die sichere Variante – und die langweiligere.

Schon 1890 hat der Godfather der modernen Psychologie William James diese Furcht vor Neuem beschrieben. Das Ulkige ist: Sie wurde nicht nur beim Menschen gefunden, auch viele Tiere sind neophob. Pferde kommen nicht einfach zu einem unbekannten Menschen, um gestreichelt zu werden, und Fische jagen nicht sofort jedem Wurm hinterher. Auch in einem Bienenstaat etwa sind nicht alle gleichermaßen neugierig: Je nachdem, welche Funktion eine Biene erfüllt, ist ihr Neugierpegel entsprechend hoch oder niedrig – eine sinnige Konstruktion der Evolution, Neugier quasi in der Organisation aufzuteilen und beispielsweise den Bienen-Kundschafterinnen den größten Teil davon mitzugeben.[23]

Doch beim Menschen ist die Neophobie zum Teil extrem ausgeprägt. Als Kinder fürchten wir uns vor unbekannten Objekten. Auch fremde Menschen und Situationen, die wir nicht sofort durchschauen, triggern dieses Gefühl. Es ist zwar psychologisch gesehen noch nicht klar, ob diese Ängstlichkeit die Entwicklung des menschlichen Neugiermotivs verkümmern lässt, aber im Grunde ist der Zusammenhang recht klar.

Denn jede Art von Verunsicherung, von Angst und Druck erzeugt im Gehirn eine sich ausbreitende Unruhe und Erregung. Ist das der Fall, wird der Abgleich zwischen neuem Input und bestehenden Erinnerungen nahezu unmöglich. Neues zu lernen ist so nicht mehr drin. Diese Unruhe kann solche Ausmaße annehmen, dass der Kopfbesitzer nicht einmal mehr auf bereits Gelerntes zurückgreifen kann. Einzig der Zugriff auf sehr früh entwickelte Denk- und Verhaltensmuster funktioniert: Angriff (schreien und schlagen), Verteidigung (nichts mehr hören, sehen oder wahrnehmen wollen, stur bleiben oder Verbündete suchen) oder Rückzug und Flucht (Unterwerfung, Verkriechen oder Kontaktabbruch). Wenig überraschend büßt der so erregte Mensch seine Fähigkeit zu offenem, neugierigem Verhalten ein. Wer sich schon einmal in einer solchen Situation befunden hat, weiß um die Pein, die das auslöst. Ohnmacht, Scham sind dann vertraute Gefühle, Wut die nach außen auftretende Reaktion. Ist die Wut verpufft, bleibt die Resignation.

Wer Altes loslassen und Neues denken will, braucht daher Mut. So unzweckmäßig auch das Festhalten an alten, gebahnten Denkmustern sein mag, so leisten diese doch etwas sehr Wichtiges: Sie sind vertraut und bieten Sicherheit – vor allem, wenn viele andere Menschen ebenso denken und mit denselben Einstellungen und Überzeugungen herumlaufen. Sich davon zu lösen verursacht Angst. Deshalb müssen Menschen, die Neues denken wollen, diese Furcht überwinden. Das einzige Gegenmittel gegen Verunsicherung und Angst – auch das können die Hirnforscher inzwischen mit Hilfe ihrer bildgebenden Verfahren objektiv und empirisch nachweisen – ist Vertrauen. Wer kreativ sein will, braucht also Vertrauen in sich selbst, in seine eigenen Fähigkeiten und Fertigkeiten, in die eigenen Erfahrungen und das eigene Wissen.

Flexibel gewinnt – Balance ist wichtig

Was Sie noch brauchen, ist psychologische Flexibilität. Das klingt einfach, ist aber die komplexe Fähigkeit, bewusst im Hier und Jetzt und dabei ganz verbunden zu sein mit den eigenen Gedanken und Gefühlen – ohne unnötige Abwehrmechanismen zu aktivieren und abhängig von den Erfordernissen der konkreten Situation auf dem eigenen Verhalten zu beharren oder es erforderlichenfalls flexibel zu ändern.[24] Neugier kann als eine der Ingredienzen für ein flexibles Leben betrachtet werden und hilft, Interessen und Werte zu entdecken, die uns beim Entscheiden und optimalen Einsatz der eigenen Ressourcen unterstützen.[25]

Das natürliche Streben eines Lebewesens nach Sicherheit allein garantiert auf Dauer allerdings kein funktionierendes Gleichgewicht. Jedes Gleichgewichtsmodell beinhaltet daher neben dem Streben nach Sicherheit und Tradition das Bedürfnis nach Herausforderungen, nach kompetenter Bewältigung von Risiken und unsicheren Situationen. Die äußere und innere Realität von uns Menschen unterliegt ständigen Veränderungen, und wir müssen daher imstande sein, solche Veränderungen zu verarbeiten, uns selbst zu ändern, uns einzustellen, das Denken, Fühlen, Verhalten und Umgehen mit der Außenwelt anzupassen, uns und die Umwelt in Einklang zu bringen, um so das eigene (Über-)Leben zu sichern.

Der ständigen Veränderung in der Realität hat die Natur durch ein fundamentales Bedürfnis nach Erfahrung, nach Weiterentwicklung, nach ständiger Erneuerung einer bestehenden

Anpassung an die vorhandene Realität Rechnung getragen. Heranwachsende wie Erwachsene sind daher auf Entwicklung, auf Erfahrung, auf Erlebnisse ausgerichtet, suchen ein Mindestmaß an Herausforderungen, Stimulierung oder Unterhaltung und erleben eine fortschreitende Bewältigung von neuen Herausforderungen als lustvoll. Ein gewisses Maß an aktiver Betätigung ist notwendige Nahrung der Psyche, die ansonsten verkümmert.

Die Frage ist, wie wir die für uns richtige Balance zwischen Beharren und dem Annehmen von Herausforderungen hinbekommen. Im Prinzip fühlen wir uns dann gut, wenn unsere Beharrungstendenz groß genug, aber nicht zu groß ist, also uns nicht neuer und wichtiger Erfahrungen beraubt und so unser Wohlbefinden beeinträchtigt.

Das Tolle an der Beharrungstendenz ist, dass sie impliziert, dass es einen Punkt gibt, an dem alles gut ist. Das wird in der Wissenschaft auch als »Set-Point« bezeichnet. Er ist sozusagen der Wohlfühlkern unseres Organismus. Das Wunderbare daran ist, dass wir scheinbar mühelos in diesen und zu diesem Punkt zurückfinden. Wir gewöhnen uns sehr schnell an kleine Abweichungen in unserem Leben und kehren zu dem inneren Zustand zurück, wie wir uns vorher gefühlt haben. Dieser Punkt ist unsere typische Stimmung, und er ist genetisch determiniert, relativ außerhalb unserer Kontrolle und scheinbar immun gegen Veränderung – abgesehen von kurzen Ausreißern nach oben oder unten.

Könnte man diesen Set-Point nicht ein wenig verändern – etwa nach oben, um die Lebensqualität zu steigern? Doch, kann man – mit Hilfe der Neugier. Denn einfach dadurch, dass wir neue Erfahrungen wollen und ihnen optimistisch und hoffnungsvoll gegenüberstehen, werden wir anpassungsfreudiger. Und das wäre die Lösung für Menschen, die richtig neophob sind, große Angst vor dem Unbekannten haben und deswegen ein Vermeidungsverhalten gegenüber neuen Erfahrungen an den Tag legen. Solchen Menschen kann es helfen, eine neugierige Grundhaltung einzunehmen, um ihre Ängste im Zaum zu halten und ihren Set-Point nach oben zu verschieben.

Dabei haben die Neophoben insgesamt gar kein so schlechtes Image, denn die mit der Angst vor der Neugier nennen wir meist nicht Langweiler, sondern Pragmatiker. Das illustriert ein wenig, dass alles, was von der Routine abweicht, dem Gehirn Angst macht. Es irritiert uns, und wir reagieren direkt mit Ablehnung.

Hier ein kurzer Test für die männlichen Leser unter Ihnen: Als Gott den Mann erschuf, machte sie einen großen Fehler. »Nein, den Fehler hast du gemacht, Doktor Naughton«, denken die Herren der Schöpfung nun schnell. Falsches Genus bei Gott! Und die Frauen denken: »Super, endlich sagt mal jemand, wie es wirklich ist!« Aber genau dieser Mechanismus der Irritation bei Abweichungen von der Norm, bei Neuem, ist grundsätzlich wichtig. Er ist nur unterschiedlich stark ausgeprägt – und bei zu starker Ausprägung in unserem Zusammenhang kontraproduktiv.

Warum ist dieser Mechanismus aber gleichzeitig wichtig? Es ist bekanntlich die Dosis, die das Gift macht … Wenn wir ein Verhalten haben, das uns ermöglicht, auf Neues zuzugehen und es auszuprobieren, dann ist eine Art Notbremse eine gute Erfindung. Sonst würden wir uns immer neugierig verhalten und bei einem lebenden Säbelzahntiger die Backenzähne auf Karies untersuchen – ein Neugierverhalten, das nicht auf Überleben ausgerichtet ist.

Also: Neugier bringt nur dann einen Anpassungsvorteil, wenn es auch einen Gegenspieler gibt, also ein Verhalten, das uns vorsichtig sein lässt. Unkontrollierte Annäherung an unbekannte und risikoreiche Sachverhalte und Situationen wie größere Gruppen Jugendlicher mit Macheten oder alleinstehende Frauen in Bars sollte verzögert werden! Jetzt gibt es ja den zu stark ausgeprägten Bremsmechanismus, eben die Neophobie, aber das sollte uns nicht den Blick darauf verstellen, dass die

Neugier eine enorme Triebkraft ist, die unsere Bremsblöcke (glücklicherweise) schon mal ganz schön lockern kann. Warum ist das so?

Neugier ist eine Emotion

Das hat, einfach gesagt, damit zu tun, dass es sich bei der Neugier um eine Emotion handelt. Neugier wird als eine Wissensemotion beschrieben.[26] Die hat nicht jeder auf seiner Liste, wenn es um Emotionen geht. Normalerweise stehen da als typische Emotionen Angst, Freude oder Wut. Psychologen sprechen teilweise von sechs Grundemotionen: Ekel, Freude, Angst, Ärger, Trauer und Neugier.[27] Doch auch Interesse, Konfusion, Überraschung und Ehrfurcht oder Respekt gehören zu den Emotionen.[28] Sie sind unsere Motoren, die den vielgerühmten Flow antreiben und aufrechterhalten. Also: Neugier hat emotionale Superpower!

Denn eine Emotion ist etwas sehr Grundlegendes in unserem Leben, also ein Zustand, der sich unserer kognitiven Kontrolle weitgehend entzieht und mit dem wir uns einfach konfrontiert sehen. Die Forschung[29] unterscheidet zwischen Emotionen (»emotions«), die als durch bestimmte Begleitsymptome verursachte Körperzustände beschrieben werden, und Gefühlen (»feelings«), die nichts anderes als das bewusste Wahrnehmen der emotionalen Körperzustände sind. Unsere Gefühle basieren auf unseren Erfahrungen und ermöglichen uns beispielsweise, Schutzstrategien gegen Gefahren zu entwickeln. Unsere Emotionen wiederum sind angeboren und zeigen ein von außen beobachtbares körperliches Verhalten.

Emotionen werden also durch ein sehr komplexes Zusammenspiel von chemischen und neuronalen Reaktionen ausgelöst, die ein bestimmtes Muster bilden. Dieses Muster ist sehr leicht zu erkennen: Auch ein Mensch merkt sofort, ob ein Tier Angst zeigt. Auf dieses artübergreifende Erkennen von Emotionen hat bereits Charles Darwin hingewiesen.[30] Und so sind sich fast überall auf der Welt die Emotionen ähnlich und lassen sich gleich »lesen« und folglich nachempfinden und mitfühlen. Und das liegt daran, dass die Reaktionsmuster der Emotionen eng mit dem Körper verbunden sind.

Die Gefühle hingegen sind wesentlich näher mit unseren verarbeitenden Denkprozessen verknüpft. Gefühle kann man notfalls verstecken, Emotionen kaum. Ein Blogeintrag der Neurowissenschaftlerin Sarah McKay bringt es recht ansprechend auf den Punkt: »Emotions play out in the theater of the body. Feelings play out in the theater of the mind.«[31]

Das alles untermauert, dass Neugier nicht mal so sehr ein zivilisatorisches oder gesellschaftliches Konstrukt ist, das mit der Mode kommt oder geht, sondern etwas Grundlegendes, das uns packt, mitreißt und dem wir in gewisser Weise ausgeliefert sind. Wenn wir also neugierig werden, bewerten wir eine Situation emotional.[32] Dabei kann die Unsicherheit, die Teil einer neugierverursachenden Situation ist, auch immer unangenehme und aversive Gefühle hervorrufen. Oder sogar Verärgerung darüber, dass Sie die Frage auf eine Antwort nicht kennen.

Was ich nicht weiß, das ist nicht wichtig

Wenn wir die Antwort auf eine Frage nicht wissen, fangen wir meist an zu suchen. War die Suche erfolgreich, lernen wir etwas Neues. So grundlegend und scheinbar trivial ist dieser Zusammenhang, dass sich die Frage geradezu aufdrängt: Warum tut sich manches Hirn damit so schwer? Der Blick in die physiologische Arbeit, die beim Lernen im Gehirn passiert, hilft bei der Antwort auf diese Frage.

Wenn wir etwas lernen, gehen Nervenzellen neue Verbindungen miteinander ein. Da diese zuvor noch nicht bestehen – die Crux des Neuen –, setzt ein tatsächliches Wachstum im Kopf ein: Von einer Zelle bilden sich feine Fortsätze in Richtung ihrer

Nachbarn. Am Ende wird eine besondere Kontaktstelle gebildet, eine sogenannte Synapse – und erst mit ihrer Hilfe ist der Austausch von Information möglich. Doch wie entscheiden Menschen, ob etwas Neues lernwürdig oder irrelevant ist?

Ihrer Natur nach suchen Menschen also immer nach Antworten und Informationen. Doch dabei durchlaufen diese einen interessanten Filterprozess. Der Psychologe George Loewenstein nennt ihn den »Vogel-Strauß-Effekt«. Menschen stecken sprichwörtlich den Kopf in den Sand, wenn sie an Informationen gelangen, über die sie nicht nachdenken wollen. Es gibt also Situationen, in denen sich Menschen regelrecht dagegen sträuben, neue Informationen zu erwerben. Ein eingängiges Beispiel ist der Umgang mit medizinischen Tests. Egal wie »kostenlos« oder simpel in der Anwendung, Menschen scheuen vor ihnen zurück – selbst wenn das Ergebnis erheblich die Qualität der persönlichen Entscheidung beeinflussen würde.[33]

Das widerspricht klassischen Überlegungen der Ökonomie zum Wert von Information. Diese gehen davon aus, dass jede Information nutzbringend ist. Wie sie anschließend in das persönliche Entscheidungsmodell eingebaut wird – ob sie ignoriert, nicht vollständig berücksichtigt oder anderes wird –, ist erst der zweite Schritt im Umgang mit dieser Information. Wenn aber Glaubenssätze beginnen, in dieser Nutzenfunktion eine Rolle zu spielen, folgt daraus, dass manche Information nicht nur nicht bewertet wird, sondern vorweg negativ bewertet wird.[34] Die Ökonomie hat sogar einen schmissigen Namen für diese Annahme: Enttäuschungsaversion.

George Loewenstein erklärt es ein wenig anders – und macht die Neophobieerklärungen vom Anfang dieses Kapitels noch besser nachvollziehbar. So wird die jeweilige Information gemieden, weil der Mensch verhindern will, dass seine Aufmerksamkeit auf negative Erlebnisse gelenkt wird – eine Art »Bad-News-Aversion«. Während also auf der einen Seite alle Menschen neugierig sind und eine Aversion gegen Unsicherheit und Wissenslücken haben, sind manche Menschen eben noch aversiver. Das Ergebnis ist die Vermeidung von neuen Informationen, wenn diese sich tendentiell eher als Bad News herausstellen könnten.

5.9 Neugierkiller entschärfen

Bei der Entschärfung einiger Neugierkiller wirkt eine kleine Technik Wunder – wir nennen sie den »Brainchanger«. Der hilft im wahrsten Sinne des Wortes dabei, den Inhalt des Gehirns auszutauschen. Draufgekommen sind wir bei Braincheck, weil damals eine Kollegin in unserem Team eine dreijährige Tochter hatte, die immer wieder ihr Essen ausspuckte – sie wollte einfach nichts bei sich behalten. Und die Kollegin stöhnte damals oft: »Mann, das gibt's doch nicht, schon wieder die Buchstabensuppe ausgekotzt!« Ein negativ aufgeladener Kommentar, energieraubend, ohne Perspektive, ermüdend. Doch irgendwann entgegnete ein Kollege: »Wenn man Buchstabensuppe wieder auskotzt, ist das dann gebrochenes Deutsch?« Große Heiterkeit – und auf einmal war ein Perspektivenwechsel vollzogen.

Gleicher Inhalt, andere Perspektive

Genau dieses Prinzip, einen Inhalt zu entschärfen und eine alternative Wahrnehmung zu erzeugen, haben wir mit dem Brainchanger umgesetzt. Er ändert eine negative, alternativlose Sicht und entwickelt und bietet eine zukunftsorientierte, wertschätzende Alternative. Ganz wichtig dabei: Der Inhalt bleibt gleich. Es verändert sich nur, wie der Inhalt wirkt – und das in drei kleinen, aber klaren Schritten: Wenn die positive Absicht einer Kritik erstens entdeckt und zweitens und positiv umformuliert worden ist, kann die Kritik drittens in eine öffnende Frage umgewandelt werden. So entstehen völlig neue Möglichkeiten, auf die ursprüngliche negative Kritik zu reagieren: Die neue Perspektive eröffnet Handlungsspielraum. Die negative Kritik – oft in Form einer Generalisierung oder eines verallgemeinernden Urteils – verengt hingegen den Handlungsspielraum.

Wie funktioniert das in der Praxis? Nehmen Sie zum Beispiel eine negative Aussage wie: »Was Sie da vorschlagen, ist oberflächlich.« Suchen Sie erstens nach der neutralen Aussage hinter der Kritik – dass dieser Mensch etwa anscheinend ein anderes Maß für »Tiefe« hat als Sie. Zweitens müssen Sie sicherstellen, dass die hinter der Aussage liegende Absicht auf positive Weise umformuliert wird: »Dieser Mensch will eine tiefgreifende und dauerhafte Veränderung.« Und drittens müssen Sie die Kritik in eine Frage verwandeln, und zwar möglichst in eine Wie-, Was- oder Woran-Frage. In unserem Beispiel hieße diese: »Woran erkennen Sie, dass der Vorschlag die zum Erreichen einer solchen Veränderung erforderlichen Punkte bisher nicht berücksichtigt?«

Was Sie am Ende bekommen, sind Hinweise darauf, was dieser Mensch eigentlich will – jenseits der abwertenden und ausbrennenden Kritik. Und die Folge der Brainchanger-Methode? Einfach gesagt: Während erst die Umstände Sie gestaltet haben (Beginn des Beispiels), gestalten nun Sie die Umstände (Ende des Beispiels). Sonst ändert sich rein sachlich nichts, denn gewöhnlich erfüllen die neuen Formulierungen und Fragen den gleichen Zweck wie die Kritik, sind aber wesentlich produktiver. Sie geben Energie, statt sie zu nehmen, und durch die Wie-, Was- oder Woran-Frage erreichen Sie generell eine Umorientierung auf einen ergebnisorientierten Rahmen.

Manchmal
sind Geheimnisse
wichtiger als Wissen.
J. J. Abrams

6 Kann ich andere neugierig machen?

Interessier mich: Situative Blödheit ist messbar. Diese ist paradoxerweise die Basis für den Erfolg von Wissenslücken, wenn es darum geht, Neugier zu erzeugen. Solche Wissenslücken sind bei Change-Prozessen im Unternehmen ebenso nützlich wie für generelles Lernen. Man kann sie bei Prognosen oder für Werbekampagnen erzeugen. Oder sie können sogar für große Gruppen bei Veranstaltungen eingesetzt werden, welche die Zukunft eines Unternehmens (besonders mit Hilfe des Inputs der Neugierigen) gezielter ausrichten sollen. Und nicht nur solche Bausteine zahlen auf eine Neugierkultur ein – auch eine eigene Suchmaschine tut das.

Wenn man echte, passionierte und großartige Arbeit beim Managen des eigenen Ichs oder beim Führen von anderen leisten möchte, kommt man um das Erwecken von Neugier nicht herum. Dieses *Neugiermanagement* und seine Möglichkeiten wollen wir in diesem Kapitel näher anschauen.

Es ist ja recht einfach, Menschen glücklich zu machen: gutes Essen, ein Tag am Meer, atemberaubender Sex. Aber wenn man erst einmal auf dieser Glückswelle reitet, ist es schwer, sie aufrechtzuerhalten. Wenn es einfach wäre, gäbe es keinen millionenschweren Markt für Lebenshilfe im Buchhandel. Neugier hilft da (wir erinnern uns an Kapitel 2), aber das Interesse muss natürlich auch geweckt werden.

Interesse zu wecken aber ist eine Frage der Technik. Das bestätigt auch Patrick Mussel:

> »Auf Basis der Trait-Activation-Theorie (…) haben wir daher verschiedene Anforderungen postuliert, die den Zusammenhang von Neugier und beruflichem Erfolg auf der Aufgabenebene, der sozialen Ebene sowie der organisationalen Ebene moderieren könnten. An einer Stichprobe von Personen aus unterschiedlichen Branchen und Positionen zeigte sich, dass Anforderungen auf der Aufgabenebene, nicht aber auf der sozialen oder organisationalen Ebene den Zusammenhang zwischen Neugier und beruflichem Erfolg moderierten. Beispiele für signifikante Moderatoren sind Anforderungen an lebenslanges Lernen, Weiterbildung sowie kreative und innovative Aufgaben.«[1]

Alles klar? Kurz gesagt, es geht darum, die richtigen Aufgaben richtig zu stellen, um Menschen neugierig zu machen und so ihren Erfolg anzukurbeln. Mit welchen Techniken das funktioniert, verrate ich Ihnen jetzt.

6.1 Situative Blödheit erzeugen

»Mein Problem ist, dass ich von einer endlichen Zahl verfolgt werde. Diese Zahl folgt mir schon seit sieben Jahren. Ist in meine privatesten Daten eingedrungen. Hat mich von den Seiten unserer öffentlichsten Zeitschriften herunter beleidigt. Diese Zahl nimmt eine Reihe von wechselnden Verkleidungen an. Manchmal ist sie etwas kleiner und manchmal etwas größer als gewöhnlich. Aber sie verändert sich nie so stark, dass man sie nicht mehr erkennen könnte. Die Beharrlichkeit, mit der diese Zahl mich plagt, ist weit mehr als nur ein Zufall.«[2]

Die Forschung von George Miller war eines der Erweckungserlebnisse für meinen kleinen Forschergeist. Was Sie gerade überflogen haben, ist ein wissenschaftlicher Text, und zwar der Anfang der Beschreibung seiner Untersuchungen über die Spanne unseres Arbeitsgedächtnisses. Ich ahne, dass es Sie interessieren könnte, um welche Zahl es in dem Text geht, oder? Und das ist genau die Neugier, die durch die Wissenslücke herausgekitzelt wird. Sie würde Sie dazu bringen, den Text zumindest so lange weiterzulesen, bis die Frage nach dieser Zahl geklärt ist. Stattdessen findet man aber immer noch folgende Version zum Thema *Spanne des Arbeitsgedächtnisses* in den Lehrbüchern für Psychologen:

»Die Kapazität des Arbeitsgedächtnisses ist stark beschränkt. Traditionell wird diese Kapazität durch eine Aufgabe zur Spanne der Erinnerungsfähigkeit gemessen, in der der Proband eine Reihe von Dingen hört und diese in der richtigen Reihenfolge nach nur einem Durchgang wiedergeben muss. Tatsächlich zeigen viele dieser Aufgaben (nicht nur die zur Spanne der Erinnerungsfähigkeit), dass die Probanden ein Limit von sieben Dingen (plus oder minus zwei) haben. Das hat Psychologen dazu gebracht, von der Sieben als der magischen Zahl zu sprechen.«

Punkten mit der Wissenslücke

Nicht ganz so spannend und treffsicher, dieser Text, wenn man Menschen zum Weiterlesen animieren will – und somit das perfekte Beispiel für etwas, das der Psychologe Robert Cialdini auf den Punkt gebracht hat. Er schreibt in einem Artikel über das Erzeugen von Interesse darüber, dass es Material gibt, das sich besser als anderes für den Neugieraufbau eignet.[3]

Die Naturwissenschaften beispielsweise haben sich nie etwas vorgemacht, wie trocken ihr Material ist. Viele andere Wissenschaften jedoch halten sich für so spannend, dass sie Neugiermanagement für vernachlässigbar erachten. Die Schuld für das ausbleibende Interesse der Empfänger lasten sie nicht der Art und Weise an, wie sie ihr Material präsentieren, sondern suchen die Schuld beim Empfänger: Die seien lahm und nicht enthusiastisch genug oder hätten einfach wenig Interesse am Thema.

Doch völlig unabhängig vom Thema kann man mit dem Ansatz der »positiven situativen Blödheit« Neugier erzeugen – auch, wenn das Thema keinerlei persönliche Relevanz für den Rezipienten hat. Die Technik nutzt Wissenslücken, indem sie Informationen bewusst vorenthält, und sorgt so dafür, dass man neugierig wird – unabhängig vom Thema. Doch wie funktioniert das nun genau?

Zu Beginn geht es darum, ein scheinbares Paradoxon zu schaffen. Die Widersprüchlichkeit der in den Raum gestellten Aussage ist der Dreh- und Angelpunkt der Technik. Denn dieser Widerspruch lädt den Empfänger ein, er zwingt ihn geradezu dazu, ihn aufzulösen.

Warum darf das so sicher behauptet werden? Weil es dem gleichen Prinzip folgt, das jeden Sonntag Millionen von Menschen vor den Bildschirm »zwingt«: dem *Tatort*-Prinzip. Dort wird zuerst die Leiche präsentiert und am Schluss die Auflösung. Stellen Sie sich vor, die Kommissarin würde direkt nach dem Finden der Leiche vom Täter angerufen, der ihr sogleich gesteht, was er wie und warum getan hat. Ein kurzer Film, der während der verbleibenden 85 Minuten vermutlich eine Rekordabschaltquote zu verzeichnen hätte.

Auch aus Sicht des Hirns gibt es zwingende Beweise dafür, warum das so funktioniert. Das erklärt nämlich die Gestaltpsychologie,[4] die sagen würde: Neugier ist die Reaktion auf eine defekte Gestalt. Klingt ein bisschen nach *Der Glöckner von Notre Dame* in einem Outfit von Harald Glööckler. Aber ernsthaft: Eine Gestalt ist eine Form oder ein Bild, das als Einheit zusammenhängt und mehr ist als die Summe seiner Einzelteile. Zugegeben, ein wenig abstrakt.

Deswegen als kurzes Beispiel die Dornenkugel aus dem Jahr 1991.[5] Das sind die Bestandteile der Form: ein paar Kegel und eine weiße Fläche. Wenn man diese in einer bestimmten Art und Weise anordnet, ergibt das Bild plötzlich nicht mehr nur die Wahrnehmung weiß mit ein paar schwarzen Zacken, sondern eine dreidimensionale gezackte Kugel – die vorher nicht zu sehen war. Das ist es, wenn die Form mehr als die Summe aller Einzelteile ist. Wenn Sie die Dinge richtig anordnen, sehen Sie Dinge, die vorher gar nicht da waren. Tolles Prinzip, nicht wahr?[6]

Die Dornenkugel

Sie merken: Unser Hirn hat eine fest eingebaute Tendenz, immer eine Form, einen Sinn zu suchen. Sinngebung ist angeboren – das Hirn will das Inkomplette komplett machen. Und wenn das nicht sofort klappt, also die Gestalt defekt ist, beginnt die Suche. Das ist der grundlegende Mechanismus der »positiven situativen Blödheit«.

Mit diesem Vorgehen verstößt die positive situative Blödheit gegen den Drang des schnellen Abschlusses, gegen den Need for Closure, den Sie als einen der fiesesten und potentesten Neugierkiller in Kapitel 5 kennengelernt haben. Sie verhindert ihn sogar komplett – und wirkt dabei so stark und so sicher, dass die Empfänger gar nicht die pädagogische Absicht dahinter spüren: »Du musst das jetzt lernen!«

Es gibt natürlich verschiedene Arten, ein solches Neugier-Lernerlebnis aufzubauen. Zum Einstieg in die positive situative Blödheit hier nun ein klarer Ansatz, der leicht zu übernehmen ist. Lassen Sie es mich Ihnen anhand eines Beispiels aus einem Vortrag rund um das Denken verdeutlichen.

1. *Der Fall*: die Ausgangsposition oder das Mysterium.

   »Die Psychologin Sian Beilock hat eine ungewöhnliche Entdeckung gemacht: Intelligente Menschen werden unter Druck schlechter. Druck macht die Schlauen doofer als die Doofen. Wie kann das passieren?«

2. *Die Umstände*: Vertiefen Sie das Mysterium.

   »IQ-Test, Numerus clausus, Assessment-Center – alle prüfen die Belastbarkeit unseres Denkens. Sie wollen aussieben, ranken. Ihr Ziel ist eine gute Auswahl. Gute Denker für gute Posten. Ist das der falsche Weg?«

3. *Die Finte*: Geben Sie mögliche Antworten und widerlegen Sie diese – nutzen Sie einen Knowledge-Building-Diskurs.

   »Kann es sein, dass gute Denker zu viele neuronale Verbindungen im Kopf haben und sich das Denken verläuft wie bei einem freudschen Versprecher? Nein. Studien belegen, dass bessere Denker sogar weniger im

Kopf haben. Ihre neuronalen Verknüpfungen sind auf Effizienz getrimmt. Weniger talentierte Denker verbrauchen viel mehr Energie, weil sie zu viele Verknüpfungen beim Denken aktivieren.
Wenn es das nicht ist, kann es dann sein, dass gute Denker die Denkaufgaben zu leichtnehmen und daher so schlecht abschneiden? Sie geben sich weniger Mühe, wenn die Aufgaben es nicht wert scheinen? So eine Art sokratischer Überheblichkeit?! Nein. Menschen, die wissen, dass sie gut denken, neigen dazu, ihre Selbstwirksamkeit unter Beweis stellen zu wollen.«

Bei diesem Schritt geht es darum, das Mitdenken gezielt in die Irre zu führen. Lassen Sie Ihr Publikum miteinander diskutieren – bevor Sie mitteilen, ob die gerade angebotene Erklärung etwas taugt. Lassen Sie es nach dem ersten Nein alternative Erklärungsansätze für das Paradoxon aus Schritt 1 entwerfen. Die einzige Grenze hierbei ist die Zeit, die Ihnen für das Gesamterlebnis der positiven situativen Blödheit im Einzelfall zur Verfügung steht.

4. *Der Clou*: Geben Sie einen Hinweis auf die richtige Antwort.
   »Menschen, die mehr Arbeitsgedächtnis haben, sind sich dieser ausgeprägten Ressourcen bewusst. Warum schneiden sie dann so viel schlechter ab als die mit weniger Denkpower im Stirnhirn? Was macht der Stress, dass er Ersteren mehr zu schaffen macht als Letzteren? Was passiert, wenn das bewusste Denken unter Druck gerät?«

5. *Die Lösung*: Lösen Sie das Mysterium auf.
   »Sian Beilock ist dieser Frage nachgegangen. Sie nahm Menschen mit etwas weniger Kapazität im Hirn hinter der Stirn und solche mit etwas mehr davon. Beide bekamen Aufgaben zu lösen. Gemessen wurde die Zahl der richtigen Antworten. Grüne Aufgaben hießen: entspanntes Denken möglich. Rote bedeuteten: zusätzlicher Stress wie Zeitlimits, direkter Vergleich mit anderen, Incentives et cetera.
   Als Erstes kamen kinderleichte Aufgaben zum Warmwerden. Und da

sieht man, dass beide Gruppen in etwa gleich abschneiden – die mit mehr Power im Stirnhirn eben erwartungsgemäß etwas besser. Dann kamen die schwierigen Aufgaben, richtige Kopfnüsse. Und dabei geschah das Unglaubliche: Die mit weniger Arbeitsgedächtnis haben am Anfang einen kleinen Durchhänger, werden aber besser. Die mit viel PS im Stirnhirn fangen stark an, lassen aber umso stärker nach.
Warum ist das so? Einfach gesagt: Je mehr Power Sie unter der Haube haben, umso eher nutzen Sie komplexe Lösungswege. Die brauchen aber eine Menge »Denk-PS«. Wenn Sie keinen Stress beim Denken haben, kommen Sie damit natürlich weit. Wenn jetzt aber Anspannung hinzukommt und die PS frisst, haben Sie nicht mehr so viel PS übrig, bleiben aber grundsätzlich bei Ihren komplexen Lösungswegen, weil Sie ja wissen, dass Sie das eigentlich können.«

6. *Die Moral*: Transfer und Moral der Geschichte.
»Wer sich für zu gut hält, macht es sich zu schwer. Choking nennt das die Psychologin Beilock. Es ist wie ein Motor, der ins Stottern gerät. Hauptgrund ist das Vertrauen in die eigene Denkkraft. Experten sind eben nur dann gut, wenn Zeitdruck-Incentives (also bequeme Deadlines) sie dazu verleiten, bei den aufwendigen Strategien zu bleiben. Für den Alltag heißt das: (1.) Erst den Stresslevel reduzieren, dann Komplexes durchdenken und (2.) gemischte Teams aus starken und weniger starken Denkern sind optimal, wenn an einem Problem gearbeitet wird, etwa im Unternehmen.«

Wenn Sie hier einen »Verankerungsturbo« einbauen wollen, können Sie Ihre Gäste den Transfer selbst machen lassen. Diese interaktive Variante des Transfers lädt die Menschen erneut ein, ihren kopfeigenen Neugier-Booster zu nutzen. Denn das Spekulieren, Argumentieren, Transferieren von Aussagen, die die präsentierten Beweise aus den Schritten 1 bis 5 berücksichtigen, fügt den Lerninhalt zu einer individuellen Gestalt im Kopf zusammen.

Falls Sie dieses Prinzip in einen Vortrag einbauen, sorgen Sie nach Ihren Fragen für ausreichend Zeit, damit die Zuhörer sie diskutieren können. Nach dem Motto: »Wie könnten die neuen Informationen die Sachlage erklären?« Dieses Prinzip gilt ganz besonders, wenn es um die »Finten« geht.

6.2 Der Brainstormer: neugierig auf Veränderung

Genau dieses Prinzip haben wir abgewandelt und uns bei Braincheck für ein Projekt bei einem Pharmaunternehmen an den Vorschlag von Robert Cialdini gehalten. Und unser Ergebnis deckte sich mit Cialdinis Vorhersage: Indem wir unser Material so strukturierten, machte es den Besuchern mehr Spaß, war spannender und voller Highlights, auch weil die Informationsvermittlung eine ganz eigene Dynamik entwickelte.

Unser Brainstormer basiert auf genau dieser Lückentheorie der Neugier. Und er funktioniert, was wir in besagtem Unternehmen testen konnten, das vor einem umfassenden Change-Prozess stand. Es ging um die Implementierung neuer Unternehmenswerte, welche sich das Management im Ausland ausgedacht hatte, und um einen Umzug in ein Bürogebäude, das statt schicker Einzelbüros die Rückkehr zum Großraumbüro mit sich brachte.

Der Klassiker: Vermeidungsszenario im Change-Prozess

Ein klassischer Worst-Practice-Fall des Neugiermanagements ist oft der Umgang mit Veränderungsszenarien. Häufig handelt es sich dabei um Aufgaben oder Maßnahmen mit einem enormen Irritationspotential für jeden einzelnen Mitarbeiter. Weitreichende Veränderung – egal ob neue Strategien, Strukturen oder Prozesse – kann im Extremfall zu zwei Dingen führen: das Neue mit offenen Armen zu empfangen oder das Neue abzulehnen und auf dem Alten zu beharren. In der Mitte findet sich noch die dritte Gruppe der Zögerlichen, die im Verlauf des Prozesses in die eine oder die andere Richtung schwenkt. In genau solch einem heftigen Vermeidungsszenario wurden wir mit dem Braincheck-Team in dieses Pharmaunternehmen gerufen.

Die Aufgabe: die Mitarbeiter zur Identifikation mit den neuen Werten zu führen und ihnen gleichzeitig Lust auf den Umzug zu machen – eine Aufgabe, die sich an der Schnittstelle zwischen knifflig und unmöglich bewegte. Wir hatten für den Kick-off einen Tag Zeit, danach sollte der Impuls gesetzt sein, den das Unternehmen dann weiterführen wollte. Jetzt kann man an so einem Tag die Menschen zum Dialog auffordern, einen Stuhlkreis bilden, sich Knautschbälle zuwerfen oder »mal drüber reden«, um sich in das Thema und die Befindlichkeiten reinzuknien. Wir haben uns für eine andere Lösung entschieden. Und es funktionierte, mit der Verlässlichkeit einer gut-bösen *Bild*-Schlagzeile.

Eine Bild-Text-Neugierintervention

Denn wir kreierten eine Intervention, die auf sozialer Neugier beruhte: Jeder Zuhörer fand auf seinem Platz einen kleinen Ringordner, der Bilder und Texte enthielt. Die Bilder und Texte konnten die Zuhörer untereinander frei zuordnen. Das bedeutete: Das Bild änderte völlig seine Bedeutung, wenn man einen anderen Slogan nutzte. Und auch umgekehrt, der Slogan drückte etwas anderes aus, wenn man das Bild auswechselte. Das liegt eben daran, dass unser Gehirn immer Sinn sucht und eine Ganzheit aus beiden Reizen konstruiert – es kann nicht anders.

Nun sollten die Teilnehmer Text-Bild-Kombinationen finden, die ihre Einstellung zu den neuen Werten ausdrückten, und einfach an die Wand hängen, ganz ohne Kommentar. Zuerst hatten die Menschen einen Heidenspaß an der Vielfalt der Kombinationsmöglichkeiten: Sie blätterten, lachten und suchten eifrig nach der Kombination, die am besten ihre Befindlichkeit ausdrücken würde.

Schließlich pinnten sie ihre kleine »Befindlichkeitskampagne« an die Wand. Nun, da sie sich nicht mehr mit sich selbst und ihren Gefühlen und Bewertungen beschäftigten, öffneten sie innerlich wie äußerlich ihren Blick. Und was sahen sie? Natürlich die Ergebnisse der Kolleginnen und Kollegen: Wie nahmen die anderen die Situation wahr, und welche Text-Bild-Kombination hatten sie gewählt? Und so passierte, was wir von Anfang an intendiert hatten und was nur funktioniert, wenn man weiß, wie wichtig Neugier für das Hirn ist. Denn die Teilnehmer sahen, dass andere dieselben Bilder nutzten, nur mit anderen Slogans – oder die Slogans waren gleich, aber die Bilder unterschieden sich.

Im nächsten Schritt begannen die Mitarbeiter, sich über ihre Kampagnen auszutauschen. Sie wollten brainstormen, die Wissenslücken füllen und erfahren, warum wer welche Kombination gewählt hatte und was die Kollegen damit verbanden – völlig informell und vor allen Dingen ohne Aufforderung. Wir hatten ja zu Beginn gesagt, dass die Teilnehmer ihre Wahl eben gerade nicht erläutern müssten.

Aber hier griff die soziale Neugier: Die Mitarbeiter hatten sich selbst neugierig aufeinander gemacht. Und weil das an zehn Tischen gleichtzeitig passierte, wollten die natürlich am Ende auch alle wissen, wie das bei den anderen aussah. Nun *wollten* die Menschen mehr erfahren, tiefer graben, nach dem schauen, was die anderen antrieb und warum sie die Welt anders betrachteten.

Durch das Entfachen sozialer Neugier wurde die Offenheit für andere Perspektiven erzeugt. Ein ernsthafter und doch unterhaltsamer Diskurs über Not und Notwendigkeit entstand. Das Umlernen und Entlernen beziehungsweise das gezielte Vergessen wurden positiver besetzt. So hatten wir Neugier und Interesse geweckt mit einem ganz kleinen Kniff, der den folgenden Tag in eine ganz andere, eine wertschätzende und offene Atmosphäre tauchte.

6.3 Speed-Delphis: Wissensdrang durch Prognosen

Sie wundern sich vielleicht über meine spannende Wortkombination hier in der Überschrift. Aber Sie lesen ganz richtig: Englisch »speed« für »Geschwindigkeit« und »Delphi« für den mystischen griechischen Ort, an dem einst das berühmteste Orakel der antiken Welt stand.

Menschen mögen Prognosen, denn diese schaffen das gute Gefühl, die Zukunft einschätzen zu können – das war schon immer so. Und in Delphi bekamen sie welche, mit viel Brimborium und religiösem Getöse, aber immerhin. Prognosen können auf der einen Seite als sehr hilfreich empfunden werden – ein Grund, eben dieses Orakel aufzusuchen. Menschen hassen aber auch Prognosen – vor allem, wenn sie selbst solche abgeben müssen. Denn haben sie erst einmal mutig ins Blaue geschossen, bleibt nur noch die nagende Ungewissheit: Liege ich richtig, oder kommt alles ganz anders? Das ist eine Wissenslücke – und die kann das Neugiermanagement nutzen, um Hirnen Hunger auf Neues zu machen.

Wissen will mehr wissen. Neugier ist eine Frage der Dosierung von Informationen. Die Forschung zeigt: Die Neugier steigt sogar mit dem Mehr-Wissen an. Je mehr wir wissen, umso mehr wollen wir wissen. Und um diesen Prozess zu starten, müssen Sie Ihre Mitmenschen zunächst mit einem kleinen Informationshappen anfüttern.[7]

Chinesisch lernen – gar nicht schwer

Ein Beispiel für eine solche Fütterung: Chinesisch essen kann jeder, auf Chinesisch bestellen keiner und Chinesisch lesen schon gar keiner. Wie gut ist Ihr Chinesisch: ein wenig eingerostet, gar nicht vorhanden? Okay, wie hoch wäre denn Ihr Wunsch, Chinesisch zu lernen? So knapp vor 0 auf einer Skala von 1 bis 10?

Auftritt der Lückentheorie des Wissens: China hat nach den USA seit 2010 das zweitgrößte Bruttosozialprodukt der Welt.[8] Unsere Abhängigkeit von Importen aus China wächst ständig.[9] 1,1 Milliarden Menschen auf der Welt sprechen Chinesisch,[10] und die Stimmen werden lauter, die behaupten, dass die Beherrschung einer asiatischen Sprache in Zukunft ein entscheidender Faktor ist, um Karriere zu machen.[11]

Ein durchschnittlicher Chinese versteht zwanzigtausend Zeichen. Sie brauchen tausend, um eine grundlegende Lesefähigkeit zu entwickeln und die wichtigsten Aussagen zu verstehen. Die Top 200 würden Ihnen erlauben, 40 Prozent der Basisliteratur zu verstehen – genug, um Straßenschilder und Speisekarten zu lesen und zu verstehen.

Und jetzt kommt der Knaller: Dr. Gertrud Kemper, eine Forscherin aus unserem Team der Braincheck GmbH, hat in ihrer Zeit an der Uni Köln ein Training entwickelt, mit dessen Hilfe Sie das in einem Tempo von drei Zeichen pro Minute lernen könnten. Sie hat dieses Mammutprojekt jede Menge Mühe in der Entwicklung gekostet, damit Sie jetzt weniger von selbiger beim Lernen verspüren. Wie bitte? Ja, Sie lesen richtig! Die Methode, die wir verwendet haben, hilft sogar, die Zeichen nach einmaligem Lernen direkt zu behalten. Das funktioniert, weil das Training einige der entscheidenden Prinzipien beherzigt, nach denen Informationen besonders leicht im Hirn hängen bleiben.

Na, wäre das etwas für Sie? Wollen Sie in drei Minuten erfahren, wie Sie neun chinesische Zeichen lernen können? Wenn nicht, auch nicht schlimm. Es werden genug andere ausprobieren, die diesen Wissensvorsprung in Ruhe ausnutzen können, während Sie Ihre Bockigkeit genießen und in Ihre verschränkten Arme hineingrummeln – und beim Chinesen wieder nur »die 63 süßsauer« bestellen können. Alle anderen können sich nun freuen auf das Gefühl, mit einer kleinen Übung ihre Neugier zu befriedigen.

Also los: Sie sehen hier sechzehn Kanji-Vokabeln, daneben

sechzehn deutsche Vokabeln. Und die gehören natürlich irgendwie zusammen.

Folgendermaßen lernen Sie jetzt, »wer mit wem« – mit der sogenannten *bifurkativen Assoziation*. Das klingt gemeingefährlich, nach Epidemie, so nach dem Motto: »Hast du schon gehört. Herr Naughton hat bifurkative Assoziation. Ob das die Kasse zahlt?«

Es ist natürlich nicht gefährlich – aber ansteckend. Es ist ein Prinzip, das unser Gehirn liebt! Es bedeutet nämlich, dass Sie die Information wie mit einer Gabel mit zwei Zinken aufspießen: »Bi« heißt nämlich »zwei«, »furkativ« kann man mit »zinkenartig« übersetzen, und »Assoziation« bedeutet, dass Ihr Gehirn zwischen diesen beiden Zinken schnell und eigenständig eine Beziehung herstellen kann und wird. Die kurze Beschreibung unter den Zeichen hilft dabei, diese Assoziation gezielt aufzubauen.

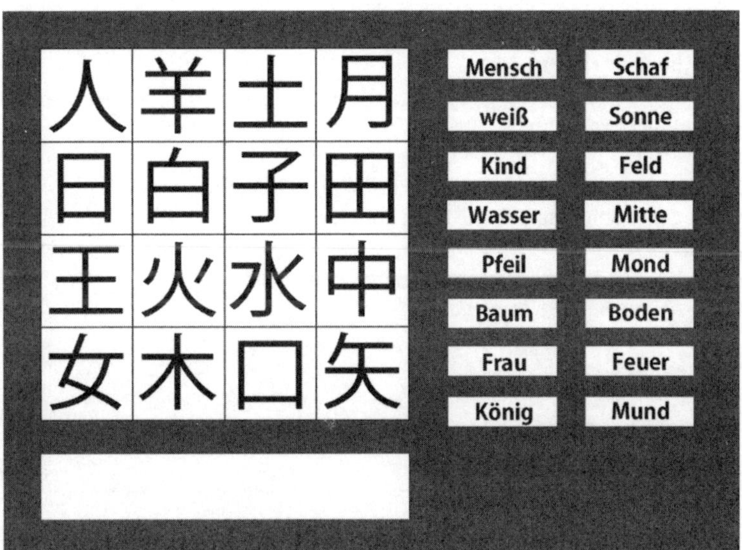

Kanji-Zeichen und deutsche Pendants

Erstes Zeichen:		
1.1	Welches Zeichen sieht aus wie »eine gekreuzte Tanne«?	
1.2	Welche deutsche Vokabel hat mit »Tanne« zu tun?	
Zweites Zeichen:		
2.1	Welches Zeichen stellt Folgendes dar: »Er steckt dem geköpften Indianer in der Schulter?«	
2.2	Welche deutsche Vokabel steht für das, was einem Indianer in der Schulter stecken könnte?	
Drittes Zeichen:		
3.1	Welches Zeichen sieht aus, als wenn jemand »aufrecht geht«?	
3.2	Welches deutsche Wort ist der obigen Beschreibung am nächsten?	
Viertes Zeichen:		
4.1	Welches Zeichen sieht aus wie ein offener Mund, der »oooh« sagt, so wie beim Staunen?	
4.2	Welche deutsche Vokabel könnte wohl zu der obigen Beschreibung passen?	
Fünftes Zeichen:		
5.1	Welches Zeichen sieht aus wie ein verdrehtes weibliches Chromosom?	
5.2	Welche deutsche Vokabel passt wohl dazu?	

So, nachdem Sie nun den ersten Durchgang bravourös gemeistert haben, wollen wir testen, wie viel Zeichen Sie auch rekonstruieren können. Schreiben Sie einfach die deutsche Vokabel hinter das Kanji-Schriftzeichen:

Kanji-Zeichen	Deutsches Wort
人	
矢	
門	
口	
女	
木	

Falls Sie sich gerade denken: »Wenn das so einfach ist, wie geht es dann weiter? Jetzt will ich es aber wissen …«, dann hat dieser kleine Asienausflug Ihre epistemische Neugier so richtig geweckt. Und die sollten wir nicht unbefriedigt lassen. Hier also ein kleines Schmankerl für das Belohnungssystem. Das Zeichen kennen Sie noch:

Kanji-Zeichen	Deutsches Wort
木	

Wenn Sie zwei davon nehmen, haben Sie? Na, wie nennt man das noch mal, wenn mehrere Bäume nebeneinanderstehen?

Kanji-Zeichen	Deutsches Wort
木木	

Sehr gut. Sie erinnern sich noch an das hier?

Kanji-Zeichen	Deutsches Wort
口	

Und das hier ist jetzt ganz neu. Eine Kombination von Baum und Mund:

Kanji-Zeichen	Deutsches Wort
呆	

Was kann das heißen? Machen Sie einen Mund auf einen Baum und Sie haben: einen Idioten. Logisch, wenn einer nur Holz im Kopf hat, da kann aus dem Mund nichts Gutes rauskommen. Gleiches Prinzip, fast noch kurioser:

Kanji-Zeichen	Deutsches Wort
女	

Machen Sie ein zweites Zeichen dazu. Achtung, Chauvi-Verdacht! Was passiert, wenn Sie zwei Frauen nebeneinander haben?

Kanji-Zeichen	Deutsches Wort
女女	

Und wenn nun noch eine Frau dazukommt?

Kanji-Zeichen	Deutsches Wort
女女女	

Dann haben Sie einen Seitensprung. Bravo!

Sie sehen also, es funktioniert – und nicht zuletzt dadurch, dass Sie mit dieser Methode Ihrem Hippocampus auch mal wieder eine Freude bereitet haben. Denn je ungewöhnlicher und bizarrer die gewählten Bilder, desto besser prägen sich die Informationen ein. So werden Sie Mühe haben, das verdrehte Geschlechtschromosom oder die gekreuzte Tanne schnell wieder zu vergessen.

Nach dieser fernöstlichen Gehirnakrobatik zurück zur mitteleuropäischen Neugier. Hätten Sie jetzt Lust, die andern rund hundertneunzig Zeichen zu lernen, um zurechtzukommen? Mit dieser Methode wahrscheinlich schon eher, nicht wahr? Am neugierigsten sind Menschen nämlich, wenn sie sich zu 50 Prozent sicher sind, dass ihre Antwort stimmt – und genau das nutzt unsere bifurkative Methode aus. Wie gesagt, es gibt für das Gehirn nichts Schlimmeres als eine Wissenslücke, ein Loch im Muster, zu entdecken. Diese will es sofort schließen – am liebsten, wenn die Antwort nicht allzu schwierig zu finden ist. Dies nutzt die Lückentheorie der Neugier, um Menschen für neue Themen und Ideen zu interessieren. Diese Lerntechnik, für die Gertrud Kemper bereits 1995 mit dem Multimedia Lernpreis ausgezeichnet wurde, ist auch heute noch so interessant, dass sie von der Software-Firma USM als App entwickelt und 2016 auf den Markt gebracht wird.

Prognosen reißen Wissenslücken auf

Das sind nun die Speed-Delphis, die Blitzorakel: Ein Speed-Delphi ist ein Befragungsverfahren, das dazu dient, künftige Ereignisse und Ergebnisse einzuschätzen.

Das können Sie in seiner einfachsten Form nutzen: Fordern Sie Menschen auf, ein Ergebnis vorherzusagen. Dadurch entstehen dann automatisch zwei Wissenslücken, und zwar: »Was wird passieren?« Und: »Habe ich recht?« Jedes Gehirn will die beiden Antworten haben, die diese Lücken schließen. Der Trick ist dann, diese Antworten eben nicht sofort zu geben und die Spannung aufzulösen, sondern schrittweise – etwa wenn Sie einen Vortrag halten.[12] Sie können dann sicher sein, dass selbst Menschen, die denken, sie wüssten alles, oder Menschen, die gerne ihre eigene Meinung behalten wollen, Ihnen gebannt zuhören: erstens, um rauszufinden, ob sie recht haben, und zweitens, um zu sehen, wie die »offizielle« Einschätzung aussieht.

Oder Sie machen es mit einem kurzen Lückentext für die individuellen Einschätzungen. Hier sehen Sie ist ein Beispiel eines Workshops, der mit etwa 450 Personen im Rahmen eines Vortrags bei einer großen deutschen Versicherungsgesellschaft stattfand.[13]

1. Der Trend, »Ideengeber zu werden«, wird

   Ideengeber werden: Eigeninitiative, Entwickeln von Ideen, Chancenerkennung, Adaptieren von Erfolgsstrategien, Tippgeber.

2. Viel diskutiert wird eigentlich

3. In Zukunft wird meine Arbeit

4. Ich stelle mich jetzt schon ein auf

5. Im Jahr 2025 wird unser Unternehmen

6. Und ich werde

Lückentext für persönliche Prognosen

6.4 Neugier in der Praxis: Erleben vor Verstehen

Wenn man die Technik aus dem vorigen Kapitel mal in einem ganz anderen Bereich anwenden will und sie ein wenig verfeinert, lässt sie sich zum Beispiel auch auf das Live-Erlebnis einer Museumsführung ummünzen. So geschehen im Schloss der Forscher Monrepos in Neuwied im Rahmen einer archäologischen Ausstellung. Hierfür entwickelten wir auf der Basis der Lückentheorie des Wissens ein Führungskonzept, das die Museumsbesucher einbezieht und sie von Zuhörern und Geführten zu neugierigen Akteuren macht, die manche Dinge auch am eigenen Leibe erfahren müssen.

Der Arbeitstitel für dieses Führungskonzept war »Das rekursive Erlebnis«, weil diese Technik die zentrale Botschaft des Museums umsetzte: Der Besucher selbst sollte Tourguide in eigener Sache sein und die Wurzeln seines Verhaltens selbst erleben. Die Devise: Erleben geht vor Verstehen. Dabei wurden die Führungen nicht von Fachleuten, also Archäologen, gemacht, sondern von Schauspielern, die wie auf der Bühne einen Text hatten, dem sie möglichst folgen sollten. Und das war nicht langweilig oder unspontan, wie Sie jetzt vielleicht vermuten, sondern ermöglichte eine Dosierung des angebotenen Wissens, das eben ganz bewusst Wissenslücken aufriss.

Ein zentrales Element dieser Didaktik war, dass zu Beginn der Führung ein Erlebnis oder eine Erfahrung geschaffen wurden, die beim Teilnehmer auf der emotionalen Ebene genau das Verhalten hervorrufen sollten, um das es in der Führung ging. Robert B. Cialdini hat es trefflich formuliert: [14]

> »Jeder von uns kennt das berühmte ›Aha-Erlebnis‹. Schauen Sie, das ›Aha-Erlebnis‹ wird noch viel befriedigender, wenn es vorher das ›Huh-Erlebnis‹ gibt. Das nämlich ist der Grund, warum der Student, der beim Lesen richtigen Lernmaterials einschläft, bis vier Uhr morgens wach bleibt, um einen Thriller zu lesen.«

Als Beispiel dafür, wie das in Schloss Monrepos umgesetzt wurde, lesen Sie nun einen Sprechtext, den die Schauspieler bei den Führungen zum Thema »Wie wir Macht brauchen und gebrauchen« nutzen.

»Sagen Sie mal: Warum ist es nicht so leicht, sein Verhalten zu ändern? Hat irgendwer eine Antwort? Faulheit? Routine? Antriebslosigkeit? Nicht ganz. Wenn wir und unser Gehirn uns an etwas gewöhnt haben, wird das Verhalten sozusagen automatisiert. Das spart Energie. Wir müssen nicht mehr angestrengt nachdenken. Wenn sich aber nun etwas ändert, müssen wir diese Routinen ebenfalls ändern – und das ist echt schwer. Und einen solchen extremen Umbruch erlebten die Menschen damals auch.
Und damit sind wir schon mittendrin in der Führung ›Wie wir Macht brauchen und gebrauchen‹. Denn die Fragen sind ja: ›Warum leben wir nicht mehr in Höhlen, sondern bauen Häuser? Warum richten wir Kleingärten ein und fahren zu Obi? Wie kommt es, dass wir sesshaft wurden? Und warum ist Nachhaltigkeit eigentlich ein jahrtausendealtes Modell?‹
Die Antworten liegen in den Räumen, die wir jetzt betreten, und in den Funden und Exponaten, die die Archäologen von Monrepos, dem Schloss der Forscher, zusammengetragen und analysiert haben. Denn unsere Tendenz, an einem Ort zu verweilen und den Boden zu bestellen, anstatt rastlos zu reisen und zu jagen, und das Umfeld zu pflegen, damit es noch lange ertragreich ist, hat ihre Wurzeln in der frühen Menschheitsgeschichte. Und die werden wir nun gemeinsam erleben.
Wie – ›erleben‹ – denken Sie wahrscheinlich gerade? Zeitreise? Im Sand unter dem Schloss buddeln? Skypen mit Indiana Jones? Alles knapp daneben. Was wir machen werden, ist Folgendes: Ich werde Ihnen nicht nur zeigen, wo unser Verhalten herkommt und warum es sich so entwickelt hat, sondern auch, wo Sie sich im Grunde noch heute genauso verhalten wie die Menschen vor Hunderttausenden und Millionen von Jahren. Machen wir uns also auf den Weg zu diesen

Wurzeln unseres Verhaltens! Treten wir ein in die Vergangenheit, und entdecken wir uns selbst.

Vor ungefähr 14.500 Jahren ging es los mit der Veränderung. Mit der globalen Erwärmung. Ja, damals schon. Die Gletscher begannen zu schmelzen, Ja, auch damals schon. Die Folge? Die seit über 100.000 Jahren gewohnte Steppenlandschaft verschwand. Und unsere heutige Landschaft entstand: Seen, Flüsse, Bäume. So viele Bäume, dass zum Teil undurchdringlich dunkle Wälder entstanden. Völlig neue Bedingungen, die die Routinen der Menschen ins Leere laufen ließen. Der Mensch musste sich einmal mehr ganz neu etablieren!

Apropos Veränderung: Könnten Sie hier vorne kurz diesen 5-Euro-Schein für mich halten? Ich werde gleich die Hände voll mit Knochen und Fundstücken haben. Danke!

Wo war ich? Ach ja, die Menschen damals lernen schnell, die vielen Vorteile der neuen Landschaft für sich zu nutzen. Sie etablieren sich ganzjährig in kleineren Territorien. Besetzen sozusagen ihre eigenen Schollen. Müssen sie ja auch. Denn Platz und Nahrungsangebot sind beschränkt. Da ist man doch bestrebt, das Maximum rauszuholen. Der nächste Winter kommt ja bestimmt. Doch was passiert da mit dem Menschen? Folgendes: Er lernt den Preis des Plunders kennen. Häh?

Geben Sie mir doch mal bitte die 5 Euro zurück. Was gucken Sie denn so? Fühlt sich irgendwie nicht so gut an? Und die anderen – dieses dezente Schmunzeln?! Die denken wahrscheinlich gerade: ›Richtig so!! Warum soll der auch die 5 Euro behalten? Der hat's nicht verdient, der ist keinen Deut besser als ich.‹

Und bei Ihnen? Sie sind jetzt genauso reich, wie Sie waren, als Sie die Führung begannen. Aber Sie sind nicht mehr so gut drauf. Und genau das wollte ich Ihnen zeigen. Denn man sagt immer: Wie gewonnen, so zerronnen – und das stimmt psychologisch gesehen gar nicht. Gewinne erfreuen uns kurz, Verluste ärgern uns lange.

Und so ist es auch in unser aller Leben – wenn wir ehrlich sind. ›Mein Auto, mein Haus, meine Handtasche‹ – wie im Werbespot. Wir hängen an dem, was wir unser Eigentum nennen. Und wenn wir uns mal trennen wollen, fordern wir Fantasiepreise – egal welchen materiellen Wert die Dinge haben. Selbst wenn es sich um Stücke handelt, die weder einen emotionalen noch einen materiellen Wert haben. Ja, Geld verdirbt nicht den Charakter, es macht ihn nur deutlich. Das ist der Preis des Plunders!

Und der ist übrigens wahrscheinlich auch der Grund, warum die Gewalt in unsere Gesellschaft Einzug gehalten hat. Richtig gehört. Die kam danach ...«

Merken Sie's? Der Schauspieler reißt als Führer jetzt schon viele Themen an, die im weiteren Verlauf der Ausstellung wieder auftauchen werden. In den Köpfen der Zuhörer bilden sich nun immer wieder Fragen, weil sie Informationen zu den Themen nur wohldosiert und häppchenweise bekommen und so Wissenslücken entstehen. Der Text ist ja nur der Teaser zum Auftakt der Führung und alle Teilnehmer sind noch nicht »in medias res« und stehen noch nicht vor Exponaten und Situationen. Das ist das eine.

Das andere ist die Sache mit dem 5-Euro-Schein. Dieses kleine Intermezzo schafft es, bei den Beteiligten Gefühle zu erzeugen: Enttäuschung und Schadenfreude in diesem Fall – zwei Emotionen, die uns im Umgang mit Geld und Macht öfter begegnen. Die Erfahrung am eigenen Leib öffnet uns für das Thema der Führung und die begleitenden Worte des Museumsführers und schafft ein Erlebnis anstelle eines bloßen Verständnisses. Und bereitet so den Boden, auf dem das vermittelte Wissen gedeihen kann, tiefer einsackt und auch verankert bleibt – denn Wissen, das an Gefühle gekoppelt ist, behalten wir länger und können es leichter wieder abrufen.

Die Führungen auf Monrepos folgen grundsätzlich diesem »Erleben-vor-verstehen-Prinzip«. Das beeinflusste dann im Lauf der Zeit nicht nur die Besucher, sondern auch die Fachleute vor Ort: Nachdem die für die Ausstellung verantwortlichen Archäologen in einem Workshop die Wirkweise des Prinzips anzuwenden gelernt hatten, um ihre eigenen Führungsinhalte ebenfalls mit solchen Neugiertriggern zu spicken, gab einer der gestandenen Forscher folgendes Feedback: »Das ist ja faszinierend. Das ganze Gerede von ›Du muss selbst brennen, um andere anzuzünden‹ ist ja überflüssig, wenn man eine solche Technik kennt.«

Die positive situative Blödheit der Wissenslücken und das »Erleben-vor-verstehen-Prinzip« haben die angenehme Nebenwirkung, dass auch der Vermittler einen weiteren Zugang zu seinen Themen findet, während er die Neugiertrigger bewusst in seine Präsentation oder seinen Vortrag einbaut: Er motiviert sich aufs Neue und kann sicher sein, auch beim Zuhörer Neugier und dann Interesse und Begeisterung auszulösen. Die sind dann keine frommen Wünsche mehr, sondern ein nicht zu verhindernder Nebeneffekt.

Wenn Sie also mal in die Verlegenheit kommen, einen Rundgang zu führen oder etwas zu präsentieren – was Ihnen im Arbeitsleben sicher häufiger passieren wird: Denken Sie an die Wissenslücken, und nutzen Sie diese! Und bauen Sie im Idealfall am Anfang zusätzlich ein Erlebnis ein – und das muss keine große Sache sein, wie Sie an dem Auftritt des 5-Euro-Scheins gesehen haben.

6.5 Von frechen Bienen und Shock-Novel-Reizen

Und nun bei den Neugiertriggern noch mal eine kleine Schleife in Richtung Unternehmen: Wie wir gesehen haben, ist Neugier zum Beispiel dann wichtig, wenn neue Mitarbeiter gesucht werden. Was aber ist mit all denen, die schon angestellt sind?

Good news: Auch die können von der Neugier profitieren – nicht zuletzt mit Hilfe der Techniken, die wir gerade kennengelernt haben. Nur eines müssen Sie sich abschminken: dass die Wichtigkeit einer Aufgabe per se die Neugier eines Menschen beeinflusst oder ihn intrinsisch motiviert. Das ist traurig, aber wahr – das haben viele Studien gezeigt.[15]

Warum Glühbirnen nicht zünden

Torsten Fremer, Geschäftsführer von Klubhaus, einer Agentur für intelligente Kommunikation, hat den praktischen Beweis dafür angetreten. Er hörte bei Unternehmen nämlich immer wieder die gleichen Forderungen: »Wir müssen innovativer werden! Wir brauchen mehr Ideen! Kreativen Unternehmen gehört die Zukunft!« Aber er merkte eben auch: Der Kommunikation über Kreativität und Innovation mangelt es daran: an Kreativität und Innovation. Glauben wir ernsthaft, Menschen bekommen Lust, neue Ideen zu entwickeln, wenn sie ein Plakat mit einer Glühbirne sehen? Nicht wirklich.

Das hat einen ganz einfachen Grund: unser Gehirn. Nun ist eigentlich nichts einfach, was das Gehirn betrifft, und jede Vereinfachung der komplexen neuronalen Prozesse ist mit Vorsicht zu genießen. Daher auch ganz behutsam: Aktivität im Gehirn bedeutet Aktivität von Nervenzellen. Ein Reiz, egal ob durch Bilder, Wörter oder andere Sinneseindrücke ausgelöst, aktiviert Nervenzellen in den zugehörigen Funktionsbereichen. Wenn nun der Reiz gleichförmig, also wiederkehrend, ist, werden die Zellen erregt – aber immer nur ein bisschen. Viel passiert da nicht: Bekanntes haut die Neuronen nicht vom Hocker – so wenig, wie die Plakate mit den Glühbirnen die Mitarbeiter heißmachen auf das Ideenmanagement. Denn dieses beständig Gleiche ist wie eine Abfolge von Tönen in einer einschläfernden Melodie.

Wenn aber die bekannten Reize im Hirn mit einem neuen oder seltenen Reiz gemischt werden, ist mit einem Mal deutlich mehr los. Das ist, als wenn Sie mitten in die eintönige Musik mit einer Trillerpfeife reinpusteten: Das führt zu einer massiven Erregung des Nervensystems, welche dann eine gewisse Zeit anhält. Die Konsequenz: Nachfolgendes wird deutlicher wahrgenommen – ein »Hallo-wach-Moment« im Hirn. In seinem Buch *Neuroleadership* von 2008 fasst es Christian Elgert so zusammen: Wichtige Ereignisse, die an eine Person vermittelt werden sollen, müssen in einer zeitlichen Nähe zu starken Reizen platziert werden.[16]

Kleine Schocks – große Wirkung

Diese Mechanik des »Shock-Novel-Reizes« machte sich Fremer zunutze, um regelrechte Neugierkampagnen als Trägerraketen für die Aufmerksamkeit beim Ideenmanagement in Unternehmen zu nutzen. So machte er sich mit seinem Team an die Aufgabe, Menschen in Unternehmen neugierig auf kreatives und innovatives Denken zu machen.

Dabei entstand die freche Biene. Sie tauchte plötzlich überall auf: in der Kantine, im Spülbecken, auf dem Drucker – zunächst nur als Symbol. Diese anhaltende Konfrontation mit dem Symbol schaffte zwangsläufig Irritation bei allen, die die Biene sahen. Und Irritation ist der Nährboden der Neugier.

In dem Moment, wo nahezu jeder sich zu fragen begann, wer warum dauernd diese frechen Bienen im Unternehmen aufklebte, fing das putzige Insekt an zu reden. Sprechblasen ergänzten nun das Symbol. Und die Biene konnte etwas, was keine »ernste« Kampagne mit Gesichtern von Kollegen oder mit Glühbirnen kann: frech sein, herausfordern, noch weiter irritieren.

Schock und Lücke spielen zusammen

Damit zündete die zweite wichtige Komponente solcher Neugierinterventionen: Nach dem Shock-Novel-Reiz muss die Lückentheorie der Neugier einsetzen – das ist ebenfalls eine Erkenntnis aus der Neurowissenschaft. Sie haben sie in den vorhergehenden Kapiteln kennengelernt: Wenn das Gehirn eine Lücke im eigenen Wissen entdeckt, will es sie unbedingt schließen. Auf Fremers Arbeit bezogen bedeutet das: Schaffe Kontext, dann will das Gehirn die restliche Kerninformation auch haben. So sind wir nun mal verdrahtet. Sie erinnern sich: Unser Hirn hasst Unvollständiges! Wenn es irgendwie geht, füllt es die Lücken selbst. Wenn das aber nicht klappt, geht die Suche los. So war es auch mit der frechen Biene.

Dieses Vorgehen verbindet Fremers Arbeit mit den bereits geschilderten Neugierkampagnen in der Werbung und bestimmten Mechanismen in der Fernsehlandschaft. Sie alle folgen einem klaren Muster, das aus drei Hauptbausteinen besteht:

1. *Durchhalten.* Eine solche Neugierkampagne bricht mitunter mit der erlebten Kultur des Unternehmens. Als Opel mit »Umparken im Kopf« begann und so der Kontexttheorie der Neugier folgte, war die Reaktion nicht »Oh, super!«, sondern: »Das passt doch gar nicht zu denen!« Oft begehen Unternehmen den Fehler, nach so einer ungenügenden Anfangsreaktion die Bemühungen einzustellen. Das ähnelt dem Verhalten von Fernsehmachern, eine Sendung nach der zweiten Folge einzustellen, nur weil die Quoten noch nicht da sind, wo sie bei anderen Sendungen erst Jahre später waren. Der Neugieranker braucht Zeit, um von der ersten Irritation über das Infragestellen bis hin zu »Jetzt will ich es aber wissen«, also der intrinsischen Wissensmotivation, zu gelangen.
2. *Durchdenken.* Machen Sie bei der Neugierkampagne nicht den gleichen Fehler wie früher bei den Innovationskampagnen mit der Glühbirne. Bildwelten für Neugier funktionieren nur, wenn sie selbst Neugier auslösen. Der Blick durchs Schlüsselloch oder in die Kiste ist nicht wirksam, das alte »Dalli-klick-Prinzip« hingegen schon: Schritt für Schritt enthüllen und nicht zu viel auf einmal. Das aktiviert den »Gestaltwunsch« im Gehirn.
3. *Durchwirken.* Neugier ist eine Einstellungsfrage – und Einstellungen von Unternehmen heißen »Kultur«. Immer wieder merken Unternehmen, dass die Innovationsprozesse beziehungsweise deren Implosion nicht eine Frage der Intelligenz der Mitarbeiter sind, sondern eine Frage der Kultur. Wenn Sie etwa

> eine solche Kampagne entwickeln, dafür ein Irritationssymbol entwickeln und Ihnen die interne Kommunikation dann sagt: »Das geht aber nicht mit unserem Corporate Design konform!«, dann wissen Sie, dass Sie ein kulturelles Problem haben und kein Innovationsproblem. Neugierkampagnen, die von der Unternehmensleitung gestützt werden, sind wahre Kulturbrecher: Sie schaffen genau den Erlaubnisraum, in dem sich das Intrinsische im Forschen und Experimentieren ausbreiten kann. Dann sind Menschen in Unternehmen »bereit, bestehende Normen über Bord zu werfen und neue Ideen über Barrieren und Hindernisse hinweg zu verfolgen«, sagt Torsten Fremer.[17]

Damit ist auch klar, um wieder den Bogen zum Beginn des Kapitels zu spannen: Einen einzigen solchen Reiz zu setzen, ist nur ein Auftakt. Weder reicht er aus, noch kann man ihn genau so wiederholen. Um im Bild der Melodie und der Trillerpfeife zu bleiben: Ertönt die Pfeife auch regelmäßig, ist sie nichts Besonderes mehr. Sie wird Teil der Routine und ist kein Aufmerksamkeitsanker mehr, sondern eine Belästigung. Und so wie das Hirn anfängt, den Reiz zu ignorieren, weil er kein Neuigkeitspotential mehr beinhaltet, so gewöhnen sich auch die Mitarbeiter an eine Kampagne, die auf immer gleiche Weise Interesse und Neugier hervorrufen will. Was an sich keine schlechte Nachricht ist: Sie bedeutet eigentlich nur, dass Menschen und Teams sich immer wieder neu Gedanken machen müssen, wie sie unterschiedliche Arten des Shock-Novel-Reizes erzeugen können.

6.6 Der Future-Cube: Neugier und Relevanz dank Partizipation

Stellen Sie sich vor, Sie organisieren eine große, zweitägige Firmenveranstaltung. Eine wichtige Frage für Sie dabei ist: Wie schaffen Sie es, dass alle Teilnehmer auch am zweiten Veranstaltungstag noch neugierig genug sind und gerne wiederkommen? Oder anders gefragt: Wie kann man Menschen dauerhaft neugierig auf Themen und Inhalte machen, die sie bisher kaum berührt und interessiert haben?

Die Antwort ist nicht, mehr und bessere Informationen noch unterhaltsamer zu präsentieren – so viel sei Ihnen im Vorfeld verraten. Die Informationsflut steht uns allen nämlich schon bis ans Kinn, und ihre schiere Masse erstickt jeden Neugierimpuls im Keim.

Glücklicherweise gibt es einen »Freischwimmer« für die Datenflut – und der besteht aus zwei Techniken:

1. *Auf vernetzte Intelligenz statt Informationsschwemme setzen*: Das bedeutet hier konkret Denken, und zwar gemeinsames Denken. Denken wiederum muss man wollen, Spaß daran haben und Sinn darin sehen.
2. *Sinnstiftung durch Neugiermanagement*: Menschen kann man dafür interessieren, komplexe Lösungen zu finden – dann klappt das mit dem gemeinsamen Denken. 1999 zeigten Forscher von der California State University: Neugier steigert sich, wenn Menschen im Team arbeiten.[18]

Der Future-Cube ist ein Veranstaltungskonzept und greift beide Techniken dieses Freischwimmers für die Informationsflut auf. Er spielt mit der Lückentheorie der Neugier und dem Ansteckungsgrad der situativen Neugier. Das Ziel: Menschen mehr aktiv denken als passiv zuhören lassen und dabei herausfinden, *was* diese überhaupt denken. Dafür wurde ein Raum geschaffen, der informelle Face-to-Face-Kommunikation mit der kollektiven Intelligenz vernetzter Gehirne koppelt. Oder einfacher formuliert: Es entstand eine Kommunikationsplattform, die neugierig macht auf das Denken der anderen, das gleichzeitig vor den Augen aller sichtbar gemacht wird.

Wie der Future-Cube wirkt

Das Future-Cube-Konzept besteht aus sechs Phasen: Initiation, Inspiration, Invention, Iteration, Innovation und Implementierung, die in der Regel über zwei halbe Tage einer Veranstaltung verteilt werden. Die einzelnen Etappen mischen analoge Ausbruchphasen, in denen Wissen physisch und gestalterisch sichtbar gemacht wird, und solche mit digitalem Wissensaustausch, in denen das erarbeitete Wissens- und Denkmaterial mittels eines Digitaltools zur kollektiven Kollaboration dem gesamten Plenum zur Verfügung steht. Das heißt: Jeder kann digital auf den Input des anderen zugreifen, ihn bewerten, besprechen und anreichern. Ein Umfeld entsteht, das die Kreation neuer Ideen, die Kooperation beim Vertiefen dieser Ideen und die folgende Verdichtung zu belastbaren Ergebnissen verbindet.

Tatsächlich gelingt es so, durch Synchronisierung der Ideen, Gedanken und Verständnisse und durch qualitatives Denken sowie strukturierten Austausch aus vielen Teilen ein Ganzes zu machen. Die Ergebnisse sind die Gleichrichtung von Kräften und das zugehörige Stimmungsbarometer für das »Alignment«, also für die Harmonisierung dieser Kräfte. Das Konzept findet etwa Antworten auf ganz wichtige Fragen wie: »Sehen die Mitarbeiter eigentlich die Probleme so, wie wir sie im Management sehen?« Denn wenn die unten anders denken, als die da oben, wird nichts umgesetzt. Wenn der Chef also vorschreibt: »So machen wir das jetzt«, zieht oft niemand mit. Diese Erkenntnis ist zwar nicht neu, aber man sollte sie sich immer wieder vor Augen führen. Das Ziel des Future-Cube ist also, Entscheidungs- oder Arbeitspakete so zu verdichten, dass sie Menschen mitnehmen und direkt zum Handeln bringen.

Darin steckt auch der zusätzliche Pay-off für den Einzelnen: Der Future-Cube führt zu intrinsischer Motivation, weil die aktive Partizipation eine nachhaltige Dynamik schafft. Überlegen Sie mal: Im Normalfall sind 20 Prozent eines Events Kaffeepausen, und der Rest setzt sich aus langweiligen Präsentationen und passiven Teilnehmern zusammen. Aber wann entstehen die Ideen? Wo findet der belebende Austausch statt? Natürlich während der Kaffeepausen. Der Future-Cube setzt darauf, dass die emotionale und inhaltliche Dichte einer Kaffeepause die ganze Tagung über andauern kann.

Die digitale Vernetzung gibt dabei den weniger Neugierigen die Chance, in gewünschter Distanz und Anonymität dem Diskurs beizuwohnen – und dann zu interagieren, sobald sie dazu bereit sind. Die gemeinsame Entwicklung eines Wissensmusters führt dazu, dass alle Teilnehmer die neuen Informationen als interessant und nicht als potentiell bedrohlich bewerten – Menschen stehen Lösungen, die sie selbst erarbeitet haben, eben generell positiver gegenüber.

Unterstützend nutzt der Future-Cube das Konzept des Raums als »dritten Lehrers« – keine langweiligen Stuhlreihen und weiß behussten Stehtische, sondern eine bewusst andere und die Aktivität der Teilnehmer herausfordernde Raumgestaltung: An Stehbrücken beispielsweise warten Rechner für die digitalen Phasen, in denen das erarbeitete Wissens- und Denkmaterial digital dem gesamten Plenum zur Verfügung steht. Hinter diesen Brücken thronen überdimensionale Tafeln, bestückt mit bunter Kreide – Irritationsflächen, die im menschlichen Miteinander Köpfe öffnen sollen für neue Perspektiven. Die Neugier wird also auch durch das Ambiente und Setup der Veranstaltung getriggert.

Insgesamt also ein hehrer Anspruch an ein Eventkonzept. Dass sich der aber tatsächlich in der Praxis umsetzen lässt und auch schon bewährt hat, zeigte eine Veranstaltung der Deutschen Gesellschaft für Personalführung (DGFP): Der Future-Cube war im Oktober 2014 das zentrale Element des »DGFP // lab« zum Thema Partizipation. An zwei halben Tagen kamen zweihundert Menschen unter der Ägide des Future-Cube zusammen.

Initiation: Platz für Assoziationen

Das Thema der Veranstaltung war gesetzt (Partizipation), das Ziel hingegen nicht. Zielplanung ist nämlich gefährlich, weil die Vorgabe dann groß ist, und nur Offenheit der Humus für neues und neugieriges Denken ist. Das kann sich aber nicht ins Blaue hinein entfalten und braucht daher konkrete Themen ohne vorgegebene Ziele.

Die Auftaktfrage zur Initiation für alle Teilnehmer lautete also: »Aus dem Blickwinkel welchen Themas möchten Sie arbeiten? Was ist für Sie das Wichtigste?« Ein digitales Tool fungierte hier als Themensammler und -clusterer. Die genannten Präferenzen wurden mittels ausgefuchster Algorithmen den Teilnehmern wieder zugeordnet: Jeder arbeitete an dem Thema, das entweder die erste oder zweite Präferenz war. Menschen aus völlig unterschiedlichen Bereichen eines Unternehmens saßen zusammen – Diversity per Algorithmus.

Inspiration: produktive Irritation von Mustern

In der zweiten Phase des Future-Cube schlägt die soziale Neugier voll zu: »Was haben denn die anderen? Und wie kommen die darauf? Was kann das bedeuten? Und wie sind die Reaktionen auf unsere Vorschläge?« Staunen und Neugier gab es dabei an den Rechnern beim Lesen, Schreiben und Teilen ob der Vielfalt der Themenfacetten und Ansatzpunkte – das war Facebook »in echt und nützlich« sozusagen.

Der positive Effekt dabei: Die Muster, die sich beim Einzelnen bei der Wahl seiner eigenen Themenpräferenzen gebildet hatten, wurden sofort wieder irritiert, infrage gestellt, ergänzt und umgebaut. Der Einzelne wird dauerhaft zum Perspektivenwechsel inspiriert, und der Kopf bleibt offen, weil sich die Erkenntnis verankert, dass alles gerade im Fluss ist und das Gehirn so nicht in den geliebten Energiesparmodus schalten kann. Unterstützt werden kann der Irritationsprozess durch einen zusätzlichen Impuls von außen, etwa durch einen kurzen Vortrag.

Invention: Neues erfinden und zur Diskussion stellen

Da der Kopf jetzt geöffnet und die Bandbreite der möglichen Themen klar war, konnten die Teilnehmer in ihren Themengruppen endlich kreativ werden: Invention hieß die Devise. Das passierte mit Hilfe eines analogen Ausbruchs, der es ermöglichte, von der Sprache wegzugehen und mit Bildern zu arbeiten – böse Zungen nennen dies den »Bastelteil«. Die aber vergessen, wie sehr das Gehirn konstruktiv und gestalterisch und wie ungern es abstrakt arbeitet.

Die leitende Frage dabei war: »Wie stellt sich unser Thema aus verschiedenen Perspektiven dar?« Die graphischen Ergebnisse wurden angereichert und danach in das digitale Netz überführt. So standen sie wieder allen zur Verfügung und die intellektuelle Neugier, das Wissenwollen über die Gedanken der anderen im Netz, wurde schnell zur weiteren inventiven Triebfeder der Denkarbeit.

Anschließend wurde es konkret und lösungsorientiert: Die Teilnehmer gingen in Groß- und Kleingruppenarbeit der Frage nach, wie sich konkrete Ergebnisse schaffen lassen. Und dabei kamen die Vorteile digitaler Technologien massiv ins Spiel: Die Diskussion des so neu Entwickelten bedarf nämlich immer nicht nur der Abstimmung im einzelnen Gehirn, sie verlangt auch zwingend nach einer Diskussion im Kollektiv.

Normalerweise ist genau das das Nadelöhr einer Veranstaltung, wenn es analog über Moderatoren, Flipcharts und Papier geregelt wird. Der Gewinn der Invention geht auf dem Weg ins Plenum einerseits durch die hohe Informationsdichte bei der Präsentation jeder Gruppe und andererseits dadurch, dass jedem einzelnen Team ein großer Teil der Musterentstehung bei den anderen Gruppen fehlt, verloren. Jedes Team schwimmt in einer fremden

Datenflut und kann keine echte Empathie für die anderen Vorschläge entwickeln. Und dann haben wir noch nicht vom Zeitfaktor gesprochen – im digitalen Netzwerk läuft ja alles synchron ab!

Iteration: kollektive Feedbackschleifen

Der vierte Schritt im Future-Cube diente dazu, einer weiteren Lieblingstendenz des Gehirns zuvorzukommen und entgegenzusteuern – dem Hang, Dinge allzu schnell abzuhaken, nach dem Motto: »Hauptsache, schnell erledigen!« In der Iteration wurden dafür die in der dritten Phase gesammelten Ergebnisse aufbereitet, gemeinsam reflektiert und dadurch optimiert.

Die Teilnehmer gaben hierbei Kommentare, Anmerkungen und Ergänzungen zu den gesammelten Ansätzen in das Netzwerk oder gewichteten sie per Mausklick. So entstand eine Liste von Ideen und Kommentaren, sortiert eben gemäß der Gewichtung durch die Teilnehmer. Diese brachten, quasi entspannt durch das digitale Netz wandernd, schnell wieder neue Lösungsansätze hervor – die kollektive Intelligenz erklomm ein höheres Niveau. Das Ganze ist dabei gleichzeitig ein Prozess, der die Gemeinschaft stärkt, da die Iterationsschleife Wertschätzung für die Leistung der anderen entstehen lässt.

Innovation: Chancen erkennen und motivieren

In der fünften Phase wurde aus einem »Wir müssten« ein »Wir machen«. Dazu mussten sich die Teilnehmer einig werden: nicht nur darüber, was die Lösung des Problems sein könnte, sondern vor allem darüber, wie diese Lösungen konkret aussehen, wie sie angegangen werden und was sie beinhalten sollten.

Konkrete Ideen wurden entwickelt und wieder im Netzwerk bewertet – und so gemeinsam die Verantwortung dafür übernommen. Jede Gruppe suchte sich aus allen Lösungsansätzen einzelne aus und erarbeitete dafür einen Umsetzungsplan. Nach einer weiteren kollektiven Bewertungsphase wählten sie die Projektvorschläge aus, die für sie die adäquaten Lösungen für die konkreten Herausforderungen boten. Ein Teilnehmer fasste das so zusammen: »Noch nie haben wir am Ende einer Tagung so viele konkrete Lösungen gehabt und somit alle gemeinsam gewusst, was zu tun ist.«

Implementierung: vom Ideenschatz zum Commitment

Wenn Einigkeit vorherrscht, spricht man neudeutsch von »Alignment«. Das ist für ein Unternehmen die halbe Miete. Die andere Hälfte ist dann auf dem Konto, wenn bei jedem Einzelnen und in allen Teams »Commitment« entsteht. Das ist schwer zu erreichen, denn oft gibt es das »genervte Dutzend«, das mit negativen emotionalen Ausbrüchen miese Stimmung verbreitet. Doch diesen Destruktivlingen gräbt der Future-Cube das Wasser ab: Kritik wandelt sich im Netz zu sinnstiftender Rückmeldung, auf der neue Lösungen aufgebaut werden.

In der sechsten Phase des Future-Cube geht es also darum, Führungskräften wie Mitarbeitern eine stabile Grundlage zu geben, um direkt mit der Umsetzung loslegen zu können. Und das wird auch passieren, denn weil die Entstehung der Arbeitsergebnisse zu jeder Zeit transparent war und jeder Teilnehmer zu jeder Zeit einen Beitrag zum Gesamtergebnis leisten konnte, sind die intrinsische Motivation der Teilnehmer und die Wahrscheinlichkeit einer nachhaltigen Umsetzung hoch.

Das greifbare Resultat? Am Ende der DGFP-Veranstaltung gab es keine Kakophonie der Ideen, sondern dreißig handfeste Thesen für die Arbeit von morgen. Und die hatten den entscheidenden Vorteil, dass sie durch die gemeinsame Entwicklung echte Relevanz besaßen.

Übrigens: Am zweiten Tag dieser freiwilligen Veranstaltung im Herzen Berlins, einem Samstag, kamen 103 Prozent der Teilnehmer wieder! Wie das möglich war? Begeisterte Mitstreiter hatten über Nacht mit ihren Nachrichten in den sozialen Netzwerken so viel Neugier entfacht, dass noch mehr Menschen sehen wollten, wie wertschätzende Wissensgenerierung im 21. Jahrhundert funktioniert.

6.7 Was hilft gegen mentale Faulheit?

Richard P. Mills vom medizinischen Fachmagazin *EyeNet* schreibt in seinem Blog:

> »Der Trend in unserem Leben geht zu einer kürzeren Aufmerksamkeitsspanne, und ich merke, wie auch ich diesem Trend nachgebe. Wenn ich beschließe, mich zu disziplinieren, und in einer Sache mal tiefer grabe, erinnere ich mich daran, dass ich, wann immer ich mich durch Links klicke, um mehr Informationen zu einem Thema zu finden, das mich interessiert, oder einen Artikel lese, auf den in einem anderen Artikel verwiesen wird, ich etwas tue, um meine intellektuelle Neugier zu befriedigen.«[19]

Ist solche mentale Faulheit eigentlich ansteckend? Lassen Sie uns die Erklärung mit einer kleinen Herausforderung beginnen. In meinen Vorträgen gehe ich folgendermaßen an dieses Thema heran:

> »Ich werde Ihnen nun eine Frage stellen und in meiner Tasche habe ich einen nigelnagelneuen 20-Euro-Schein. Der ist für denjenigen, der die richtige Antwort als Erster laut ruft, bevor ich ›Die Zeit ist um‹ sage. Sind Sie so weit? Okay. Frage: Was ist der Umfang der Erde? 1, 2, 3, die Zeit ist um. Sorry, ich weiß, das war nicht ganz fair. Ich habe gemogelt. Aber ich gebe mein Geld ungern so leicht weg. Und zweitens war dies ein kurzes Experiment. Wie viele von Ihnen haben automatisch nach ihrem Smartphone gegriffen, als ich die Frage gestellt habe? Wie viele von Ihnen haben Smartphones? Irre, wie sehr es uns in Fleisch und Blut

> übergegangen ist, Dinge zu googeln, statt sie zu denken. Rund um die Welt gibt es eine Milliarde Menschen mit Smartphones in ihren Taschen. Jede Sekunde in jeder Stunde an jedem Tag gehen mehr als 60.000 Fragen an Google. 60.000 Fragen pro Sekunde. Wir haben so viel Weisheit in unserer Tasche. In jeder Sekunde können wir fragen, wie komme ich dahin oder wie wird dies oder jenes gemacht?«[20]

Das Problem mit diesem reflexartigen Griff nach dem Smartphone – so hat es schon der zuvor genannte Chris Wire gezeigt – ist aber: Mit der Weisheit in der Tasche und Google, das auf jede Frage eine Antwort hat, wird es verlockend, die Power unseres eigenen Verstandes zu vernachlässigen. Dabei ist es eine Binsenweisheit, dass unsere Hirne viel mehr Power haben als die Smart Devices. Und das aus zwei Gründen: Erstens können Sie alleine und selbständig Antworten erschließen. Und zweitens haben Sie die Fähigkeit, neugierig zu sein. Und wenn man diese beiden Dinge gut einsetzt, kommt man mit mehr und besseren Antworten und Ideen um die Ecke, als ein Computer es je tun kann.

»Für jede komplexe Frage da draußen gibt es eine Antwort, die einfach, klar und falsch ist.« So sagte es der amerikanische Journalist Henry Louis Mencken.[21] Lassen Sie uns das Zitat ein wenig abändern: »Für jede komplexe Frage da draußen gibt es eine Antwort, die klar, einfach und *einfallslos* ist.« Und die bekommen wir meistens aus dem Netz, auf dem Weg des geringsten Widerstands. Wie jedoch können wir wirklich neugieriger werden, wenn wir immer wieder in die Rechner oder die Smart Devices schauen, um Antworten zu finden und nicht in unseren eigenen Kopf?

Das Fermi-Problem bringt die Lösung

Aber wie geht das: in den eigenen Kopf schauen und Sachen selbst durchdenken? Wir konnten es, wir können es noch, oder wir müssen es neu oder wieder lernen.

Wissen Sie, was ein Fermi-Problem ist? Das ist eigentlich eine Strategie, um komplexe Probleme zu lösen. Entwickelt vom Nobelpreisträger und Kernphysiker Enrico Fermi. Der hatte ein Geschick dafür, mit geschätzten Lösungen aufzutrumpfen, die ziemlich nah an der richtigen Lösung waren. Die gesunde Mischung, aus der diese Technik besteht, ist grundlegende Mathematik, Logik und ein wenig Lebenserfahrung. Klingt etwas banal, ist aber sehr erfolgreich.

Hier ist Fermis eigene Anwendung seiner Taktik in einem überhaupt nicht banalen Umfeld: dem ersten Atombombentest. Um abschätzen zu können, wie sich die Druckwelle der Explosion beim Test verhalten würde, nahm er eine Handvoll Papierschnipsel und warf sie in die Luft. Dabei achtete er darauf, wie diese durch einen vergleichbaren Druckstoß davongepustet wurden. Mit dieser einfachen Mechanik schätzte er noch vor Ort das Ergebnis ab – ohne Sensormessung. Das Kuriose: Seine Einschätzung wurde durch die später ausgewerteten Messungen nahezu eins zu eins bestätigt.

Heute gilt diese Fermi-Technik unter Eingeweihten als knackiges Tool, das gerade dann Einschätzungen erlaubt, wenn keine Erfahrungswerte aus ähnlich gelagerten Problemstellungen vorhanden sind. Was hier zählt, sind Allgemeinwissen oder Lebenserfahrung, die an die Stelle des gesicherten Wissens treten. Und das funktioniert so: Die Menschen schauen, welches Vorwissen sie aus den einzelnen Bereichen der Fragestellung haben. Dann werden die Teilergebnisse aus dieser Erstschau zusammengeführt und daraus logische Schlüsse gezogen. Der Clou: Das mangelnde Wissen über das Gesamtproblem kompensieren die Menschen durch ihre Erfahrung in den Teilbereichen. Darum ist die Schätzung immer so überraschend genau.

Wenn wir es genau betrachten, machen wir das im Alltag eigentlich ständig. Eine gelungene Sammlung an intuitiven Verwendungsmöglichkeiten haben der Mathematiker John A. Adam und der Physikprofessor Lawrence Weinstein zu einem Buch mit dem Titel *Guesstimation. Solving the World's Problems on the Back of a Cocktail Napkin* zusammengetragen.[22] Ein Beispiel daraus soll zum Warmwerden reichen: Wenn es vierhundert Kilometer von München nach Frankfurt sind, wie lange würden Sie brauchen, um die Strecke zu fahren? Sie würden intuitiv schätzen, dass es etwa vier Stunden dauert, bei einer Durchschnittsgeschwindigkeit von einhundert Kilometern pro Stunde. Eine solche Schätzung reicht bereits aus, um zu entscheiden, ob Sie fahren würden oder nicht. Danach erst kommt die weitere Planung.

Denken und nicht googeln

Das ist also das Prinzip. Sie waren sich wahrscheinlich nur nicht dessen bewusst, dass es ein Prinzip ist. Vor allem, dass es eines sein könnte, das auch sehr sexy auf andere Daten angewendet werden kann. Auf spielerische Weise nämlich, wie zum Beispiel die Frage vom Anfang: »Wie groß ist eigentlich der Erdumfang?« Nicht googeln, selber denken! Die Lösung geht in etwa so:

1. *Lebenserfahrung*: Auf einem Trip von New York nach Los Angeles – wie viele Zeitzonen überfliegt man da? Antwort: drei.
2. *Lebenserfahrung*: Und wie weit wäre der Flug ungefähr? Antwort: ungefähr 5.000 Kilometer.
3. *Logischer Schluss*: Aus den beiden Zahlen der Lebenserfahrung können wir schließen, dass eine Zeitzone so ungefähr 1.600 Kilometer breit ist.
4. *Lebenserfahrung*: Wie viele Zeitzonen gibt es rund um die Welt? Antwort: 24. Weil es 24 Stunden in einem Tag gibt.
5. *Einfache Rechnung*: Wenn Sie das jetzt alles zusammenpacken, haben Sie die Antwort: Der Erdumfang beträgt ungefähr 38.000 Kilometer.
6. *Check*: Die richtige Antwort lautet 40.075,16 Kilometer. Da waren wir ziemlich nah dran!

So groß ist der Erdumfang. Fazit: Investieren Sie nicht in das neueste Smartphone, investieren Sie in Ihre Allgemeinbildung, dann erhalten Sie auch die Dividende.

Weitere Aufgaben zum Üben:[23]

- Schätzen Sie mal, wie viele Haare ein Mensch durchschnittlich auf dem Kopf hat.
- Schätzen Sie die Zahl von Grashalmen in einem typischen Vorgarten im Sommer!
- Schätzen Sie mal, wie weit eine Krähe fliegen kann, ohne zu stoppen.
- Schätzen Sie mal, wie viel Luft (in Kubikmetern) sich in dem Raum befindet, in dem Sie sich gerade aufhalten.

Ja, wenn das so funktioniert, da bekommt man schon ein wenig Lust drauf, sein eigenes Oberstübchen mehr zu nutzen. Denn das hat sehr nachhaltige Nebenwirkungen: Beim Umgang mit dem Neuen geht es nämlich eigentlich selten um das Rausfinden der *richtigen* Lösung oder Antwort, es geht um das Entdecken *neuer* Antworten.

Gleichstrom und Wechselstrom

Denken Sie an Galileo: Immer wieder wanderte sein Blick in den Himmel. Er wollte wissen, was dort vor sich geht. Er blieb dran und entwickelte die Idee des Sonnensystems. Seine Mischung aus Interesse und Gewissenhaftigkeit hat ihn sogar in den Knast gebracht. Oder wie wäre es mit Newton: Viele sahen den Apfel fallen, doch sie blieben stumm. Nur Issac Newton fragte sich warum, denn er wunderte sich, warum die Dinge immer auf die Erde fallen. Er blieb dran und entwickelte die Idee der Erdanziehungskraft. Aber mein absoluter Favorit ist der aufrechte und ziemlich durchgeknallte Nikola Tesla. Von den meisten für extrem verrückt gehalten, entwickelte er doch Dinge, die ihrer

Zeit weit voraus waren. Selbst eine Fernbedienung war darunter. Und natürlich war da die Idee mit dem Wechselstrom. Die wiederum rief Thomas Alva Edison auf den Plan.

Edison hatte unter anderem den Gleichstrom entdeckt. Und einer der Menschen, die für Edison arbeiteten, war eben jener Nikola Tesla, und der beschäftigte sich ausgerechnet mit dem Wechselstrom. Tesla war der Überzeugung, dass Wechselstrom die einzige zukunftsträchtige und skalierbare Lösung sein würde. Denn Gleichstrom funktionierte sehr gut für kleine Dinge, aber wenn man ganze Städte beleuchten will, brauchte man Wechselstrom. Edison jedoch lehnte diese Idee so sehr ab, dass er eine Kampagne gegen Tesla startete und dessen Idee vom Wechselstrom vernichten wollte – und das, obwohl Tesla ja für ihn arbeitete. Also heuerte Edison eine PR-Firma an, die nur eines tun sollte: mal richtig über den Wechselstrom herziehen, ihn schlechtreden. Doch das war Edison nicht genug, und so ging er noch weiter: Er finanzierte die ersten elektrischen Stühle, die er mit Wechselstrom betreiben ließ – nur um zu zeigen, wie sehr Wechselstrom Menschen schaden kann. Tesla wurde in der Folge von immer mehr Menschen als schräger Vogel angesehen, zumal er keinen Hochschulabschluss hatte, aber über ein fotografisches Gedächtnis verfügte, spielsüchtig war und die eine oder andere Neurose pflegte. Dennoch behielt er am Ende recht: Heute fließt in unserem Zuhause Teslas Wechselstrom.

Was bewegt Menschen wie Tesla, trotz solcher Widrigkeiten am Ball zu bleiben? Die Antwort ist klar: Neugier. Dranbleiben und Wissenwollen: Sie sind die Mutter von Erfindungen.

Zurück zum Smartphone, zu Google, Wikipedia und Co.: Lassen Sie das nicht zu einem Reflex werden, werden Sie nicht zu einem passiven Konsumenten von Information. Denken Sie zuerst darüber nach, wie die Dinge funktionieren könnten oder sollten – und schauen Sie erst dann nach der richtigen Antwort. Das macht ein etwas ausgefüllteres Leben aus, beruflich wie privat.

Wie wir mentale Faulheit bei anderen erzeugen

Mentale Faulheit wird zu einem nicht geringen Teil auch von uns selbst erzeugt. Wie oft hören wir, dass Menschen »kein Interesse haben«. Wie oft wurde Ihnen schon gesagt: »Wirkliche, substantielle Veränderung ist unmöglich.« Der simple Grund: Die meisten Menschen sind zu egoistisch, zu dumm oder eben zu faul, um für unsere Gesellschaft einen Unterschied machen zu wollen. Apathie, so wie wir sie kennen, existiert aber eigentlich gar nicht – eher das Gegenteil: Die meisten Menschen interessieren sich sehr wohl. Doch wir selbst schaffen eine Welt, in der Interesse, Neugier und Engagement aktiv unterdrückt und selten belohnt werden – und wenn, dann dürfen vielleicht nur smarte, selbstsichere, filmreife Helden voranstürmen, sicher nicht wir Normalos. Wir stellen jedenfalls uns und anderen kaum zu überwindende Hindernisse in den Weg.

Was wir also tun müssen: die mentalen Hürden identifizieren, die wir uns selbst und anderen in den Weg stellen, und sie anschließend demontieren. Wenn wir das machen, passiert Erstaunliches – wie das Beispiel eines amerikanischen Unternehmens namens HopeLab eindrucksvoll beweist.

HopeLab stellt innovative Produkte her, welche die Gesundheit und das Wohlbefinden von Menschen verbessern sollten. Das sind beispielsweise Spiele, die jungen Krebspatienten die Krankheit bekämpfen helfen. Was aber HopeLab besonders spannend macht, ist dessen Unternehmenskultur – ein Beispiel für gelungene Apathie-Vernichtung. So sind die regelmäßigen Besprechungen nicht nur nicht gefürchtet, sondern so erquicklich und produktiv, dass der HopeLab-Konferenzstil langsam selbst zu einem vermarktbaren Produkt wird – ohne dass das Unternehmen es drauf angelegt hat.

Was macht den besonderen Meeting-Style nun aus? Jedes Meeting wird von einem anderen Kollegen moderiert und beginnt mit sogenannten »Questions for the curious leader«. Es können Fragen sein wie: »In diesem Moment – schaffe ich eine Win-win-Situation? Oder habe ich das Gefühl, dass die Welt ein Nullsummenspiel ist?« So entsteht von Anfang an eine offene Atmosphäre. Doch mit den Fragen ist hier noch lange nicht Schluss – selbst die Agenda ist in Frageform formuliert. Das lädt die Teilnehmer ein, Fragen zu beantworten, statt fertigen Aussagen zu lauschen. So wird selbst die Formulierung der Tagesordnungspunkte zu einem Zeichen des Respekts für die Zeit und die Aufmerksamkeit der Teilnehmer.

Eine direkte Konsequenz dieser Art zu arbeiten ist große Aufrichtigkeit. Bei HopeLab geht es nämlich auch darum, ohne Schuldzuweisung aus Fehlern zu lernen – aus eigenen und denen der anderen. Diese Offenheit macht resilient und damit auch innovativer. Doch viele Menschen kehren Probleme lieber unter den Teppich, statt sie für alle sichtbar zu machen – am besten nach der Methode CVA: »Cover your ass!«

Falls Sie wissen möchten, wie eine solche Unternehmenskultur konkret funktionieren kann, hier eine kleine Anleitung. Stellen Sie sich die folgenden Fragen – für eine neugierige, faire und offene Grundhaltung sowie eine produktive und konstruktive Herangehensweise an die Herausforderungen, mit denen Sie in Ihrem Unternehmen konfrontiert sind:

- *Neugier*: Bleibe ich neugierig, auch wenn ich sicher bin, dass ich recht habe? Oder lege ich viel Wert darauf, recht zu haben, und verhalte mich abwehrend?
- *Offenheit*: Sage ich offen, was für mich richtig ist? Zeige ich mich nach außen hin als eine Person, gegenüber der man aufrichtig sein kann? Oder halte ich mit Fakten, Gefühlen oder Ansichten und Glaubenssätzen hinter dem Berg, um ein Ergebnis zu manipulieren?
- *Verantwortung*: Nehme und trage ich die hundertprozentige Verantwortung für mein körperliches, emotionales, mentales und seelisches Wohlbefinden? Unterstütze ich andere darin,

dasselbe für sich selbst zu tun? Mach ich mich selbst oder andere dafür verantwortlich, was in der Welt falsch läuft? Oder entscheide ich mich dafür, den Schurken, das Opfer oder den Helden zu spielen und mehr oder weniger als 100 Prozent der Verantwortung für mein Leben zu tragen?

- *Gegensätzliche Sichtweise*: Nehme ich wahr, dass das Gegenteil meiner »Sichtweise« genauso »wahr« ist wie meine ursprüngliche »Sichtweise«? Erkenne ich, dass die Bedeutung, die ich meiner Sichtweise beimesse, meine eigene Interpretation ist und nicht »die Wahrheit«? Oder sehe ich meine Sichtweise und die Bedeutung, die ich anderen mitteile, als pure Wahrheit an?
- *Verbündete*: Erfahre ich andere als gleichberechtigt, als Verbündete, als geeignet, mir bei meinem Wachstum zu helfen? Oder nehme ich andere als größer wahr, als weniger wertvoll als mich selbst oder gar als Hindernisse auf meinem Weg?
- *Emotionen*: Erfahre ich meine Gefühle vollständig, erkenne ich sie an und lasse sie dann los? Oder widerstehe ich ihnen oder halte an ihnen fest und werde dadurch unnachgiebig, gefühllos oder verschlossen?
- *Flurfunk*: Kommuniziere ich direkt mit der Person, die mein Anliegen betrifft? Ermutige ich andere dazu, das genauso zu machen? Oder spreche ich über andere in einer Art und Weise, die ich nicht nutzen würde, wenn sie anwesend wären? Höre ich auf den Klatsch von anderen über andere?
- *Win-win*: Schaffe ich Win-win-Lösungen für alle Angelegenheiten oder Gelegenheiten, die entstehen? Oder erfahre ich das Leben als Nullsummenspiel und schaffe dabei Win-lose-Lösungen für alle Gelegenheiten, die sich ergeben?
- *Leichtigkeit*: Erzeuge ich Erfahrungen der Leichtigkeit, der Freude und des Lachens für andere und für mich? Oder erfahre ich das Leben als mühsamen Kampf?
- *Zulänglichkeit*: Empfinde ich, dass, wer ich bin und was ich habe, genug und ausreichend ist; dass ich genug Zeit, Geld,

Liebe, Energie und jede andere Ressource habe, die ich brauche? Oder verharre ich in einer Denkweise des Mangels und glaube daran, dass ich alles, »was mein ist«, festhalten, beschützen oder horten muss, damit ich genug von dem bekomme, was ich brauche?

- *Beachtung*: Nehme ich alle Geschenke, die das Leben für mich bereithält, wahr und würdige sie? Oder lebe ich nachlässig, unwissend und mir der Welt um mich herum nicht wirklich bewusst seiend?
- *Schönheit*: Nehme ich Schönheit wahr, kümmere ich mich um sie oder erschaffe sie gar? Oder verharre ich in Mittelmäßigkeit, lasse Geschmacklosigkeit zu oder erhalte gar Hässlichkeit aufrecht?
- *Genius*: Bringe ich mein volles Potenzial als Mensch zum Ausdruck, also meine einzigartige Begabung, und unterstütze ich andere dabei, dies ebenfalls zu tun? Oder halte ich mich zurück und entscheide mich dafür, in Bereichen von Inkompetenz, Kompetenz oder sogar Exzellenz zu leben – aber nicht gemäß meinen ganz eigenen Begabungen?
- *Integrität*: Bin ich integer und stehe zu den Verpflichtungen, die ich eingehe? Oder verhalte ich mich unzuverlässig und halte gedankenlos meine Zusagen nicht ein?

Der Geist ist nicht wie ein Gefäß, das gefüllt werden soll, sondern wie Holz, das lediglich entzündet werden will.
Plutarch

7 Kann ich mich selbst neugieriger machen?

Interessier mich: Wie bekommt man seinen Kopf frei? Was sind mentale Zündhölzer? Warum kann ein Spiel Neugier trainieren? Und wie kommt die Neugier vom Arm in den Kopf?

Jeder, der es schon probiert hat, weiß: sich selber zu kitzeln, so dass man lachen muss, klappt nicht. Und sich selbst zu interessieren? Das klappt vielleicht. Denn Neugier kann man ganz gezielt erzeugen – auch bei sich selbst. Die Forschung hat belegt: Menschen können sich neugiersteigernde Strategien aneignen und implementieren, um ihre situative Neugier zu steigern. Das geht, weil Neugier ein veränderbarer psychologischer Zustand ist – er wird stark beeinflusst von sozialen Kontexten und anderen individuellen Unterschieden. Sich selbst Feuer im Kopf zu machen, funktioniert also. Und einige klare Schritte helfen auf dem Weg zum Feuermacher der Neuzeit.

7.1 Der Curiosity-Creator und die Folgen

Ein Buch über die Auswirkungen der Neugier im beruflichen und privaten Alltag zu schreiben, ist eine erfrischende Angelegenheit. Das Schöpfen aus der Schnittmenge zwischen Forschung und eigener Erfahrung soll dabei in erster Linie der Erquickung des Lesers dienen. Doch all die Worte machen ein Buch auch dick – und damit weniger attraktiv als ständigen Begleiter für Impulse im Alltag. So haben wir uns mit unserem Team bei Braincheck zum Ziel gesetzt, Poster für den Alltagsgebrauch zu entwickeln – da schaut man automatisch immer drauf.

Neben mehrteiligen »Rezepten gegen das Brett vorm Kopf« haben wir einen »Curiosity-Creator« entwickelt. Der beinhaltet eine Sammlung von Alltagsstrategien für mehr Neugier. Der zeigt, wie man Verhandlungen »entlangweilt«, wie man »neue«

Der Curiosity-Creator

Augen bekommt und wie man Small Talk in ein bereicherndes Gespräch verwandelt – also im Kern darum, wie man sich selbst neugieriger machen kann. Schauen Sie mal selbst, wie dieser »Neugiermacher to go« aussieht.

Wie man Small Talk interessanter gestaltet, habe ich lange, bevor ich die Idee zu diesem Buch hatte, selbst erlebt. Die Technik ist eine echte Wunderwaffe und dabei so verblüffend, dass ich die Geschichte rund um dieses Tool des Curiosity-Creator in diesem Buch nacherzählen kann. Sie führt uns in den Westen der USA.

In Las Vegas zu zocken ist das eine, dort zu arbeiten etwas ganz anderes. Wenn auch nur für kurze Zeit, so hatte ich 2009 die Chance, auf der weltgrößten Fachmesse für Unterhaltungselektronik, der Consumer Electronics Show (CES), für einen deutschen Hersteller tätig zu sein. Diese Messe dauert vier Tage, aber inklusive aller Proben verbringt man schnell mehr als eine Woche im Epizentrum der Spielhöllen. Zeit, in der man nicht nur vom Hotel zum Kongresszentrum fahren muss, sondern in der man auch ein bisschen zocken kann – und ein wenig einkau-

Der Curiosity-Creator im Detail

fen, denn wir waren auf Selbstverpflegung angewiesen. Dabei erlebte ich etwas, was ich erst heute wirklich richtig einordnen kann.

Es war am frühen Abend bei Trader Joe's, einem Lebensmittelhändler, der anders ist als andere Geschäfte. Die in den 1960er Jahren gegründete Kette, die inzwischen zur deutschen Markus-Stiftung gehört und damit zu Aldi, ist eine ganz besondere amerikanische Erfolgsgeschichte. Die Mitarbeiter tragen Hawaiihemden, der Chef wird offiziell als »Captain« angesprochen, die Mitarbeiter sind die »Crew«. Das Sortiment ist übersichtlich, aber seine Elemente sind exotisch: Mediterannean Humus, Korean Beef-Ribs, French Truffle Mousse Paté – es scheint, als ob alle Artikel einen eigenen Pass mitbringen. Lebensmitteleinkauf wird vom öden Shopping zu einem Kluberlebnis.

Kommunikationskultur beim Einkaufserlebnis

Ebenso wie Aldi ist auch Trader Joe's darum bemüht, möglichst unauffällig seinen Geschäften nachzugehen. Doch etwas macht er völlig anders als der deutsche Discounter: Es ist die Art, wie die Mitarbeiter ihre Kunden ganz selbstverständlich in ein *echtes* Gespräch verwickeln. Es scheint, als habe eine ganz eigene Kommunikationskultur – ob trainiert oder nicht – Früchte getragen. Und die geht weit über das übliche »Guten Tag, wie geht's?« hinaus. Sie folgt einem Muster, das inzwischen sogar durch die Forschung belegt ist. Die kuriose Studie von 2012 dazu heißt »When curiosity breeds intimacy«[1] und belegt: Neugier hilft, aus einem langweiligen Small Talk ein interessantes, intensives Gespräch zu machen.

Neugierige Menschen verwandeln also ermüdenden Small Talk in echte Gespräche – in Kapitel 2.1 hörten wir schon davon, welche wunderbaren sozialen Folgen das für den Freundeskreis neugieriger Menschen hat. Indem sie das tun, schaffen sie nämlich besonders positive soziale Umfelder für sich und ihre Gesprächspartner. Und das liegt vor allem an folgenden drei Techniken:

- *Aufmerksamkeit auf andere richten (»other directed attention«)*: Neugierige verändern ihren Fokus. Sie richten ihre Aufmerksamkeit verstärkt auf ihr Gegenüber: darauf, was es trägt, wie es sich fühlen könnte, was es sagt. Die Konsequenz ist, dass statt eines anonymen »Ja, der Winter ist auch nicht mehr das, was er einmal war« ein persönliches »Wie lange fahren Sie denn schon in den Skiurlaub?« herauskommt. Das verstärkt das Gefühl eines intimeren Gesprächs, was wiederum die Atmosphäre positiv auflädt.
- *Von anderen lernen und dadurch selbst wachsen (»personal growth«)*: Neugierige sehen einen persönlichen Gewinn im Gespräch und stellen sich immer wieder die Frage: »Was kann ich von diesem Menschen lernen?« Das führt dazu, dass sie genauer

zuhören und mehr nachfragen. So wird aus einem Small Talk schnell ein echtes Gespräch, in das der andere gerne einlenkt, weil das Interesse des Neugierigen ihm behagt. So wird aus »Wo waren Sie im Urlaub?« ein »Was fasziniert Sie denn so am Tauchen?« und ein »Glauben Sie, ich könnte das auch lernen?«. Wenn Sie so kommunizieren möchten, stellen Sie sich immer wieder diese Frage (im Stillen, während des Zuhörens): »Was kann ich von diesem Menschen lernen?« Denn das führt automatisch zu diesem hier beschriebenen zweiten typischen Verhalten, das Gespräche zuverlässig entlangweilt.

– *Strategien, die Gespräche steuern helfen (»selfregulatory strategies«)*: Neugierige verändern, wenn sie in einer langweiligen Konversation gefangen sind, absichtlich die Gesprächsrichtung durch Neuorientierung, Verspieltheit oder indem sie etwas von sich preisgeben. Anstatt sich zu wiederholen: »Ach ja, das Wetter ist ja generell schwer vorherzusagen«, führen sie einen völlig neuen Aspekt ein: »Wie viele Wetter-Apps haben Sie denn auf Ihrem iPhone? Ach, Sie haben gar kein iPhone? War das eine bewusste Entscheidung, so nach dem Motto: ›Ich mach da nicht mit‹?«. Dieses Verhalten nimmt Ihr Gegenüber wahr. Es wirkt positiv, aber es kann auch zu viel des Guten werden.

Bei mir und Trader Joe's war es die völlig unvergängliche Frage: »Haben Sie das Spiel gestern gesehen?« Die Consumer Electronics Show findet im Januar statt, im Februar steigt die bedeutendste Sportpartie des Landes, der Superbowl. Der Berichterstattung über die Spiele im Vorfeld war daher nicht zu entkommen. Und so war diese Frage alles andere als kompliziert oder überraschend – und damit eine Frage, auf die selbst ein Kurzfristarbeiter wie ich zumindest eine oberflächliche Antwort hätte geben können. Ich aber hatte mich den ganzen Tag über in einer muffigen Messehalle aufgehalten, meine Laune war nicht die beste, und mein Antwortverhalten kann wohlwollend als »wenig kooperativ« umschrieben werden. Doch weder die

Freundlichkeit des Mitarbeiters noch sein Interesse an einem wie auch immer gearteten, nicht ganz sinnfreien Dialog waren davon beschädigt. Kurzerhand erzählte er, wie er beim letzten Spiel, das er live gesehen hatte, eine ganze Hotdog-Ladung aus Versehen auf den Kopf seines Freundes geleert hatte. Doch recht lustig, zugegeben. Und direkt im Anschluss die Frage: »Ist Ihnen nicht auch schon mal etwas Ähnliches passiert? Wie reagiert man da eigentlich?« Und schwupp, hatten wir eine aparte Plauderei gestartet.

Diese Art, sein Gegenüber in ein Gespräch zu verwickeln, das jenseits vom Small Talk einen echten Gewinn verspricht, scheint bei Trader Joe's weit verbreitet. Nicht erst die Studie eines Marktforschungsinstituts von 2015 belegt: »Wenn es um Kundenzufriedenheit geht, kann keine Lebensmitteleinzelhandelskette mit Trader Joe's mithalten.«[2] In einem Blog bringt es der Schreiber David Livingston von DJL Research auf den Punkt: »Menschen, die andere Menschen dazu bringen, sich besser zu fühlen, haben viele Freunde.«[3]

Also: Sich einlassen auf sich und sein Gegenüber und dabei fleißig die drei Strategien anwenden – das wirkt Wunder im eigenen Kopf und macht Sie neugieriger, als Sie je zu sein glaubten!

7.2 Kopfbefreier werden

Endlich Nichtdenker ist ein hervorragender Buchtitel. So gut, dass ihn der Publizist Hannes Stein bereits benutzt hat.[4] Neben vielen wertvollen Tipps rund um das sachgerechte Aussetzen der eigenen mentalen Fähigkeiten schrieb er, dass man, wenn man schon einmal mit dem Denken aufgehört hat, doch so gescheit sein sollte, nicht wieder damit anzufangen.

Timothy Wilson, ein weiterer begnadeter Autor und ein ebenso außergewöhnlicher Psychologe aus den USA, entgegnete

2014, dass das eigentlich kaum möglich sei mit dem »Nichtdenken«. Darin seien wir Menschen nämlich ziemlich mies. Wenn Sie es nicht glauben, machen Sie das, was Wilson mit seinen Versuchsteilnehmern anstellte: fünfzehn Minuten in einem kargen Raum sitzen, keine Ablenkungen, an Smartphones gar nicht zu denken. So fürchterlich war diese Erfahrung anscheinend für die Probanden, dass sie sich lieber selbst und freiwillig Elektroschocks verpasst sehen wollten, als diesem Sinnentzug weiter ausgesetzt zu sein.[5]

Warum ist es so extrem unattraktiv für den Kopf, ohne Input zu leben? Weil er permanent nach Sinn sucht, also nach einer Strukturierung von Umgebungsreizen. Wenn man dem Gehirn zu lange diese Möglichkeit nimmt, beginnt es sogar, selbst Input zu erfinden. Faszinierend, aber nicht zielführend – gerade wenn es um das Sinnstiften im privaten und beruflichen Alltag geht.

Nachsinnen macht neugierig

Was könnte helfen? Dazu eine Geschichte aus dem Alltag eines der bekanntesten Unternehmen der Welt: Im August 1999 begann Google, ein kostenloses Mittagessen für seine Mitarbeiter zu servieren. Nett, aber machen die doch nur, um die Produktivität zu steigern – das meinten jedenfalls die Kritiker. Die verstummten jedoch spätestens 2007, denn da bat der Suchriese, der für so viele Best-Practice-Beispiele herhalten muss, seine Mitarbeiter: »Sucht in euch!« Meditation, mitten während der Arbeit. Jedes Jahr tun das nun Tausende, denn Nachsinnen in Muße erzeugt Neugier. Der beliebteste Kurs im Programm von Google heißt sinnigerweise »Search inside yourself!«. Die Wartezeit dafür beträgt sechs Monate. Die Google-Mitarbeiter sind überzeugt, dass dieser Kurs ihr Leben verbessern kann. Wann hat das mal ein Mensch über ein Fortbildungsangebot in Ihrem Laden gesagt?

Chade Meng-Tan, einer der frühen Mitarbeiter von Google, kam auf die Idee für diesen Kurs. Sein Credo: »Ich will nicht den Buddhismus bei Google einführen. Mich interessiert es, Menschen bei Google zu helfen, den Schlüssel zum Glück zu finden.« Seine kondensierte Job-Description lautet: »Enlighten minds, open hearts, create world peace.« Der Kurs verbindet Achtsamkeitstechniken mit psychologischem Wissen rund um die emotionale Intelligenz. Das Ziel: besser mit sich und anderen klarzukommen und sinnstiftende und tiefe Arbeitsbeziehungen aufzubauen. Das sind spannende Skills für eine ingenieurslastige Unternehmenskultur wie bei Google, was nämlich oft übersehen wird: Es geht dort meist um Programmierer und Mathematiker. Und genau an diesem Punkt setzt der Kurs an: In einer der Übungen sitzen sich Menschen gegenüber und werden daran erinnert, dass ihr Gegenüber eine Person ist, die einen Vater und eine Mutter, die Ängste und Hoffnungen hat, vielleicht auch Schmerz empfindet oder Freude. Das ist wie ein mentaler Work-out, der Kollegen in menschliche Geschöpfe zurückverwandelt.

Der Kurs, der von zwei Trainern geleitet wird – einer ist für die wissenschaftliche Basis, ein anderer für die praktische Meditationsarbeit zuständig –, ist so erfolgreich, dass Meng bereits ein Buch mit dem Titel *Search Inside Yourself. The Unexpected Path to Achieving Success, Happiness (and World Peace)* rund um die Motivation, Zielsetzung und den Nutzen dieser Sessions geschrieben hat. Es ist inzwischen in mehr als zwanzig Sprachen übersetzt.

Duschen hilft

Mehr Ideen? Kreativere Köpfe? Durch Achtsamkeit? Vielleicht. Aber auch Duschen hilft – das ist tatsächlich belegt! Ein überraschendes Forschungsergebnis, vorgelegt von keinem Geringeren als Woody Allen.

Wie kam es dazu? Der Regisseur genoss seine Spaziergänge durch den Central Park in New York, um auf neue Ideen zu kommen. Mit wachsender Berühmtheit wurden diese aber immer mehr zu einem Spießruten- und Dauerlauf. Die Fans trieben ihn schweißgebadet unter die Dusche. Dort, so merkte er, hatte er ebenso gute Ideen: »Für mein kreatives Pensum gehe ich unter die Dusche«, lautet daher seitdem sein kreatives Mantra.[6]

Aber Anekdoten sind ja das eine und Forschung das andere. Deswegen machte ich mich mit Andreas Steinle daran, diese »Duschhypothese« genauer zu betrachten. Denn wenn dem so wäre, könnten wir ja alle ein wenig kreativer werden, oder? Und das wäre in einer Zeit, in der Innovation ein Erfolgsfaktor ist, nicht das Schlechteste. Das Ergebnis unserer Forschungsreihe für ganz Neugierige vorweg: Duschen macht tatsächlich kreativer. Notfalls auch ohne Dusche.

Um unsere Hypothese zu beweisen, luden wir im April 2015 Menschen im Rahmen der Wiesbadener Designtage ein, an einem »Experiment zum aktiven Denken« teilzunehmen. Sie wurden in zwei Gruppen eingeteilt und bekamen identische Fragestellungen, allesamt abgeleitet aus der Kreativitätspsychologie. Allerdings wurden sie unterschiedlich auf die kreative Arbeit eingestimmt.

Gruppe B wurde mittels Priming vorbereitet. Dazu muss ein kleiner Exkurs her. Was ist Priming? Einfach gesagt: Wir nehmen einen Reiz nicht bewusst wahr, aber trotzdem beeinflusst er, was wir als Nächstes denken, wahrnehmen oder fühlen. Dieses Priming wirkten auf viele Aspekte des Menschseins. Gedanken können ebenso geprimt werden wie Verhalten und Einstellungen. Wenn in einem Experiment Altruismus geprimt wird, führt das zu erhöhter Hilfsbereitschaft. Die wissenschaftliche Basis dafür ist die Idee der »Associative Network Activation«. Das bedeutet, dass das Priming eines Verhaltensmusters automatisch die Aktivierung eines damit zusammenhängenden Musters verursacht.

Und es gilt eben auch: Kreativität kann geprimt werden. Den zugehörigen Beweis dafür erbrachte Jens Förster 2005. Er nahm das Konzept »Normabweichung« zur Hilfe. »Normabweichung« beschreibt das menschliche Verhalten, von tradierten Lösungswegen und Verhaltensmustern abzuweichen. Bereits 2008 wurde gezeigt, dass diese »Normabweichung« eng mit »Kreativität« zusammenhängt.[7] Denn Kreativität ist immer auch eine Abkehr von traditionellen Erwartungen, ein bestimmtes Ziel zu erreichen. Kreativität wie auch Normabweichung können als Problemlösungsstrategien verstanden werden.

Försters Hypothese lautete nun, dass das bloße Anschauen eines modernen Kunstwerks eine kreative Haltung auslösen kann. Der Grund liegt in der Art der Gestaltung, die ebenfalls eine Abweichung von tradierten künstlerischen Normen darstellt. Im zugehörigen Versuchsaufbau bekamen dementsprechend zwei Gruppen dieselbe Aufgabe: »Finden Sie möglichst viele Verwendungsmöglichkeiten für einen Ziegelstein.« Diese Aufgabenstellung ist uns inzwischen mehrfach in diesem Buch begegnet – aber sie ist einfach so zentral in der Kreativitätspsychologie, dass wir ihr nicht ausweichen können.

Gruppe A saß während der Denkarbeit vor einem Bild, das in etwa aussah wie das obere Bild auf der nächsten Seite.

Gruppe B schaute sich ein Bild mit einer Normabweichnung an.

Und es ist schnell zu erkennen: Das zweite Bild ist etwas anders. Elf dunkelgrüne Kreuze und ein »Normabweichler« – ein gelbes Kreuz. Der Grund: Letzteres setzt sich von seinen konservativen, konventionelleren Vettern im Bild ab und primt so unkonventionelles Denken.

Das Ergebnis der kreativen Denkarbeit unter dem Einfluss der Kunstwerke? Verblüffend! Gruppe B brachte deutlich mehr Verwendungen für den Ziegelstein hervor (40 Prozent). Und ein Expertengremium beurteilte den Output als weitaus kreativer![8]

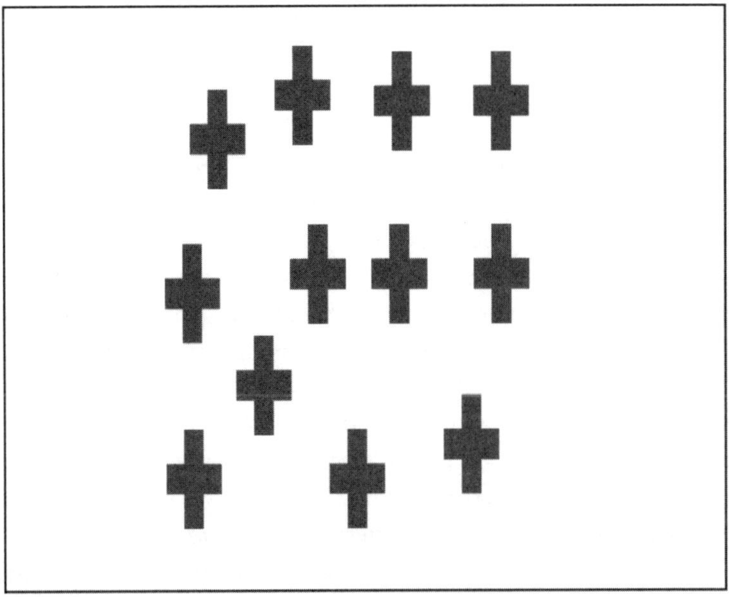

Die Norm …

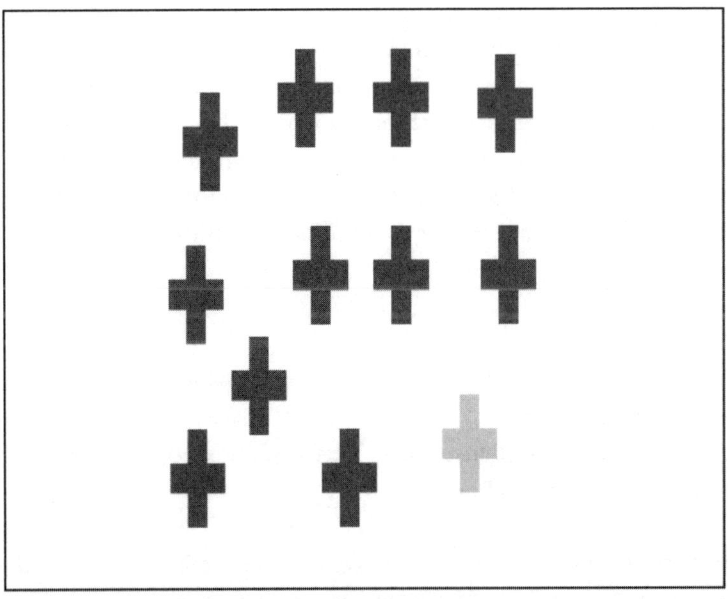

… und die Abweichung von der Norm

Ziegelsteine überall

Dem Priming gegenüber stellten wir eine weitere Hypothese: Menschen, die Achtsamkeit trainieren, werden besser mit kreativen Problemlösungsaufgaben fertig – sogenannten Einsichtsaufgaben oder Geistesblitzen, wie man sie im Alltag nennen könnte. Das belegten 2011 erstmals die Kreativitätspsychologen Brian D. Ostafin und Kyle T. Kassman. Deren Ergebnisse zeigten: Menschen, die ihre Achtsamkeit trainieren, steigern ihre Fähigkeit, solche Probleme zu lösen, die kreative Aha-Momente verlangen. Wir nennen sie auch Glühbirnen-Momente; ein anderer klassischer Begriff hierfür lautet »Einsicht«. Wir stellten uns also folgende Fragen: Kann man herausfinden, welche der beiden Techniken wirksamer ist? Und wirkt Achtsamkeitstraining auch bei der zweiten großen Fähigkeit kreativer Menschen – der Entwicklung neuer Ideen?

Es ging dabei wieder, wie in der Kreativitätspsychologie üblich, um einen Ziegelstein. Von den Teilnehmern wurde eine anonymisierte Kurzstatistik erhoben, die eine Gruppeneinteilung nach Alter und Geschlecht ermöglichte. Dann bekamen beide Gruppen (neun Frauen und sechs Männer im Alter zwischen dreißig und sechzig Jahren aus sehr unterschiedlichen Berufsgruppen wie Design, Medien, Immobilien, Coaching oder dem öffentlichen Dienst) die beiden folgenden Aufgaben gestellt:

1. Finden Sie möglichst viele Verwendungsmöglichkeiten für einen Ziegelstein.
2. Finden Sie möglichst viele Verwendungsmöglichkeiten für ein leerstehendes Parkhaus.

Für diese erste Fragestellung, welche die Teilnehmer auf der Rückseite eines Zettels fanden, hatten sie zwei Minuten Zeit. Anschließend wurde die zweite Fragestellung mündlich mitgeteilt, für die aufgrund der größeren Komplexität fünf Minuten zur Verfügung standen.

Gruppe A wurde dabei mit einem kurzen autogenen Training vorbereitet und anschließend mit der ersten Frage konfrontiert. Gruppe B wurde per Poster geprimt: In einem Raum waren hierfür vier Bilder mit einer Größe von 100 mal 70 Zentimeter aufgehängt. Einige Reihen schwarzweißer Schmetterlinge waren darauf zu sehen, ordentlich in einem symmetrischen Arrangement. Nur der letzte Schmetterling unten links war gelb und flog im wahrsten Sinne aus der Reihe. Dies war die Duplizierung des Originalversuchs von Jens Förster, der statt der Schmetterlinge das Zeichen X verwendete und eines davon in einer anderen Farbe darstellte.

Die Menge an produzierten Ideen, ein klassisches Maß für kreativen Output, unterschied sich bei beiden Gruppen deutlich. Gruppe A (Priming) kam im Mittel auf sechs Ideen, während Gruppe B (Speed-Meditation) auf acht Ideen kam. Noch deutlicher war der Unterschied bei der Frage nach den Verwendungsmöglichkeiten für ein leerstehendes Parkhaus: Gruppe A hatte gemittelt acht Ideen, Gruppe B hingegen zwölf.[9] Ferner fanden sich in dieser Speed-Meditationsgruppe einige Personen, die mehr als sechzehn Nutzungsmöglichkeiten fanden. In der Priming-Gruppe war nur ein Teilnehmer in der Lage, eine solche Anzahl zu produzieren.

Auch die Qualität der Ideen unterschied sich deutlich. Bei den Ziegelsteinübungen liegen aufgrund der Vorliebe für die Fragestellung in der wissenschaftlichen Gemeinde eine Menge Antwortdaten vor, die zeigen, welche Antworten die eher gewöhnlichen sind (Buchstütze, Briefbeschwerer oder Gewicht) und welche von diesen »positiv« abweichen (Wärmekissen, Gewicht für Riesenpapierflieger oder Kopfkissen für harte Kerle). Hierbei zeigte sich: Die Speed-Meditationsgruppe hatte im Vergleich zur Priming-Gruppe also nicht nur mehr Ideen produziert, sondern auch die qualitativ besseren.

Tatsächlich scheint also eine Kreativitätsintervention in Form einer Achtsamkeitsübung Einfluss auf die Menge und Qualität der Ergebnisse zu haben. Da das Abschneiden sowohl bei der Ausgangsübung »Ziegelstein« als auch bei der Nachfolgeübung »Parkhaus« deutliche Unterschiede in puncto Qualität und Frequenz der Ergebnisse aufweist, können wir von einer positiven Wirkung der Meditation auf die Ideengenerierung ausgehen.

Die Gedanken schweifen lassen

Das führt uns an den Ausgangspunkt unseres Experiments zurück: Warum haben Menschen wie Woody Allen eigentlich ihre besten Ideen unter der Dusche? Dafür habe ich noch ein letztes Experiment parat.

Der Kreativitätspsychologe Jonathan Schooler hat dazu 2013 im Rahmen einer BBC-Dokumentation *The Creative Brain. How Insight Works* Folgendes belegen können: Wieder ging es darum, für einen Ziegelstein mögliche und ungewöhnliche Verwendungsmöglichkeiten zu finden. Der Versuch hatte drei Phasen. Zuerst sollten die Menschen möglichst viele neue Verwendungsmöglichkeiten für den Ziegelstein finden, wofür sie zwei Minuten Zeit hatten. Anschließend sollten die Probanden zwei Minuten Pause machen – diese Pause aber ganz unterschiedlich gestalten: Entweder sollten sie in der Pause einfach nur dasitzen und nichts tun, oder sie sollten Legoklötzchen der Farbe nach sortieren, oder sie mussten mit Hilfe der Legoklötzchen ein kniffliges technisches Problem lösen.

Nach der Pause wurden die Probanden im dritten Teil des Versuchs gebeten, weitere neue Verwendungsideen zu produzieren. Dabei zeigte sich: Die Menschen mit der schweren Denkaufgabe schnitten mit Abstand am schlechtesten ab. An zweiter Stelle waren die Döser und an erster Stelle diejenigen, deren Gehirn mit einer einfachen Beschäftigung leicht auf Trab gehalten wurde. »Mind-wandering« nennt das der Psychologe, die Gedanken schweifen lassen – wie wir das unter der Dusche eben oft tun.

Die Qualität und die Anzahl der Äußerungen aus unserem Experiment scheinen diese Ergebnisse zu stützen. Die Speed-Meditationsgruppe kam in der Regel mit sehr ungewöhnlichen Verwendungsbeispielen für das Parkhaus. Denn neben den Klassikern, die in beiden Gruppen und bei vielen Individuen zu finden waren, wie Galerie, Partyraum oder Vortragsraum, gab es ungewöhnliche Ideen wie Fahrradschule, Zeltplatz, Büroraum für Freidenker, Denkmal des Autos oder Single-Börse. Wenn Sie also auf mehr und bessere neue Ideen kommen wollen, tun Sie nicht einfach gar nichts. Wenn Sie neue Ideen brauchen, so fasst es auch Jonathan Schooler zusammen, tun Sie etwas Leichtes. Gehen Sie in die Natur, in sich oder unter die Dusche. Fazit: Tun Sie nicht einfach nichts, machen Sie etwas Einfaches!

Soweit also der Beleg, dass Kopffreiheit oder, etwas geläufiger ausgedrückt, Achtsamkeit helfen. Natürlich gilt für dieses Experiment wie für viele andere Forschungsansätze, dass es sich um eine kleine Gruppe von Probanden handelt und dass weitere Überprüfungen der Hypothese notwendig sind. Doch es zeigt in die richtige Richtung: Nichtdenken hilft – wenn man weiß wie.

So arbeitet Meister Meng

Grund genug, sich den tatsächlichen Verlauf eines solchen Trainings genauer anzuschauen. Sie erinnern sich an den begehrten Kurs bei Google? Mengs Kurs läuft folgendermaßen ab und besteht aus drei Schritten:

1. *Aufmerksamkeitstraining*: Hierbei geht es darum, aufmerksam zu sein für das, was einem widerfährt. Sich seines Stresses und seiner Anspannung bewusst zu werden, wahrzunehmen, wenn jemand einem an den Karren fahren will. Und dann auf

Basis dieser Wahrnehmung bewusst einen geistigen Zustand anzusteuern, der wieder Ruhe und Frieden in den Kopf bringt.
2. *Selbstwissen*: Wenn Ruhe im Oberstübchen herrscht, kann das Wissen über das eigene Selbst erweitert werden. Selbstbewusstheit wird so zu einer Ressource im Arbeitsalltag. Jeder lernt über und für sich, wie er Emotionen erkennen, zulassen oder verändern kann.
3. *Mentale Gewohnheiten kreieren*: Meng nennt als Beispiel die mentale Gewohnheit der Freundlichkeit. Jedem von uns fällt sicherlich auf Anhieb ein Kollege ein, bei dem genau diese suboptimal ausgebildet ist. Der Google-Guru verbindet das mit der Perspektive: »Schauen Sie sich jeden anderen Menschen an, dem Sie begegnen, und denken Sie: ›Ich möchte, dass dieser Mensch glücklich ist!‹« Die Wiederholung macht das zur Gewohnheit.

Auf der Webseite www.mindful.org findet sich einiges an Feedback. Dieses beginnt bei: »Es hat komplett verändert, wie ich auf Stressoren reagiere und mir Zeit nehme, Empathie zu entwickeln, bevor ich auf mentale Schnellschüsse hereinfalle.« Andere sprechen von besseren Partnerschaftsbeziehungen bis hin zum erfolgreichen Bewältigen persönlicher Krisen.

Und was, wenn Sie nicht bei Google arbeiten? Jüngste Ergebnisse von 2014 belegen, dass selbst zweimonatige Kurzprogramme das Gehirn in acht verschiedenen Bereichen sichtbar verändern können.[10] Das betrifft unter anderem den Bereich im Gehirn, mit dem wir unsere Aufmerksamkeit und unser Verhalten steuern und der hilft, Impulsivität und ungehemmte Aggression im Zaum zu halten, aus Erfahrungen zu lernen und besser mit unsicheren Situationen umzugehen – der vordere Bereich des cingulären Cortex. Er ist wie ein Kippschalter, der uns hilft, von einer Strategie zur anderen zu wechseln und nicht am falschen Denken festzuhalten.

Achtsamkeit erhöht diese Form von Selbstregulation deutlich.

Die Folge: Wir werden immun gegen Ablenkungen. Und Achtsamkeit hilft uns auch, aus Erfahrungen zu lernen – was nicht unpraktisch ist, um bessere Entscheidungen zu treffen.

Achtsamkeitstraining in Bahn oder Flugzeug

Das alles wirkt kleine Wunder für einen besseren Umgang mit Veränderungen und unsicheren Situationen. Wie funktioniert Achtsamkeit dabei? Es geht darum, mit dem eigenen Bewusstsein wertfrei im aktuellen Moment zu verweilen. Im Grunde ist es ein mentales Training, das dem Leitsatz folgt: »Stehen bleiben und verweilen« – sowohl körperlich als auch geistig. Schauen, ein bisschen länger hingucken und die Konzentration auf das Gesehene fokussieren, statt schnell zu dem zu springen, was als Nächstes getan werden muss. Es ist wie ein Training für den Aufmerksamkeitsmuskel: Der wächst und wird stärker. Die Folge: Das Gehirn verändert sich wie oben beschrieben, und Ihre mentale Leistungsfähigkeit steigt.

Das alles lässt sich gekonnt in den Alltag integrieren. Eine der Basisübungen ist wunderbar im Flugzeug, in der Bahn oder im Büro anwendbar. Sie richten Ihre Aufmerksamkeit auf den eigenen Atem und achten dabei etwa darauf, wie der Bauch sich hebt und senkt. Eine Minute verändert Ihre Wahrnehmung, drei Minuten haben bereits einen beeindruckenden Effekt, fünf Minuten, und der Tag wird anders enden, als Sie erwartet haben.

Wenn Ihnen der Blick auf Ihren Bauch aus irgendeinem Grund nicht behagt, können Sie auch ein anderes Objekt nutzen, dem Sie Ihre Aufmerksamkeit schenken. Ob es ein Apfel oder eine Tasse Kaffee ist – egal. Auch während Sie dieses Objekt studieren und gezielt wahrnehmen, achten Sie auf Ihren Atem und besonders darauf, wenn Ihre Gedanken abschweifen. Kehren Sie in diesem Moment wieder zurück zur Aufmerksamkeit für das Objekt.

7.3 Brandstifter bleiben

Hier nun die dritte Neugierstrategie: »Kindling«, was so viel wie »entfachen, entfeuern« bedeutet. So nennen es die Neurologen: eine Reaktion des Gehirns auf wiederholte unterschwellige Reize. Das kommt aus der Epilepsie-Forschung, funktioniert aber generell im Gehirn, und zwar so: Im Laufe der Zeit werden neuronale Bahnen, die immer wieder genutzt werden, auch *feuern*, ohne dass man sie stark *anfeuern* muss. Denn jeder Gedanke, den wir haben, ist ein Ereignis, das physisch in den Neuronen existiert.

Je öfter wir also einen bestimmten Gedanken wiederholen, um so robuster werden die neurologischen Bahnen und umso leichter feuern sie. Oder etwas einfacher gesagt: So wie wir eine Angst vor Spinnen lernen, genauso können wir auch Neugier lernen.

Vier Tipps können Ihnen auf dem Weg zum »Feuermacher« helfen.

Achten Sie auf Ihre Sendezeit

Ihr Redeanteil ist ein gutes Barometer für Ihre Neugier. Denn nicht »Reden« ist die Währung der Neugier, sondern »Fragen« führt zur angestrebten Dividende des Mehr-Wissens. Mehr Wert auf Fragen zu legen führt sinnigerweise dazu, dass die Menschen um Sie herum mehr Chancen zum Reden bekommen. Nehmen Sie sich also ein paar Minuten Zeit, um ein paar echte Neugierfragen zu finden. Die werden garantiert Ihrer Konversation eine elegante Starthilfe geben.

Ich kann es nur immer wieder sagen: Versuche haben gezeigt, dass Menschen, die so kommunizieren, mehr Freunde haben und mehr positive Eigenschaften zugeschrieben bekommen.[II] Entfachen Sie das Feuer, und setzen Sie sich dann ent- und gespannt hin, um den anderen zu lauschen.

Bauen Sie Neugier-Booster in Ihr Vokabular ein

Die Wörter, die Sie verwenden, wirken wie ein Rauchzeichen Ihres aufrichtigen Interesses am Lernen und Entdecken. Denken Sie ernsthaft darüber nach, Redewendungen wie die folgenden fest in Ihren Wortschatz einzubauen, um das Feuer bei anderen zu entfachen:

- »Was wäre, wenn …?«
- »Ich würde wirklich gerne mehr wissen über …?«
- »Wie würde sich das ändern, wenn …?«
- »Was ist Ihre Erfahrung mit …?«
- »Wie würden Sie …?«
- »Mit welcher bekannten Persönlichkeit würden Sie gerne an der Lösung arbeiten? Und wer kommt dem in Ihren Augen im Unternehmen am nächsten?«

In seinem Buch *»Leading with Questions«*[12] zeigt Michael Marquardt, wie sehr jegliches Unternehmen von einer fragefreundlichen Kultur profitieren kann. Sie stärkt alle Beteiligten: Die Befragten spüren eine steigende Wertschätzung, weil die Fragen sich ernsthaft mit ihren Anliegen und Gedanken auseinandersetzen; die Fragenden erleben einen Kompetenzzuwachs, da sie erleben, wie viel Einfluss gute Fragen auf gute Antworten haben.

Der Kern des gelingenden Fragens ist dabei auf den ersten Blick recht trivial: Die Formulierungen sollen ablassen von energieraubendem Nachbohren (»Warum liegen Sie hinter dem Zeitplan?«) und aufgetankt werden mit energiegebenden Perspektivöffnungen (»Was würde sich ändern, wenn…«). Sehr elegant verpacken es die Autoren von *Power Questions*, die zeigen, wie sehr das gezielte Fragen Beziehungen herstellt.[13] Um das so hinzubekommen müssen Sie als Fragesteller ihren eigenen Kopf öffnen, um diese guten Formulierungen zu finden. Das erreichen Sie wiederum recht gut, wenn Sie sich selbst eine Frage stellen, nämlich: »Wo hakt es?« Wenn Sie das wirklich rausfinden wollen, ist erstens automatisch Ihr Neugierdrang in Hochform und zweitens ein Anfang für gezieltes, wertschätzendes Fragen gemacht.

Suchen Sie Außendaten

Neugier ist nichts für Zaungäste. Die Informationen kommen nicht zu Ihnen – Sie müssen einen Plan entwickeln, um das zu erfahren, was Sie wissen wollen. Achten Sie dabei darauf, das Internet zu Ihrem Partner zu machen – und dabei nicht auf Google zu vertrauen. Google hat nur ein Ziel: so schnell wie möglich die erstbeste Antwort zu finden – das wissen Sie bereits. Das tötet die Neugier. Nutzen Sie also das Internet als Ausgangspunkt, nicht als Schlusspunkt. Das heißt: Gehen Sie über die Ergebnisse der ersten drei Google- oder Suchmaschinen-Seiten hinaus. Patrick Mussel, den Begründer der beruflichen Neugierskala, fand ich beispielsweise bei meinen Recherchen auf Seite 12 einer Google-Suche. Inzwischen ist seine Arbeit – auch durch unsere Neugier im Forscherteam – in mehr und mehr Köpfen angekommen.

Google hat zwar auf alles eine Antwort, würde nie reagieren mit: »Weiß ich nicht.« Auch hier gilt: Je mehr Energie in die Frage fließt, umso eher können Sie die Antworten nutzen – weg mit Autovervollständigung, her mit Reflexion. Das Internet bietet Ihnen Feuerstein, Zunderpilz und Pyrit – jedoch nicht das Feuer selbst. Das müssen Sie selbst entfachen.

Überprüfen Sie Ihre Glaubenssätze auf Neugierkiller

Viele Führungskräfte, egal ob Manager, Lehrer oder Eltern, verfügen über starke Glaubenssätze, automatisierte Reaktionen auf Zeitdruck und höchst individuelle Konditionierungen, die Neugier im Alltag ersticken. Oft wollen sie kontrollieren, wohin eine

Diskussion führt. Oder sie ziehen voreilige Schlüsse, um Probleme schnell und vermeintlich effizient zu lösen. Keines dieser Verhaltensmuster verträgt sich gut mit Neugier. Vorannahmen, Urteile, Denkfallen – sie bauen eine Mauer um das neugierige Denken. Auch hier schlägt der Autopilot in unserem Kopf unbarmherzig zu und brennt das Denken nieder.

Machen Sie sich deshalb vertraut mit den Denkfallen rund um die Neugier – die Sie schon aus Kapitel 5 kennen. Nehmen Sie sich dieser Strategien an, und erleben Sie, wie Sie mehr lernen, intensivere Beziehungen erleben und ein wenig klarer denken. Mein Chef an der Kölner Uni sagte immer: »Neugier ist der Docht in der Kerze des Lernens.« Pusten Sie die Flamme nicht aus, sondern lassen Sie sie zur Quelle Ihrer Erleuchtung werden. Werden Sie ein Feuermacher der Neuzeit.

Vielfaltsamnesie verhindern

Jetzt fragen Sie sich: Was ist das denn, Vielfaltsamnesie? Ein schöner Name für einen unschönen Zustand. Vielfaltsamnesie ist eine Art mentaler Zivilisationskrankheit, an der wir fast alle leiden. Und die macht, dass wir uns sehr schnell an positive Erlebnisse gewöhnen – und dabei abstumpfen. Die gute Nachricht ist aber: Wir können das abwehren, indem wir uns bemühen, aktiv wahrzunehmen, wie viel Vielfalt und Neuheit es eigentlich in unserem Leben gibt. Doch wie können wir dieser achtlosen Anpassung an all das Gute in unserem Leben entkommen, dieser »Vielfaltsamnesie«? Wieder bringt ein elegantes, diesmal dreiteiliges Experiment Licht ins Dunkel.[14]

Fünfzig Menschen kamen zu Jeff Galak ins Labor der New York University. Der erste Teil des Experiments bestand darin, bei allen ein Gefühl der mentalen Sättigung zu erzeugen und zu messen. Dazu wählten die Menschen ihren aktuellen Lieblingssong und ihr zweitliebstes Lied aus. Zur Wahl standen die Top 15 der aktuellen Hitliste. Mit den Refrains dieser Songs kreierten die Forscher zwei 29-sekündige Audioclips. Zuerst hörten die Menschen ihr zweitliebstes Musikwerk und entschieden mit Hilfe einer Skala, wie sehr sie den Song mochten oder hassten. Dann ging es wieder unter die Kopfhörer: Nun hörten die Teilnehmer ihre Songs zwanzigmal hintereinander. Und nach jedem Mal markierten sie auf der Skala, wie hoch ihr Genuss war. Es folgten, wie bei psychologischen Experimenten nicht unüblich, ein paar Ablenkungsaufgaben und dann ging es weiter.

Der zweite Teil des Experiments widmete sich, dreißig Minuten nach dem ersten, der Frage, wie es nun mit dem Sättigungsgefühl war oder ob die Menschen sich davon schon erholt hatten, sowohl bei den Lieblingsliedern als auch bei den Nicht-Lieblingsliedern. Dazu erklangen die zuvor gewählten Melodien erneut. Danach wurde ihnen gedankt, der übliche Obolus verteilt – in diesem Fall Punkte für das Studium –, und die Menschen wurden ohne weitere Hinweise auf den noch ausstehenden dritten Teil entlassen.

Dieser dritte Teil fand drei Wochen später statt und fragte wieder nach Sättigung bei den beiden Songkategorien. Dazu wurden die ursprünglichen Teilnehmer kontaktiert und erneut ins Labor geladen. Diesmal, so hieß es, ging es um eine andere Musikstudie. Aber so sind die Forscher: Sie lügen wie gedruckt, wenn es hilft. In Wahrheit ging es nahtlos da weiter, wo man drei Wochen zuvor aufgehört hatte. Die Menschen wurden aufgeteilt in zwei Gruppen: Die Gruppe »Gleiche Dinge« notierte, welche Musikstücke sie in den vergangenen Wochen gehört hatte, die andere Gruppe »Verschiedene Dinge« schrieb nieder, welche Fernsehsendungen sie geschaut hatte. Dann bekamen die Probanden beider Gruppen wieder ihre Lieblingslieder vorgedudelt – und es folgte die entscheidende Frage: »Wie gerne würdet ihr jetzt eure beiden Songs in kompletter Länge hören? Sagen wir, auf einer Skala von 1 (wenig) bis 9 (sehr gerne)?«

Die Frage war also, wie sehr sich die Menschen von diesem Überdruss in den drei Wochen zwischen den Experimentphasen erholt hatten. Und da zeigte sich: Die Menschen, die sich an andere Songs erinnern sollten, hatten wieder Lust auf ihren Lieblingsrefrain. Sie erholten sich deutlich besser, zu 89 Prozent, vom Lieblingssongüberdruss als die Fernsehgruppe, der das nur zu 59 Prozent gelungen war. Und wie war es mit dem dringenden Wunsch, den Song mal wieder in voller Länge zu genießen? Auch da lag die Songvielfaltsgruppe mit 64 Prozent vorne gegenüber 38 Prozent aus der Fernsehgruppe.

Daraus lässt sich eine richtige Kick-Ass-Intervention für die eigene Neugier ableiten. Wir können der Vielfaltsamnesie generell ein Schnippchen schlagen: einfach, indem wir uns daran erinnern, wie viel Vielfalt neben Lieblingen existiert. Das steigert das Interesse an diesen abgenutzten Lieblingen enorm. Dieser Effekt des Sich-Erholens vom Überdruss wurde inzwischen in vielen weiteren Studien belegt.

Was gerade in einem Neugierbuch entscheidend ist: Wir können unseren Genuss gezielt beeinflussen. Wenn wir einer Sache, eines Songs, eines Essens, sogar eines Menschen überdrüssig werden, obwohl wir sie, es oder ihn so sehr mögen, sollten wir uns nicht ablenken, indem wir völlig andere Betätigungen suchen, sondern indem wir Vielfalt innerhalb der Gruppe erzeugen; also andere Songs, anderes Essen, andere Menschen hören, sehen, wahrnehmen. Das steigert nachweislich wieder unser Interesse am ursprünglichen Lieblingsobjekt.

Welch simple und effektive Technik, um wieder neugierig auf Bekannte(s) zu werden. Das Coole daran: Sie müssen sich selbst nur daran erinnern – nicht direkt in das alternative Erlebnis eintauchen –, und schon hat es den gewünschten Effekt. Probieren Sie es aus: das nächste Mal in der Kantine, wenn Sie denken: »Oh, nicht schon wieder das Gleiche auf der Speisekarte.« Versuchen Sie dann an all die anderen Dinge zu denken, die Sie seit dem gestrigen Mittagsmahl gegessen haben. Die Forschung sagt: Das wird Ihr aktuelles Essen das entscheidende bisschen besser schmecken lassen.

7.4 *Missing Link* spielen

Vom Feuermacher zum Gesellschaftsspiel: Nummer 4 unserer Neugierstrategien ist spielerisch einfach, aber nicht zu unterschätzen.

Wir haben an der Universität Köln unter der Ägide unseres frei denkenden Professors Herrmann Rüppell so manches Experiment designt. Wir haben untersucht, wie das Priming mit Metaphern Menschen dazu verführt, selbst Metaphern zu benutzen. Wir haben versucht herauszufinden, wie man Vorstellungskraft messen kann und entwickelten DANTE, einen Test zur »Diagnose außergewöhnlichen naturwissenschaftlichen und technischen Entdeckens«.

Hier möchte ich Ihnen eine weitere Errungenschaft dieser kreativen Phase vorstellen, die einen spielerischen Zugang zur wissenschaftlichen Neugier bietet: *Missing Link*, ein Kartenspiel, das auf RAT, dem »Remote Assoziation-Test« beruht.[15] Dieser wird eingesetzt, um das assoziative Denken zu testen, eine der Kernfähigkeiten der Kreativität. *Missing Link* greift genau das Prozedere auf, wie im Hirn Neugier entsteht – also die Mischung aus positiver situativer Blödheit (der Wissenslücke) und dem spielerischen Umgang mit den eigenen Ressourcen.

Spielerisch zu mehr Neugier

Und so funktioniert es: Auf einer Karte stehen unvollständige Wörter und Worthälften. Diese haben jeweils eine Verbindung – und zwar können sie mit ein und demselben Wort ergänzt werden. Das ist der Missing Link, die fehlende Verbindung. Ihr Ziel ist es, schneller als Ihre Mitspieler diese Verbindung zu finden. Die jeweilige Karte wird zuerst mit den Begriffen nach oben auf den Tisch gelegt. Kommt niemand auf die Lösung, kann die Rückseite zu Hilfe genommen werden. Wer die Lösung als Erster findet, darf die Karte behalten und die nächste Karte ziehen. Gewonnen hat, wer am Schluss die meisten Karten besitzt.

In dem abgebildeten Beispiel müssen Sie ein Wort finden, das Sie sowohl mit »FÜHRER« als auch mit »HEILIG« verbinden können – den Missing Link. Als Lösungshilfe wird Ihnen dabei »SC…« mitgegeben. Und so ist der Missing Link in diesem Fall das Wort »SCHEIN«. Sie können das an den folgenden Beispielen einmal selbst ausprobieren.

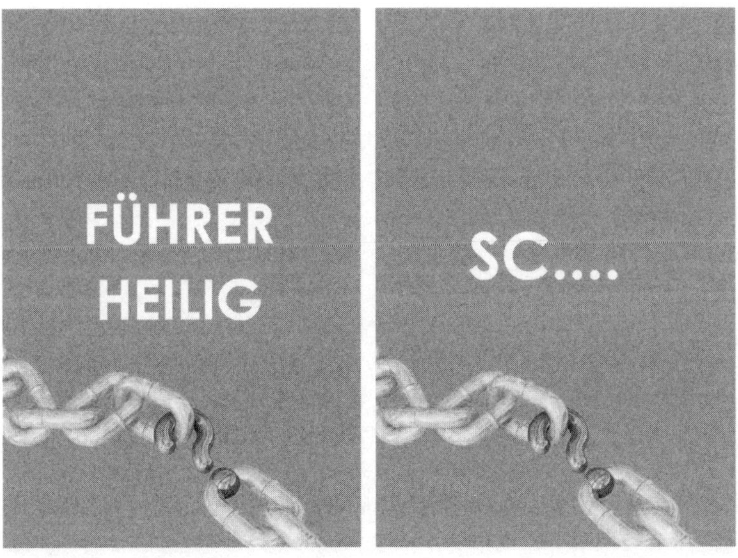

Beispiel für eine Missing-Link-Karte

Weitere Missing Links

7.5 Verhandlungen pimpen

Gegen Ende nun noch mal ein kleiner Exkurs ins Business mit Neugierstrategie Nummer 5. Wussten Sie, dass Sie nur dann gut verhandeln können, wenn Ihre Neugier wach ist und bleibt? Wenn nicht, dann lernen Sie es jetzt …

Ein paar Kapitel zuvor haben Sie den Need for Closure kennengelernt. Der ist ein ganz Schlimmer und killt nicht nur die Neugier, sondern reduziert mit Blick aufs Business auch noch die Wahrscheinlichkeit von erfolgreichen Kompromissen bei Verhandlungen.[16] Diese Festgefahrenheit wird besonders herausgekitzelt, wenn Menschen ihr Gegenüber als erfahrene Geschäftsleute und als wettbewerbsorientiert wahrnehmen. Das liegt daran, dass der Need for Closure eine gewissenhafte Analyse bremst – und so werden gerne mal zackige Stereotype genutzt, um andere zu beurteilen. Wenn dann der Verhandlungspartner über Erfahrung im Geschäftsleben verfügt, greift das Stereotyp, dass solche Menschen sich eher konkurrierend als kooperativ verhalten. Daher agiert man selbst konkurrenzorientierter – was eher kontraproduktiv ist.

Aber wie können Sie nun mit solchen Menschen gute Verhandlungen führen? Ganz einfach, indem Sie *Verhandlungsneugier* einsetzen – und dafür gibt es drei Strategien.

Die Challenge-Strategie

Wenn Ihnen der Antrieb fehlt, sich für etwas zu interessieren oder sich richtig und mit offenem Visier auf Ihr Gegenüber einzulassen, nutzen Sie eine Technik, die in der Verhandlungsforschung bereits erfolgreich Anwendung findet. Deren Ziel ist es, das eigene Interesse an den Äußerungen des Gegenübers zu steigern. Die Verhandlungsforschung hat nämlich erkannt, dass gute Unterhändler sich durch den intrinsischen Wunsch auszeichnen, die Perspektive, die Interessen und die Argumente der

Gegenseite nicht nur zu hören, sondern zu durchdringen. Das nun wiederum sind genau die Tugenden der Neugier, die im Verhandlungstraining als »stance of curiosity«,[17] als richtiggehende Neugierhaltung, verstanden werden. Eine Möglichkeit, um diese Haltung ernsthaft zu erzeugen, ist das individuelle Festlegen von »Zuhörzielen«.

Der Grund, warum das etwas bringt, liegt auf der Hand: Bei Verhandlungen, deren Thematik nicht besonders weit oben auf der persönlichen Spaßskala liegt, kann der eigene Enthusiasmus durchaus etwas leiden. Unterhändler, die sich Zuhörziele setzen, so belegt es die Verhandlungsforschung, sind hingegen tendentiell länger neugierig. Denn diese Ziele wirken wie ein Mini-Incentive, wie ein kleiner Leistungsanreiz: »Jetzt habe ich mir das vorgenommen, da werde ich das ja wohl auch noch schaffen.« Solche Zielsetzungen für die Verhandlungen sind eine Art Instant-Coach, der einen bei der Stange hält.

Erkannt wurde diese Miniwaffe gegen Verhandlungsmüdigkeit in einer Studie von Carl Sansone im Jahr 1992. Er wollte herausfinden, inwiefern solche Zielsetzungen Menschen dazu bringen, länger bei der Sache zu bleiben. Ein stichhaltiges Ergebnis kitzelte Sansone durch einen zugegebenermaßen drögen Versuch heraus, bei dem die Teilnehmer recht schlichte Aufgaben erfüllen sollten. Zur Wahl standen: ein Wortpuzzle lösen, eine Kopieraufgabe durchführen oder eine Buchstabenlücken-Aufgabe vervollständigen.

Und während die Testkandidaten sichtlich gelangweilt vor sich hin knobelten, fragten die Forscher, was die Geplagten denn tun würden, um die Aufgaben für sich ein wenig interessanter zu gestalten. Die antworteten frei heraus: etwas unternehmen, um die Aufgabe »herausfordernder« zu machen – also »more challenging«, wie der Brite sagt. Diese Anhebung der eigenen Leistungsvorgaben ist nicht nur aus der kognitiven Psychologie bekannt. Auch die Sportpsychologen halten trainingsmüde Athleten dazu an, sich eigene Leistungsziele zu setzen. Eigentlich also ein alter Hut aus der Motivationspsychologie, könnte man einwenden. Das Neue hier ist der Übertrag in die Kommunikation, so wie ihn die Verhandlungsforscher anstreben. Sie nutzen diese Motivationstechnik, um Verhandlungen zu pimpen.

> »To encourage their students to implement the challenge strategy, negotiation teachers should instruct them to identify concrete listening or understanding goals prior to participating in negotiation simulations or listening exercises. For example, a student might aspire to understand the other side's perspective fully before she shares her own. Or, a student might aspire to identify every interest motivating the other side. Following completion of a simulation, negotiation teachers should debrief by asking not only about substantive outcomes but also about listening and information-gathering; they should focus, in particular, on the listening goals students set and their efforts to meet those goals.«

Im Sinne einer Challenge-Strategie bei Verhandlungen müssen die Zuhörer konkrete Zuhörziele oder Verstehensziele bereits *vor* dem Gespräch festlegen. Etwa das Ziel, die Perspektive des anderen vollständig zu verstehen, bevor sie antworten – oder zuerst jedes Eigeninteresse, das die andere Seite motiviert, herausfinden und begreifen zu wollen. Während der Verhandlung gilt es dann, die Ergebnisse aus diesen Vorgehensweisen genauso zu betrachten, zu speichern und zu berücksichtigen wie die weiteren Verhandlungsinhalte. Das ist Vollbeschäftigung für die grauen Zellen mit dem Ergebnis der gesteigerten Aufmerksamkeit für all das, was ein Gesprächspartner so loswerden möchte.

Gewinner dieses Outputs wiederum ist derjenige, der sich mittels solcher Zuhörziele so auf die Verhandlung einlässt: Er bekommt einfach mehr mit, hat mehr Andockpunkte für weitere Verhandlungs- und Argumentationsstränge, einfach gesagt, mehr Munition.

Die Sinnstiftungsstrategie

Wer uninteressiert ist oder sein Gegenüber schnell in irgendeine Schublade einsortiert, dem mangelt es an Gründen für das weiterführende Interesse. Die aber kann man gezielt finden, wenn sie nicht bereits intrinsisch vorhanden sind. Menschen können ihre Neugier in Verhandlungen steigern, indem sie sich auf die Absichten fokussieren, die bei der Verhandlung bedient werden. Im Klartext sollen sie dann einfach dem Prinzip folgen: »Solange ich einen guten Grund dafür habe, ist es zweitrangig, wie spannend etwas ist, das ich tue.«

Auch das lässt sich trainieren. Identifizieren Sie, am besten schriftlich, welchem Zweck das gute Zuhören dienen wird: etwa dem, einen besseren Deal zu erreichen, dem Gegenüber das Gefühl zu geben, dass er verstanden wird, oder bessere gemeinsame Ziele zu finden, die beiden Verhandlungsparteien helfen.

Die Vielfaltsstrategie

Wenn Ihr Gegenüber Sie in einem Gespräch überhaupt nicht interessiert und Sie auch nicht absehen können, wie sich das jemals ändern ließe, variieren Sie die Art und Weise, um an die gewünschten Informationen zu kommen. Denn Menschen bleiben interessierter und engagierter, wenn sie die Durchführung bekannter Abläufe verändern.[18] Auch hier umfasst das Training ein vorheriges Gedankenmachen: Auf welch unterschiedlichen Wegen können Sie an Informationen kommen? Welche Fragen haben Sie noch nie gestellt, würden aber zum gleichen Ziel führen wie die üblichen? Könnte die Informationsgewinnung auch mal ganz anders funktionieren, etwa schriftlich oder digital?

Mit diesen drei recht einfachen Techniken bremsen Sie diese Form des Need for Closure, die ganz konkret Ihren Erfolg im Business tangieren kann, auf jeden Fall aus. Und Sie sehen, wieder geht es darum, Routinen auszutricksen und durch einen leichten Perspektivenwechsel unserem Hirn zu signalisieren: »Hallo, es gibt auch hier noch Neues zu entdecken!« Alles kein Hexenwerk – aber es gibt noch mehr …

Eine neugierige Haltung einnehmen

Noch etwas Spannendes: Neugier ruft starke mimische Ausdrucksformen hervor: Die Stirn kräuselt sich, die Augen öffnen sich – Anzeichen, die sich auch bei Aufmerksamkeit und Konzentration finden lassen.[19] Interessierte Menschen neigen außerdem ihren Kopf – das hilft beim Verfolgen von Objekten und Geräuschen.[20] Hinzu kommen ein schnelleres Sprechtempo und eine größere Spanne in der Stimmfrequenz.[21] Alles in allem zeigt die Neugier mit diesen körperlichen Ausdrucksformen typische Eigenschaften von Emotionen – und das können Sie in Verhandlungen erkennen und nutzen.

Dabei kommt etwas Außergewöhnliches, was an diese Überlegungen und Beobachtungen andockt, ins Spiel: die propriozeptive Psychologie. Diese setzt sich damit auseinander, wie das, was der Körper macht, sich wieder auf den Geist auswirkt. Aber stimmt das wirklich, kann es das wirklich geben – der Körper beeinflusst den Geist? Ja, das gibt es. Dieses umwerfende Prinzip habe ich bereits in der Schauspielschule kennengelernt – dort nannte man es das »Als-ob-Handeln«.

Es stammt aus der Schauspielausbildung des russischen Naturalismus und hat über die USA seinen Weg in die englischsprachige Schauspielerausbildung gefunden. Der russische Schauspiellehrer Konstantin Stanislawski ging davon aus, dass eine Schauspielleistung eine »szenische Wahrheit« haben sollte – sie sollte vor allem glaubhaft sein für die Zuschauer. Um das zu erreichen, muss der Schauspieler echte Gefühle heraufbeschwören. Er muss radikal an die eigene Darstellung glauben und sich mental in den Zustand hineinversetzen, den er darstellen will. Und dazu nutzt er die Technik des Als-ob.[22] Er greift häufig auf alte und authentische Erinnerungen zurück, um sich in den verlangten Zustand begeben zu können – diese Technik ist in der Schauspielerei auch unter dem Begriff »privater Moment« bekannt.

Für Sie ist das relevant, denn genau dieses Prinzip wirkt auch im Alltag: Sie tun so, »als ob« sie etwas könnten oder davon überzeugt seien, dass es der Fall ist – und ihr Geist fängt an, Ihnen zu glauben. Denn es gilt tatsächlich: Unser Verhalten erzeugt Gefühle und Gedanken. Und die Neugier hat diese klare Haltung, die wir oben schon kennengelernt haben. Wenn Sie sich in Ihren Verhandlungen dabei ertappen, wie Sie geistig abdriften und das Interesse verlieren, hilft es also durchaus, schlicht die »Neugierhaltung« einzunehmen und so Ihrem ermatteten Geist mit Hilfe Ihres Körpers wieder Neugier zu signalisieren.

7.6 Chef-Zerstörer für einen Tag

Frage: Was könnte den Niedergang der Weight Watchers bedeuten? Antwort: die Menschen, die ihr Essen fotografieren. Denn Google entwickelt gerade eine App, die genau diese Bilder aus dem Netz fischt und mit Hilfe von lernenden Algorithmen die Kalorien der auf dem Foto abgebildeten Mahlzeit. Vorgestellt wurde die App bereits im Mai 2015 auf dem Rework Deep Learning Summit in Boston von Google-Forscher Kevin Murphy.[23] Wenn sich das durchsetzt, brauchen Sie keine Punkte mehr zu zählen. Das zerreißt das Geschäftsmodell der Diät-Coaches: Kalorien zählen. Eine extreme Disruption.

Disruption heißt eigentlich Unterbrechung. Und mehr noch: Im Businessumfeld wird sie sogar als »Zerstörung« verstanden. Disruption ist das, was Nokia platt- und Apple groß gemacht hat. Das gehört allerdings fast schon zum Allgemeinwissen und ist so in aller Kürze ein bisschen zu flach, um als Definition oder Business-Case herzuhalten. Und es klingt auch sehr danach, als hätte das Silicon Valley mit seinen Produkten den Rest der digitalen Welt auf dem Gewissen.

Entscheidend ist, dass es bei Disruption nicht darum geht, Angebote »besser, schneller, günstiger« zu machen: Das ist keine Disruption, sondern Wettbewerb. Disruption, und das macht sie so spannend für ein Buch über die Neugier, ist vielmehr ein Produkt, das einen Markt adressiert, der zuvor gar nicht bedient werden konnte – den man natürlich erst mal entdecken (wollen) muss. Oder sie kommt als ein Produkt daher, welches grundsätzlich viel einfacher und auch noch günstiger und mithin bequemer ist als alle bestehenden Lösungen.[24] Doch das muss man erst mal erfinden. Sie merken schon, wo hier die Neugier ins Spiel kommt …

Das Ende von CD, Floppy Disk und Füller

Ein paar klassische Beispiele für Disruption: Sie ist etwa die Wurzel des Niedergangs des klassischen Vertriebs von Musik, denn iTunes zerstörte die CD. Gut, noch gibt es natürlich CDs, vor allem im Geschenkmarkt – sie machen sich einfach besser unter dem Weihnachtsbaum als ein Plastikgutschein mit einem angebissenen Apfel. Aber das Zerstörerische, das der CD endgültig das Genick brechen wird, ist die Tatsache, dass durch Plattformen wie iTunes die Art und Weise, wie ein Kunde Musik kaufen kann, vom Kopf auf die Füße gestellt wird: Er muss nicht mehr fünfzehn Songs kaufen, wenn er nur zwei will. Noch besser: Man sucht sich genau die zwei Songs aus, die man von einem Album haben will. Geht das mit einer CD? Die Antwort ist so einfach, und für die bekommen Sie keinen Blumentopf – durch eine Idee wie iTunes jedoch ein ganzes Bouquet neuer Kunden.

Ob Philips, der ursprüngliche Macher von CDs, eine solche Entwicklung nicht vorausgesehen oder sich einfach nicht den Fragen gestellt hat, die ein fiktiver CDO (»Chief Destruction Officer«) gestellt hätte – wer weiß? Sinnvoll jedenfalls wäre es gewesen, sich zum Beispiel zu fragen: »Welche Marktteilnehmer können uns gefährlich werden, wenn eine neue Technologie den Markt erreicht?« Denn die Digitalisierung der Musik gab es ja schon, sie hatte nämlich die CD erst möglich gemacht. Und das Internet gab es zu jenem Zeitpunkt, an dem die Silberlinge ihren Siegeszug begannen, ebenfalls schon. Im Rückblick ist das alles immer ganz einfach, doch was bleibt, ist die Frage nach so einem Chef-Zerstörer, einem CDO, der genau solch einen schnellen Wandel durch seine Fragen thematisiert – und so einem Unternehmen von innen wertvolle Nadelstiche versetzen kann, bevor es ein anderer von außen tut.

Unterm Strich ist es wenig überraschend, dass der Journalist Stephen Witt in seinem Buch *How Music Got Free* davon spricht, dass die CD eines nahen Tages ebenso obsolet sein wird wie die Floppy Disk.[25] Und falls Sie sich gerade fragen: »Floppy, was?«, dann haben Sie Disruption am eigenen Leib erfahren. Zu der Zeit, als ich das Programmieren von Computern lernte, einer Zeit, in der die Tastatur fest am Gehäuse war und der Bildschirm grün leuchtete, gab es biegsame kleine Scheiben. Sie waren das Speichermedium ihrer Zeit, eine Knaller-Erfindung von IBM, die nahezu dreißig Jahre den Speichermarkt dominierte – für die Digitalbranche ein Weltzeitalter. Doch dann kam die CD-ROM – und das Ende der Floppy Disk.

Heute haben wir Facebook. Das ist sozusagen die Ablösung der kleinen Zettel, die wir im Unterricht mit »Willst du mit mir gehen? Kreuze an: ja, nein, vielleicht!« unterm Tisch durchreichten. Ein Facebook-Post, ein Daumen nach oben – und keiner schreibt mehr heimliche Zettel. Wenn es so weitergeht, erleidet die Schrift selbst disruptiven Schiffbruch. In Finnland wollen die Schulen 2016 die Schreibschrift abschaffen. Sagen Sie das mal Stifteherstellern. Haben die einen CDO, der vielleicht bei Faber-Castell die Frage aufwirft: »Was machen wir, wenn keiner mehr mit (unseren) Stiften schreiben will? Haben wir dann schon elegante iPad- und Tablet-Stifte parat?«

Ein letztes Beispiel: Tesla, um in eine andere Branche zu schwenken, baut tolle elektrische Autos – was per se nicht disruptiv ist: Hybridfahrzeuge existieren schon seit fast zehn Jahren. BMW hatte schon 2008 eine Strategie, die mehr auf den Gedanken der Mobilität und weniger auf die alleinige Hoffnung vom Verbrennungsmotor setzte. Tesla ist also nicht disruptiv, denn es wendet sich nicht an Kunden, die ihr Problem mit dem bestehenden Angebot nicht lösen könnten.

Was allerdings recht disruptiv in der ganzen Mobilitätsbranche werden könnte, ist eine Fragestellung, die unser Team von Braincheck für eine andere Art von Mobilitätsexperten Anfang 2015 entwarf. Es war eine Intervention auf einem Symposium für den Zweiradhandel. Na ja, eigentlich weniger eine Intervention, es war nur eine einfache CDO-Frage an die Fahrradhändler: »Was könnte eigentlich Ihr Geschäftsmodell mit E-Bikes komplett zerstören?« Nach zehnminütiger Diskussion und Beratung in Teams gingen die Antworten alle in eine ähnliche, sehr konventionelle Richtung: »Wenn mein Mitbewerber mehr Werbung schaltet als ich.« Die disruptive Antwort jedoch war: »Wenn genau jene Firma aus München im Sinne der ›Future of Mobility‹ einfach zu jedem Auto zwei E-Räder mitverschenkt oder mitverleast.« Denn das erforderliche Know-how besitzt BMW – und auch die interessierten Kunden, die vielleicht nicht in ein Fahrradgeschäft laufen, aber eine umfassende Mobilitätslösung attraktiv finden. Das ist Disruption pur. Und da zeigt sich auch der Kern dieses »disruptiven Gedankens«: Es sind in erster Linie die Geschäftsmodelle, die disruptiv sind, und erst in zweiter Linie die Produkte.

Disruption war es auch, die die Berliner Taxifahrer 2014 in Aufruhr brachte. Die App für Mietwagen von Uber hatte gefühlt über Nacht das Geschäftsmodell Taxi untergraben und hätte es, wenn es keine so starke Taxilobby gegeben hätte, sicher zu Fall gebracht. So etwas wird sichtbar, wenn es um Anbieter mit einer weniger starken Lobby geht, etwa um Videotheken: Der Verleih von VHS-Bändern mit unterschiedlich stark abgenudeltem Material ist inzwischen passé. Der amerikanische Anbieter Blockbuster musste 2010 Insolvenz anmelden. Dafür sorgten Netflix und, ja, mal wieder Apple mit iTunes sowie alle anderen, die das Geschäftsmodell »digitale Entertainmentinhalte« erkannt hatten.

Kreative Zerstörung vs. inkrementelle Innovation

Diese Szenarien sind eben der Grund, warum das alles in einem Buch über Neugier steht: In einem Vortrag bei Air Liquide im Jahr 2014 brachte es der Abenteurer Bertrand Piccard sehr elegant auf den Punkt: »If you are in the business of selling candles, you are not very likely to invent the light bulb.« Oder, um es etwas betriebswirtschaftlicher auszudrücken: Wenn Sie in einem etablierten Unternehmen arbeiten, schauen Sie auf etablierte Lösungen und darauf, wie Sie genau die besser machen können. Das ist die Crux: Diese Unternehmen arbeiten fortwährend an Innovationen, welche die bestehende Ordnung stützen, während andere daran arbeiten, diese Ordnung zu transformieren. Und dann wird es gefährlich.

Nun ist diese ganze Sache mit der Disruption nicht so neu. Der österreichische Nationalökonom Joseph Schumpeter beschrieb schon in den vierziger Jahren des 20. Jahrhunderts den Prozess der industriellen Transformation, die mit radikaler Innovation einhergeht. Damals bezog sich der Zerstörungsgedanke noch auf viele Bereiche eines Unternehmens, denn in Schumpeters Augen konnte die kreative Destruktion in neuen Märkten, bei Produkten oder Eigenschaften dieser Produkte, neuen Arbeitsquellen oder Materialien, neuen Methoden für Produktion oder Transport sowie neuen Organisationsstrukturen stattfinden.

Der Harvard-Professor und Wirtschafsexperte Clayton Christensen hat dieses Modell in seiner Dissertation und anschließend im Bestseller *The Innovator's Dilemma* auf den aktuellen Stand gebracht.[26] Während Joseph Schumpeter der kreativen Zerstörung in seinem Werk ganze sechs Sätze widmete, hat Christensen sie zum Kern gemacht. Christensen hat dabei eine Kausalität herausgestellt, welche Disruption als entscheidenden Mechanismus hinter kreativer Zerstörung ansieht. Dabei hat er allerdings Schumpeters Überlegung, dass große Unternehmen einen Vorteil aufgrund ihrer Vormachtstellung innehaben, quasi verkehrt und argumentiert, dass gerade die großen Unternehmen die anfälligen sind, weil sie nicht auf kreative Zerstörung aus sind, sondern auf inkrementelle Innovation.

Wie nah das an den heutigen Entwicklungen ist, zeigen nicht nur die obigen Beispiele, sondern auch Aussagen von Gästen unserer Vorträge und Workshops. Bei einer Veranstaltung des rheinland-pfälzischen Ministeriums für Wirtschaft, Klimaschutz, Energie und Landesplanung im Jahr 2015 formulierte es ein Unternehmenslenker so: »Wir stellen Hygieneprodukte her. Wenn Sie duschen, sind wir oft mit dabei. Aber eines Tages fragte ich mein Team: ›Hört mal, die Sache mit der Wasserknappheit kann uns ganz schön zu schaffen machen. Kein Wasser, keine Dusche. Was ist, wenn dann die Schallduschen kommen? Dann war es das mit unserem Duschgel.‹« Ein klassischer Angriff auf das Geschäftsmodell – nicht einmal von einem Wettbewerber oder einem unerwarteten Marktteilnehmer, sondern von der Erde, auf der wir leben.

Und die Führungskraft schilderte auch gleich, was ihm entgegnet wurde: »Ach, du wieder ...!« Oder: »Lass den mal reden. Das ist wie ein Schnupfen, das geht vorbei.« Nachdem Sie die vorhergehenden Kapitel gelesen haben, ahnen Sie vielleicht, dass solche Äußerungen eher von »unneugierigen« Menschen kommen, die Veränderung als Bedrohung und nicht als Chance wahrnehmen. Neugierige stehen der Umgestaltung ihrer Arbeit, Strategieanpassungen und der Einführung neuer Technologien ja grundsätzlich offener gegenüber.[27] Und wir haben ja schon gehört, dass sie auch resilienter sind, weil sie Veränderung per se spannend und nicht beängstigend finden.[28] Darum brauchen Unternehmen jetzt die Neugierigen so dringend: Sie sind die Mutigen, die ihnen helfen, zukunftsfit zu werden oder zu bleiben; sie haben die Ideen, um dem disruptiven Wandel etwas entgegenzusetzen.

Chief Destruction Officer

Die Innovationsforschung spricht da von »kill your business«, auf Deutsch heißt das: Überlegen Sie, wann Ihr Geschäftsmodell auseinanderfliegt, und finden Sie eine Strategie, um sich dafür zu rüsten. In den Workshops ernennen wir dazu immer einen CDO, den schon erwähnten Chief Destruction Officer. Dessen Aufgabe ist es, das eigene Geschäftsmodell zu untergraben und mit einem Team dann nach Lösungen zu suchen.

Der CDO folgt dem Ansatz, der ein geflügeltes Wort Albert Einsteins kolportiert: »Die meisten Menschen hören auf zu suchen, wenn sie die Nadel im Heuhaufen gefunden haben. Ich würde weitersuchen und schauen, ob es noch mehr Nadeln gibt.« Aber schlagen Sie das mal Menschen im Alltag vor: »Wenn du die erste Lösung gefunden hast, mach doch einfach noch ein bisschen weiter, bis du noch ein paar mehr Lösungen hast, die deinem bisherigen Denken widersprechen.« Wenn Sie Menschen das vorschlagen, stehen die Leute bei Ihren Projekten nicht unbedingt Schlange.

Hier kommt wieder die Neugier ins Spiel. In Workshops mit solchen Fragestellungen brauchen Sie gezielt die beruflich Neugierigen. Das sind die, die Ihnen die Stange halten, die an der Frage dranbleiben und die anderen dabei mitnehmen können. Denn solche Fragen haben es in sich. Die aktuellsten Varianten werden auf den jährlich stattfindenden »Disrupt-Konferenzen« durchgespielt. Veranstaltet werden die von *TechCrunch*, einer vielbeachteten Online-Plattform im Bereich technischer

Entwicklungen. Auf der »Disrupt« in London im Oktober 2014 hatten diese Fragen ein klares Muster und begannen oft mit »Wie …«, »Welche …« oder »Warum …«. Ganz ausgekochte Fragesteller bauten gleich eine Hypothese ein und legten los mit: »Wenn …«

Die Fragen waren dabei alle sehr spezifisch, ohne aber die Vorstellungskraft einzugrenzen. Sie fokussierten sich auf das Generieren von Lösungen, statt nach Erklärungen oder Schuldzuweisungen zu fahnden. Eine der eindrücklichsten fiel kurz vor Ende des ersten Tags: »Wenn wir ein Forum hätten, das ›Wie unsere Leistungen und Produkte beim Kunden versagen‹ heißt – welche Themen kämen dann aufs Tapet?« Oder: »Welche drei Dinge könnten unsere Mitbewerber tun, die unser Angebot total irrelevant werden lassen?« Selten genug erleben wir solche Fragestellungen in Konferenzen oder Meetings.

Finanzunternehmen beispielsweise gehen jedoch momentan auf eine solch »zerstörerische« Weise vor, denn das geringe Zinsniveau setzt sie massiv unter Druck, innovativ zu sein. Als wir mit dem Strategieteam einer Bank zusammenkamen, warfen wir solche Fragen auf: »Was sind eigentlich in Ihrer Branche die unumstößlichen Überzeugungen darüber, was Kunden wollen? Und was wäre, wenn das Gegenteil zuträfe?« Oder: »Welche Branche oder welches Unternehmen verdient gerade das Geld damit, dieses Gegenteil in die Tat umzusetzen? Und was könnten Sie daraus ableiten?«

In der Studie zum Thema »*Neugiermanagement*«, die wir mit dem Zukunftsinstitut 2014 aufgelegt haben, ging es sogar noch weiter. Die Frage dort lautete: »Was können Sie von der Pornobranche lernen?«[29] Und diese, durchaus ernstgemeinte Irritation hat es doppelt in sich: Denn zum einen ist das fast unwillkürliche Zucken bei der Branchennennung ein Grund, dass sich die in den vorhergehenden Kapiteln vorgestellten Neugierkiller einklinken: »Das tut man nicht – Porno! Das ist doch pfui!« Auch die zweite altbekannte Negierungsstoßrichtung wird wahrscheinlich akut werden: »Was sollen wir von denen schon lernen können?« Ein beruflich neugieriger CDO aber schreckt davor nicht zurück. Gewissenhaftigkeit und Interesse führen ihn vielmehr zu überraschenden Erkenntnissen, wie etwa der Tatsache, dass diese Unterhaltungsindustrie für Erwachsene auf so etwas wie »Cooptition« setzt – eine Mischung aus »Cooperation« und »Competition« –, mit dem Ergebnis, dass der Kuchen für alle größer wird, statt dass sich alle um das gleiche Stück balgen.

Also, ein CDO entwickelt Fragen, die ganz weit weg sind von: »Wie können wir unsere Vertriebszahlen nach oben korrigieren?« Oder: »Wer hat eine Idee, die unsere Branche nach vorne bringen könnte?« Dadurch ist natürlich garantiert, dass auf CDO-Fragen keine schnellen Antworten kommen, sondern dass sie eher Unbehagen verbreiten. Aber auch einen Funken Goldgräberstimmung, wenn sich jemand zu fragen traut: »Was wäre, wenn der CDO recht hätte?«

»Dann wären wir einer echten Chance auf der Spur«, würde ein Neugieriger dann antworten. Auch bei der Bank war es so. Denn am Ende des Meeting-Marathons stellte sich heraus: »Das war mit das Produktivste, was wir je gemacht haben.« Während klassische Fragestellungen zwischen zwanzig und dreißig Ideen aufpoppen lassen, kamen hier bis zu neunzig zusammen, die oft ein Erstaunen auf die Gesichter der Teilnehmer zauberten. Und für genau diesen Sprung von *konventionell* nach *innovativ* braucht es einen CDO-Störer. Der führt zu dem positiven Erwartungsbruch und der überraschenden Kreativität. Und mit der Zunahme der Kreativität verringert sich auch, wenig überraschend, das oft destruktiv geprägte Gruppendenken.

Immer voll auf die Zwölf?

Wenn eine CDO-Intervention nun so erfolgversprechend ist, gibt es dann eine Blaupause, nach der jeder einen solchen effektiven Kulturbruch inszenieren kann? Wie Teams einen CDO finden können, wurde bereits in einem vorhergehenden Kapitel deutlich, nämlich im einfachsten Fall per WORCS. Was aber den Ablauf einer CDO-Intervention angeht, so zeigt es sich, dass es immer eine Frage der bestehenden Unternehmenskultur ist, ob man mit der Tür ins Haus fallen kann – also, ob bereits mit dem Beginn des Meetings die Irritation starten kann oder ob sich ein Herantasten als sinnvoller herausstellt. »Voll auf die Zwölf« oder »milde Disruption« – das ist ein ernsthaftes Beratungsthema, keine Frage der Tagesverfassung. Es kann mitunter sogar passender sein, solche CDO-Fragen im Vorfeld per E-Mail zu kommunizieren. Dann würde sich bereits in der Vorbereitung zeigen, wo das berufliche Neugierpotential und damit die Triebfedern für den Erfolg des Meetings stecken – einfach anhand der Ergebnisse, welche die Teilnehmer schon mitbringen. Die beruflich Neugierigen werden tiefer und auch breiter recherchiert haben – und alternative Perspektiven ebenfalls gleich ausgelotet haben.

Nun wusste schon der leider viel zu früh verstorbene Professor Peter Kruse, mit dem wir glücklicherweise immer wieder die Chance hatten zusammenzuarbeiten: Lange hält ein Mensch, mithin ein Unternehmen, solche Fragestellungen nicht aus.[30] Instabilität durch Irritation ist keine Langzeitstrategie. Daher ist das Zentrale einer solchen Intervention auch nicht die abgefahrene Phase der »Zerstörung« des Unternehmens, sondern das Entscheidende sind vielmehr die Antworten und deren Transformationskraft bei der Umsetzung im Unternehmen. Und auch da profitieren die Unternehmen von den beruflich Neugierigen, denn hier trumpfen Gewissenhaftigkeit und lang anhaltendes Interesse auf.

Und wenn Sie gerade denken: »Ja, das ist was für uns, aber wir sind noch nicht reif dafür«, biete ich Ihnen als Abschluss dieses Kapitels ein Quartett an CDO-Fragen, die Sie einfach in Ihren bestehenden Meetings nutzen können, um Kollegen und Leitungsebene neugierig zu machen auf die Kraft eines Chief Destruction Officer:

1. Welche Besonderheit könnten wir schaffen, die im Produkt eines Mitbewerbers fehlt?
2. Was bräuchte es, damit der größte Player in unserem Markt die Segel streichen muss?
3. Woher käme diese Störquelle? Aus welchem Land? Aus welchem Bereich?
4. Wie können wir aus einer Support-Leistung ein regelrechtes Service-Angebot erschaffen?

So wird der Blick nicht sofort direkt auf den Untergang des eigenen Unternehmens gelenkt, wie es der CDO üblicherweise tun würde. Das sparen Sie sich dafür auf, wenn die anderen Feuer gefangen haben. Wenn sie neugierig geworden und offen sind für Neues und Veränderung!

Die Glücklichen
sind neugierig.
Friedrich Nietzsche

8 Wie die Reise weitergeht

»Fluffy Burnout-Ing« – kennen Sie das? Oder »Contra Compulsive Yoga«? Oder wie wäre es mit »De-Green-Ing«? Klingt vertraut? Nicht so ganz. Das sind Wortschöpfungen eines Schweizers. Genauer gesagt sind es nicht seine Wortschöpfungen, sondern die seiner »Maschine«, die es auf der Webseite des Entwicklers Roman Tschäppeler zu bestaunen gibt. Es handelt sich dabei um eine Würfelmaschine, welche die Buzzwords an der Schnittstelle zwischen Innovation und Marketing einfängt und rekombiniert – eine Art Bullshit-Bingo für Zukunftsforscher. Und sie ist der Anfang einer Antwort, die mich in meinem nächsten Werk umtreibt. Es stellt sich der Frage, mit der mich ein Futurologe namens Ray Hammond an meiner sprachwissenschaftlichen Ehre packte.

Im Sommer 2013 trafen wir uns im Rahmen eines Kongresses, wo ich seinen Vortrag anmoderieren durfte. Während wir beide Backstage herumlümmelten und miteinander plauderten, kamen wir auf das Phänomen der Sprache und vor allem der Sprachlosigkeit, ähm, zu sprechen. Da fragte mich Ray Hammond: »Carl, du als Linguist, kannst du eigentlich erklären, wie wir Menschen es schaffen sollen, *neue* Ideen in die Welt zu setzen, wenn wir immer nur alte Worte benutzen?« Seine Beispiele untermauerten die Wirksamkeit dieser kuriosen Fragestellung: »Ein Projektor, der ein Bild auf die Leinwand hinter mir wirft, wurde im Zeitraum seiner Erfindung im Englischen als ›magische Laterne‹ bezeichnet. Ein Auto wurde als »pferdeloser Wagen‹ bezeichnet, die Lokomotive war ein ›eisernes Pferd‹.« Wir haben nie die Sprache für Technologie, wenn sie zum ersten Mal ankommt. Und im 21. Jahrhundert, wo nichts schneller altert als eine Innovation und uns fast schon beim Beschreiben des Neuen die Puste ausgeht, weil es so schnell in die Welt kommt und wieder herausfliegt – wie können wir da mit alten Worten auf neue Ideen kommen?

Als wäre es nicht genug, erinnerte mich diese Diskussion an einen Test, mit dem wir schon seit Juniorforschertagen die Studenten in der Kölner Uni unglücklich gemacht haben: den Stroop-Test. Der Psychologe James McKeen Cattell zeigte 1885, wie schwer es uns fällt, aus unseren mentalen Automatismen auszusteigen, und es war J. Ridley Stroop, der die steile These aus dem 19. Jahrhundert mit einem Test belegte.[1] Dazu ließ er Menschen Wörter vorlesen und anschließend die zugehörigen Objekte beziehungsweise Eigenschaften dieser Wörter ausrufen, zum Beispiel Farben. Die Version mit den Farben ist relativ bekannt, bringt aber das Dilemma auf den Punkt. Sie finden diese Version übrigens auf der Innenseite des Schutzumschlags.

Wie funktioniert dieser Test nun genau? In einer ersten Runde sollen die Versuchsteilnehmer die Farbwörter vorlesen. So klar, so einfach – und vor allem so schnell. In einer zweiten Runde werden dieselben Kandidaten gebeten, nun nicht mehr die Farbe, welche das jeweilige Wort beschreibt, vorzulesen, sondern die Farbe, in der das Wort geschrieben ist, zu benennen. Das geht erstens immer signifikant langsamer, und zweitens geht es oft schief. Denn es werden meist wieder die Farben genannt, welche die Wörter bezeichnen.

Warum ist das so? Sprache wird automatisch verarbeitet. Diese mentale Tätigkeit ist also immer schneller als die Reflexion über die Kolorierung der Buchstaben. Und genau in diesem Automatismus sind wir gefangen, wenn wir neue Ideen mit alten Wörtern erzeugen. Seitdem werden verschiedene Tests zur Messung von Automatisierung im Gehirn genutzt. Sie fallen aber alle unter dem Begriff »Stroop-Test« zusammen, auch eine Art Lebenswerk. Das muss man erst einmal schaffen, dass sogar Tests nach einem benannt werden, obwohl man sie nicht selbst entwickelt hat.

Und weil der Herr Stroop mit seiner Neugier eine solche Tradition losgebrochen hat, biete ich Ihnen eine noch aktuellere, noch ekligere Variante, die Sie ebenfalls auf der Innenseite des Schutzumschlags finden. Die können Sie für all die Menschen nutzen, die entweder die Farbvariante schon kennen oder sich für besonders begabt halten. Dieser Stroop-Test besteht nämlich aus einer Reihe von Kreisen. In diesen geometrischen Formen erscheinen Ortsbezeichnungen wie »oben«, »unten«, »links« oder »rechts«. In der ersten Runde lassen Sie die Menschen wieder lesen, und zwar die ersten beiden Reihen. Da hier die Anordnung der Ortsbezeichnungen mit ihrer jeweiligen Beschreibung übereinstimmt, fällt es sehr leicht: »oben« ist oben, »links« ist links usw. Aber auch bei diesem Test hat es die zweite Runde in sich: Nun lassen Sie Ihr Opfer, sorry, Ihren Neugierwidersacher sagen, wo die Wörter stehen. Dazu soll er die letzten beiden Reihen beachten – also nicht einfach ablesen, sondern sagen, wo sich das Wort im Kreis befindet. Die Hölle, oder? Ja. Ganz bitter. Schnell können Sie sich vorstellen, was es heißt, aus Denk-, Wahrnehmungs- oder gar Sprachroutinen auszubrechen.[2]

Es folgte: Ratlosigkeit. Und eine Anmoderation, die mit vielen Worten einen Menschen ankündigte, der mir gerade gefühlt eine Lebensaufgabe geschenkt hatte. Beides hält an – und lenkt und drängt mich, nach Lösungen zu suchen. So landete ich beim nächsten Zukunftsforscher, mit dessen Unternehmen ich die Ehre habe, gemeinsam zu arbeiten: Matthias Horx. So umstritten er auch in mancher Hinsicht sein mag, ein mehr als glänzender Impulsgeber unserer Zeit ist er auf jeden Fall. Denn er lenkte meine Neugier auf eben jenen Herrn Tschäppeler, von dem eben die Rede war.

Tschäppeler hat eine Tür aufgestoßen. Seine Wortmaschine schafft nämlich etwas, was Ray Hammond nicht auf der Pfanne hatte: die Invertierung der Fragestellung nach der Sprachlosigkeit. Invertiert? Ja, die Maschine Remixdemix stellt die innovative Sprachlosigkeit vom Kopf auf die Füße – einfach, indem sie Worte schafft, die zum Ausgangspunkt innovativer Gedanken werden: Wenn Sie »Public Vehicle Ogamy« hören, springt die Assoziationsmaschine in Ihrem Gehirn an und versucht, dem Wortungetüm irgendeine aparte Sinnkonstruktion beizuordnen. Vielleicht geht es um Sitzbänke, die nur Paaren vorbehalten sind – um so den gesellschaftlichen Wert von Beziehungen zu stärken? Wie wäre es mit ÖPNV-Gefährten, die in der mobilen Gesellschaft das Standesamt ersetzen? Oder ein für alle sichtbares Beziehungsgeflecht zwischen Transporteinheiten; so eine Art autarke, vernetzte, intelligente Busflotte? Oder oder oder …

Matthias Horx nennt diese gedanklichen und sprachlichen Möglichkeitsräume »semantische Leerstellen« . Diese zu schaffen und anschließend zu füllen, führt zu einem völlig neuen Umgang mit Sprache bei kreativen und innovativen Prozessen. Das wiederum ist nur eine Facette eines ungewohnten Blicks auf Sprache. Und dieser Blick bekommt ein Buch. Oder einen Blog. Oder eine noch nicht aussprechbare Form der Gedankenvermittlung. Auf jeden Fall bekommt er meine Aufmerksamkeit mit Fragen wie:

- warum bereits das Reden über Innovationen die Chancen beeinflusst, ob uns welche einfallen,
- warum sich neue Ideen am besten durchsetzen, wenn sie große Titel tragen,
- wie die Sprache neue Teile unserer Persönlichkeit zum Vorschein bringt,
- wie ein einziges Sprachwerkzeug Verstehen und Verständnis sicherstellt,
- welchen besonderen Zweck negative Wörter erfüllen und
- warum »aber« eines der positivsten Wörter ist, die es gibt.

Das wird eine praxisbezogene Gratwanderung zwischen Psycholinguistik, der Ökonomie und der Sprachwissenschaft. Um Ihnen die Wartezeit zu versüßen und gleichzeitig Ihr Interesse an der Neugier lebendig zu halten, lade ich Sie ein, ab und zu auf meinem Neugier-Blog www.neugier.com vorbeizuschauen. Dort finden Sie übrigens auch den Link zur Wortmaschine. Da können Sie Ihrer Neugier dann freien Lauf lassen.

Danksagung

»Wer nicht neugierig ist, erfährt nichts.« So soll es Johann Wolfgang Goethe formuliert haben. Ihm für diesen Satz zu danken, wäre ein wenig vermessen. Doch im Verlauf dieses Buchprojekts fiel mir auf, dass eine andere Formulierung genauso wichtig ist: Ohne Menschen erfährst du nichts. Menschen waren es, die mein Interesse auf dieses Thema gelenkt haben, die mich mit Ideen und eigenen Forschungen auf unentdeckte Aspekte aufmerksam gemacht haben. Menschen machen Neugier. Und nicht nur deshalb möchte ich diesen Menschen meinen aufrichtigen Dank aussprechen.

Zu Beginn war es Dr. Gertrud Kemper, die mit ihrer unermüdlichen Arbeit für die Wissensvermittlung mich auf den Gedanken der Neugier brachte. Hinzu kommt Prof. Sabine Gaudzinski-Windheuser, Leiterin von Monrepos, dem Archäologischen Forschungszentrum und Museum für menschliche Verhaltensevolution, die mich auf die archäologische Dimension von Neugier aufmerksam machte. Es folgten viele Gespräche und Anregungen. Dafür danke ich Dr. Patrick Mussel von der Uni Würzburg, Torsten Fremer von Klubhaus, Andreas Steinle vom Zukunftsinstitut Workshop sowie Harald Schirmer für den Einblick in die Unternehmenspraxis. Mir die Zeit freigehalten zu haben, diesen Input in Wissenswertes zu wandeln, dafür danke ich Annette Reher und Dr. Petra Folkersma. Dass diese Wissenssammlung dieser Gespräche, Ideen und Impulse zu einem Buch wurde, verdanke ich nicht zuletzt der begeisternden Art von Jürgen Diessl und seinem Team vom Econ Verlag, allen voran Michael Schickerling.

Literatur

Ainley, M. D.: »The factor structure of curiosity measures: Breadth and depth of interest curiosity styles«, *Australian Journal of Psychology* 39/1987, S. 53–59.

Almeida, L., Kashdan, T. B., Coelho, R., Albino-Teixeira, A. und Soares-da-Silva, P.: »Healthy subjects volunteering for Phase I studies: influence of curiosity, exploratory tendencies and perceived self-efficacy«, *International Journal of Clinical Pharmacology and Therapeutics* 3/2008, S. 109–118.

Aron, A. R., Shohamy, D., Clark, J., Myers, C., Gluck, M. A. und Poldrack, R. A.: »Human midbrain sensitivity to cognitive feedback and uncertainty during classification learning«, *Journal of Neurophysiology* 92/2004, S. 1144–1152.

Ashkenas, R.: »So gelingt Change Management in Zeiten schnellen Wandels«, *Harvard Business Manager* 12/2012.

Banks, S. H.: *Curiosity and narcissism as predictors of empathic ability*, Lehigh University, 2007.

Barrick, M. R. u. a.: »Personality and Performance at the Beginning of the New Millennium: What Do We Know and Where Do We Go Next?«, *International Journal of Selection and Assessment* 1–2/2001, S. 9–30.

Bechtoldt, M. N., De Dreu, C. K. W., Nijstad, B. A. und Choi, H.: »Motivated information processing, social tuning, and group creativity«, *Journal of Personality and Social Psychology* 99/2010, S. 622–637.

Berenbaum, H., Bredemeier, K. und Thompson, R. J.: »Intolerance of uncertainty: Exploring its dimensionality and associations with need for cognitive closure, psychopathology, and personality«, *Journal of Anxiety Disorders* 1/2008, S. 117–125.

Berlyne, D. E.: »A theory of human curiosity«, *British Journal of Psychology* 45/1954, S. 180–191.

Berlyne, D. E.: »An experimental study of human curiosity«, *British Journal of Psychology* 45/1954, S. 256–265.

Berlyne, D. E.: *Conflict, arousal, and curiosity*, McGraw-Hill, 1960.
Berlyne, D. E.: »Curiosity and Learning«, *Motivation and Emotion* 2/1974, S. 97–115.
Berns, G. S., McClure, S. M., Pagnoni, G. und Montague, P. R.: »Predictability Modulates Human Brain Response to Reward«, *Journal of Neuroscience* 8/2001, S. 2793–2798.
Biederman, I. und Vessel, E. A.: »Perceptual pleasure and the brain«, *American Scientist* 3/2006, S. 247–255.
Black, A. E. und Deci, E. L.: »The effects of instructors' autonomy support and students' autonomous motivation on learning organic chemistry: A self-determination theory perspective«, *Science Education* 84/2000, S. 740–756.
Blaha, M., Fluck, H. R., Förster, M. und Händel, D.: »Verwaltungssprache und Textoptimierung. Ein Bochumer Pilotprojekt und seine Evaluation«, *Muttersprache* 4/2001, S. 289–301.
Bookheimer, S.: »Functional MRI of Language: new approaches to understanding the cortical organization of semantic processing«, *Annual Reviews of Neuroscience* 25/2002, S. 151–188.
Brewer, J. B., Zhao, Z., Desmond, J. E., Glover, G. H. und Gabrieli, J. D. E.: »Making memories: brain activity that predicts how well visual experience will be remembered«, *Science* 281/1998, S. 1185–1187.
Brown, S. R.: *Structural Phenomenology. An Empirically-Based Model of Consciousness*, Peter Lang, 2005, S. 55.
Burton, N.: *Heaven and Hell. The Psychology of the Emotions*, Acheron, 2015.
Byman, R.: »Curiosity and Sensation Seeking: A conceptual and empirical examination«, *Personality and Individual Differences* 38/2005, S. 1365-1379.
Carter, A.: *American Ghosts & Old World Wonders*, Chatto & Windus, 1993, S. 134.
Chirumbolo, A., Areni, A. und Sensales, G.: »Need for cognitive closure and politics: Voting, political attitudes and attributional style«, *International Journal of Psychology* 39/2004, S. 245–253.
Chiu, C., Morris, M. W., Hong, Y. und Menon, T.: »Motivated cultural cognition: The impact of implicit cultural theories on dispositional attribution varies as a function of need for Closure«, *Journal of Personality and Social Psychology* 78/2000, 247–259.
Christensen, C.: *The Innovator's Dilemma. Warum etablierte Unternehmen den Wettbewerb um bahnbrechende Innovationen verlieren*, Vahlen, 2011.

Cialdini, R.: »What's the best secret device for engaging student interest? The Answer is in the title«, *Journal of Social and Clinical Psychology* 1/2005, S. 22–29.

Cloninger, C. R.: »Completing the psychobiological architecture of human personality development: Temperament, Character, & Coherence«, in: Staudinger, U. M. und Lindenberger, U. E. R. (Hg.): *Understanding human development: Dialogues with lifespan psychology*, 2003, S. 159–182.

Cohen, M. X., Schoene-Bake, J. C. Elger, C. E. und Weber, B.: »Connectivity-based segregation of the human striatum predicts personality characteristics«, *Nature Neuroscience* 12/2008, S. 32–34.

Colbert, S. M., Peters, E. R. und Garety, P. A.: »Need for Closure and anxiety in delusions: A longitudinal investigation in early psychosis«, *Behaviour Research and Therapy* 10/2006, S. 1385–1396.

Cordova, D. I. und Lepper, M. R.: »Intrinsic motivation and the process of learning: Beneficial effects of contextualization, personalization, and choice«, *Journal of Educational Psychology* 88/1996, S. 715–730.

Cury, F. u. a.: »The trichotomous achievement goal model and intrinsic motivation: A sequential mediational analysis«, *Journal of Experimental Psychology* 5/2002, S. 473–481.

Darwin, C.: *The expression of the Emotions in Man and Animals*, 1872.

De Dreu, C. K. V., Koole, S. L. und Oldersma, F. L.: »On the seizing and freezing of negotiator inferences: Need for cognitive closure moderates the use of heuristics in negotiation«, *Personality and Social Psychology Bulletin* 25/1999, S. 348–362.

Deci, E. L.: »The what and why of goal Persuits«, *Psychological Inquiry* 11/2000.

Deci, E. L., Koestner, R. und Ryan, R. M.: »A meta-analytic review of experiments examining the effects of extrinsic rewards on intrinsic motivation«, *Psychological Bulletin* 6/1999, S. 627–668.

Deci, E. L. und Ryan, R. M.: »Self-Determination Theory and the Facilitation of Intrinsic Motivation, Social Development, and Well-Being«, *American Psychologist* 1/2000, S. 68–78.

Demos, E. V.: *Exploring affect: the selected writings of Silvan S. Tomkins*, 1995.

Djikic, M., Oatley, K. und Moldoveanu, M. C.: »Opening the closed mind: The effect of exposure to literature on the need for Closure«, *Creativity Research Journal* 25/2013, S. 149–154.

Dornes, M.: »Gedanken zur frühen Entwicklung und ihre Bedeutung für die Neurosenpsychologie«, *Forum der Psychoanalyse* 11/1995, S. 27–49.

Dweck, C.: *Mindset. The New Psychology of Success*, Ballantine, 2006.

Ekman, P.: *Gefühle lesen. Wie Sie Emotionen erkennen und richtig interpretieren*, Spektrum, 2010.

Elgert, C. E.: *Neuroleadership*, Haufe, 2008.

Elliot, A. J. u. a.: »Competence valuation as a strategic intrinsic motivation process«, *Personality and Social Psychology Bulletin* 26/2000, S. 780–794.

Fein, S.: »Beyond the fundamental attribution era?«, *Psychology Inquiry* 12/2001, S. 16–21.

Fisher, R. Ury, W. und Patton, B.: *Getting to yes: Negotiating agreement without giving in*, Penguin, 1991.

Flynn, F. J. Reagans, R. E. und Guillory, L.: »Do you two know each other? Transivity, homophily, and the need for (network) closure«, *Journal of Personality and Social Psychology* 99/2010, S. 835–869.

Förster, J. u. a.: »Automatic effects of deviancy cues on creative cognition«, *European Journal of Social Psychology* 35/2005, S. 345–359.

Fox, K. C. u. a.: »Is meditation associated with altered brain structure? A systematic review and meta-analysis of morphometric neuroimaging in meditation practitioners«, *Neuroscience & Biobehavioral Reviews* 43/2014, S. 48–73.

Frank, M. J., Loughry, B. und O'Reilly, R. C.: »Interactions between frontal cortex and basal ganglia in working memory: A computational model«, *Cognitive, Affective, and Behavioral Neuroscience* 2/2001, S. 137–160.

Galak, J., Redden, J. P. und Kruger, J.: »Variety Amnesia: Recalling Past Variety Can Accelerate Recovery from Satiation«, *Journal of Consumer Research* 36575/2009, S. 584.

Galinsky, A. D., Maddux, W. W., Gilin, D. und White, J. B.: »Why it pays to get inside the head of your opponent: The differential effects of perspective taking and empathy in negotiations«, *Psychological Science* 4/2008, S. 378–384.

Gallagher, M. W. und Lopez, S. J.: »Curiosity and well-being«, *Journal of Positive Psychology* 4/2007, S. 236–248.

Gawronski, B.: »On difficult questions and evident answers: Dispositional inference from role-constrained behavior«, *Personality and Social Psychology Bulletin* 29/2003, S. 1459–1475.

Gilbert, D. T. und Malone, P. S.: »The correspondence bias«, *Psychological Bulletin* 117/1995, S. 21–38.

Gilson, L. L. und Madjar, N.: »Radical and incremental creativity: Antecedents and processes«, *Psychology of Aesthetics, Creativity, and the Arts* 5/2011, S. 21–28.

Glucksberg, S.: *Understanding figurative Language. From Metaphors to idioms*, New York University Press, 2001.

Glucksberg, S.: »The Psycholinguistics of Metaphor«, *Trends in Cognitive Science* 7/2003, S. 92–96.

Golec, A. und Federico, C.M.: »Understanding responses to political conflict: Interactive effects of the need for Closure and salient conflict schemas«, *Journal of Personality and Social Psychology* 87/2004, S. 750–762.

Goncalo, J. u.a.: »The Bias Against Creativity. Why People Desire but Reject Creative Ideas«, *Psychological Science* 1/2012, S. 13–17.

Green, M.C., Strange, J.J. und Brock, T.C.: *Narrative impact. Social and cognitive foundations*, Erlbaum, 2002.

Green-Demers, I., Pelletier, L.G., Stewart, D.G. und Gushue, N.R.: »Coping with the less interesting aspects of training: Toward a model of interest and motivation enhancement in individual sports«, *Basic and Applied Social Psychology* 4/1998, S. 251–261.

Griffin, M.A., Neal, A. und Parker, S.K.: »A new model of role work performance: Positive behavior in uncertain and interdependent contexts«, *Academy of Management Journal* 50/2007, S. 327–347.

Gruber, M.J., Gelman, B.D. und Ranganath, C.: »States of Curiosity Modulate Hippocampus-Dependent. Learning via the Dopaminergic Circuit«, *Neuron* 2/2014, S. 486–496.

Guthrie, C.: »Be curious«, *Negotiation Journal* 3/2009, S. 401–406.

Händeler, E.: *Die Geschichte der Zukunft. Sozialverhalten heute und der Wohlstand von morgen*, Brendow, 2005.

Hazan, C. und Shaver, P.R.: »Love and work: An attachment-theoretical perspective«, *Journal of Personality and Social Psychology* 59/1990, S. 270–280.

Hidi, S.: »Interest, Reading, and Learning: Theoretical and Practical Considerations«, *Educational Psychology Review* 3/2001

Hidi, S. und Renninger, K.A.: »The four-phase model of interest development«, *Educational Psychologist* 2/2006, S. 111–127.

Hilbert, S. u.a.: »The spatial Stroop effect: a comparison of color-word and position-word interference«, *Psychonomic Bulletin & Review* 6/2014, S. 1509–1515.

Hirt, E.R., Melton, R.J., McDonald, H.E. und Harackiewicz, J.M.: »Processing goals, task interest, and the mood-performance relationship.

A mediational analysis«, *Journal of Personality and Social Psychology* 2/1996, S. 245–261.

Hölze, B. K. u. a.: »Mindfulness practice leads to increases in regional brain gray matter density«, *Psychiatry Research* 1/2011, S. 36–43.

Hunter, J. E. und Schmidt, F. L.: »Fitting people to jobs: The impact of personnel selection on national productivity«. In: Dunnette, M.D. und Fleishman, E.A. (Hrsgg.): Human performance and productivity, Hillsdale, 1983, S. 233–284.

Hutt, C. und Bhavnani, R.: »Predictions from Play«, *Nature* 237/1972, S. 171–172.

Idesawa, M.: »Japanese«, *Journal of Applied Physics* 30/1991, S. L751–754.

Isaac, J. D. Sansone, C. und Smith, J.: »Other people as a source of interest in an activity«, *Journal of Experimental Social Psychology* 3/1999, S. 239–265.

Iyengar, S. S. und Lepper, M.: »When choice is demotivating: Can one desire too much of a good thing?«, *Journal of Personality and Social Psychology* 76/2000, S. 995–1006.

Iyengar, S., Wells, R. und Schwartz, B.: »Doing better but feeling worse: Looking for the »best« job undermines satisfaction«, *Psychological Science* 17/2006, S. 143–150.

Izard, C. E.: *Human Emotions*, Springer, 1977.

James, W.: *The Principles of Psychology*, Dover Publications, 1950.

Judge, T. A., Erez, A., Bono, J. E. und Thoresen, C. J.: »The Core Self-Evaluations Scale: Development of a measure«, *Personnel Psychology* 56/2003, S. 303–331.

Karwowski, M.: »Did Curiosity Kill the Cat? Relationship Between Trait Curiosity, Creative Self-Efficacy and Creative Personal Identity«, *Europe's Journal of Psychology* 4/2012, S. 547–558.

Karwowski, M. und Soszynski, M.: »How to develop creative imagination?: Assumptions, aims and effectiveness of Role Play Training in Creativity (RPTC)«, *Thinking Skills and Creativity* 2/2008, S. 163–171.

Karwowski, M., Lebuda, I., Wiśniewska, E. und Gralewski, J.: »Big Five personality traits as the predictors of creative self-efficacy and creative personal identity: Does gender matter?«, *The Journal of Creative Behavior* 3/2013, S. 215–232.

Kashdan, T. B. und Fincham, F. D.: »Facilitating curiosity: A social and self-regulatory perspective for scientifically based interventions«, in: Linley, P. A. und Joseph, S. (Hg.): *Positive Psychology in Practice*, John Wiley, 2004.

Kashdan, T. B., Gallagher, M. W., Silvia, P. J., Winterstein, B. P., Breen, W. E., Terhar, D. und Steger, M. F.: »The Curiosity and Exploration Inventory-II: Development, Factor Structure, and Psychometrics«, *Journal of Research in Personality* 6/2009, S. 998–998.

Kashdan, T. B., McKnight, P. E., Fincham, F. D. und Rose, P.: »When curiosity breeds intimacy: Taking advantage of intimacy opportunities and transforming boring conversations«, *Journal of Personality* 6/2011, S. 1369–1402.

Kashdan, T. B. und Roberts, J. E.: »Trait and state curiosity in the genesis of intimacy. Differentiation from related constructs«, *Journal of Social and Clinical Psychology* 6/2004, S. 792–816.

Kashdan, T. B. und Roberts, J. E.: »Affective outcomes in superficial and intimate interactions. Roles of social anxiety and curiosity«, *Journal of Research in Personality* 2/2006, S. 140–167.

Kashdan, T. B., Rose, P. und Fincham, F. D.: »Curiosity and exploration: Facilitating positive subjective experiences and personal growth opportunities«, *Journal of Personality Assessment* 3/2004, S. 291–305.

Kashdan, T. B. und Steger, M. F.: »Curiosity and pathways to well-being and meaning in life: Traits, states, and everyday behaviors«, *Motivation and Emotion* 3/2007, S. 159–173.

Knutson, B., Adams, C. M., Fong, G. W. und Hommer, D.: »Anticipation of increasing monetary reward selectively recruits nucleus accumbens«, *Journal of Neuroscience*, 16/2001, S. 1–5.

Klinger, E.: »Consequences of commitment to and disengagement from incentives«, *Psychological Review* 82/1975, S. 1–25.

Kosic, A., Kruglanski, A. W., Pierro, A. und Mannetti, L.: »Social cognition of immigrants' acculturation: Effects of the need for Closure and the reference group at entry«, *Journal of Personality and Social Psychology* 86/2004, S. 1–18.

Karwowski, M.: »Creative Mindsets: Measurement, Correlates, Consequences«, *Psychology of Aesthetics, Creativity, and the Arts* 1/2014, S.62–70.

Kemper, G. und Naughton, C.: »Behalten oder Abschalten«, in: *Die besten Ideen für erfolgreiche Rhetorik*, Gabal, 2008.

Kruglanski, A. W.: *The Psychology of Closed-Mindedness*, Psychology Press, 2004.

Kruglanski, A. W. und Freund, T.: »The freezing and unfreezing of lay inferences: Effects of impressional primacy, ethnic stereotyping, and numerical anchoring«, *Journal of Experimental Social Psychology* 19/1983, S. 448–468.

Kruglanski, A. W. und Webster, D. M.: »Group members' reactions to opinion deviates and conformists at varying degrees of proximity to decision deadline and of environmental noise«, *Journal of Personality and Social Psychology* 61 / 1991, S. 212–225.

Kruglanski, A. W. und Webster, D. M.: »Motivated closing of the mind: ›Seizing‹ and ›freezing‹«, *Psychological Review* 103 / 1996, S. 263–283.

Kruglanski, A. W., Atash, M. N., De Grada, E., Mannetti, L., Pierro, A. und Webster, D. M.: »Psychological theory testing versus psychometric nay-saying: Comment on Neuberg et al.'s (1997) critique of the need for Closure scale«, *Journal of Personality and Social Psychology* 73 / 1997, S. 1005–1016.

Kruglanski, A. W., Pierro, A., Mannetti, L. und De Grada, E.: »Groups as epistemic providers: Need for Closure and the unfolding of group-centrism«, *Psychological Review* 113 / 2006, S. 84–100.

Kruglanski, A. W., Shah, J. Y., Pierro, A. und Mannetti, L.: »When similarity breeds content: Need for Closure and the allure of homogenous and self-resembling groups«, *Journal of Personality and Social Psychology* 83 / 2002, S. 648–662.

Kruse, P.: *Next practice. Erfolgreiches Management von Instabilität*, Gabal, 2004.

Kuppens, P.: »Towards Disentangling sources of individual differences in appraisal and anger«, *Journal of Personality* 76 / 2008, S. 969–1000.

Langer, E.: *On Becoming an Artist. Reinventing Yourself Through Mindful Creativity*, Ballantine, 2005.

Lee, G., Barrowclough, C. und Lobban, F.: »The influence of positive affect on jumping to conclusions in delusional thinking«, *Personality and Individual Differences* 50 / 2011, S. 717–722.

Leroy, S.: »Why is it so hard to do my work? The challenge of attention residue when switching between work tasks«, *Organizational Behavior and Human Decision Processes* 109 / 2009, S. 168–181.

Leslie, I.: *Curious. The Desire to know and why our future depends on it*, Quercus, 2015.

Li, C.: »Primacy Effect or Recency Effect? A Long-Term Memory Test of the 2006 Super Bowl Commercials«, *Proceedings of the Academy of Marketing Science*, 2014, S. 4–44.

Litman, J. A.: »Curiosity and the pleasures of learning: Wanting and liking new information«, *Cognition and Emotion* 6 / 2005, S. 793–814.

Litman, J. A.: »Interest and deprivation factors of epistemic curiosity«, *Personality and Individual Differences* 44 / 2008, S. 1585–1595.

Litman, J. A., Hutchins, T. L. und Russon, R. K.: »Epistemic curiosity, feeling-of-knowing, and exploratory behaviour«, *Cognition and Emotion* 19/2004, S. 559–582.

Litman, J. A.: »Curiosity and the pleasures of Learning: Wanting and liking new Information«, *Cognition and Emotion* 19/2005, S. 793–814.

Leon, M. L. und Shadlen, M. N.: »Effect of expected reward magnitude on the response of neurons in the dorsolateral prefrontal cortex of the macaque«, *Neuron* 24/1999, S. 415–425.

Loewenstein, G.: »The psychology of curiosity: A review and reinterpretation«, *Psychological Bulletin* 1/1994, S. 75–98.

Lunn, J., Sinclair, S., Whitchurch, E. R. und Glenn, C.: »(Why) do I think what you think? Epistemic social tuning and implicit prejudice«, *Journal of Personality and Social Psychology* 93/2007, S. 957–972.

Mackowiak, K. und Trudewind, C.: »Die Bedeutung von Neugier und Angst für die kognitive Entwicklung«, http://www.familienhandbuch.de/cms/Kindliche_Entwicklung-Neugier_und_Angst.pdf, 2001

Marquardt, M.: *Leading with Questions. How leaders find the right solitions by knowing what to ask*, Wiley, 2014.

Martin, L. L. und Tesser, A.: »Ruminative thoughts«, in: Wyer, R. S. (Hg.): *Advances in Social Cognition* 9, Erlbaum, 1996, S. 1–47.

Maxeiner, D.: »Feuer machen«, *Brand eins* 1/2013, S. 8–10.

McCrae, R. R.: »Creativity, divergent thinking, and openness to experience«, *Journal of Personality and Social Psychology* 6/1987, S. 1258–1265.

McGregor, S. und Elliott, A. J.: »Achievement Goals, study strategies, and exam performance: A mediational Analysis«, *Journal of Educational Psychology* 91/1999, S. 549–563.

Mednick, S. A.: »The remote Assoziation Test«, *The Journal of Creative Behavior* 3/1968, S. 213–214.

Menon, S. und Soman, D.: »Managing the Power of curiosity for effective Web advertising strategies«, *Journal of Advertising* 31/2002, S. 1–13.

Metzger, W.: *Gestalt-Psychologie. Ausgewählte Werke aus den Jahren 1950–1982*, Kramer, 1986.

Mikulincer, M., und Shaver, P. R.: »The attachment behavioral system in adulthood: Activation, psychodynamics, and interpersonal processes«, in: Zanna, M. P. (Hg.): *Advances in Experimental Social Psychology* 35/2003, S. 53–152.

Miller, G. A.: »The magical number seven, plus or minus two: some limits on our capacity for processing information«, *Psychological Review* 2/1956, S. 81–97.

Min, J. K. u. a.: »The Wick in the Candle of Learning: Epistemic Curiosity Activates Reward Circuitry and Enhances Memory«, *Psychological Science* 20/2009, S. 963.

Mnookin, R. H., Peppet, S. R. und Tulumello, A. S.: *Beyond Winning. Negotiating to create value in deals and disputes*, Belknap Press, 2000.

Moskowitz, G. B.: »Individual differences in social categorization: The influence of personal need for structure on spontaneous trait inferences«, *Journal of Personality and Social Psychology* 65/1993, S. 132–142.

Moskowitz, G. B.: »Preconscious effects of temporary goals on attention«, *Journal of Experimental Social Psychology* 38/2002, S. 397–404.

Mussel, P.: *Intellekt*, 2012, S. 442.

Mussel, P.: »Persönlichkeitsaspekte intellektueller Leistungen«, *Report Psychologie* 11/2012, S. 440–448.

Murray, N., Sujan, H., Hirt, E. R. und Sujan, M.: »The influence of mood on categorization: A cognitive flexibility interpretation«, *Journal of Personality and Social Psychology* 3/1990, S. 411–425.

National Science Foundation: »Inquiry: Thoughts, views, and strategies for the K–5 classroom. Foundations: A Monograph for Professionals in Science«, *Mathematics, and Technology Education* 2/2001.

Naughton, C. und Steinle, A.: *Neugiermanagement. Treibstoff für Innovation*, Zukunftsinstitut, 2014.

Naylor, F. D.: »A state-trait curiosity inventory«, *Australian Psychologist* 2/1981, S. 172–183.

Nelson, D. W., Klein, C. T. F. und Irvin, J. E.: »Motivational antecedents of empathy: Inhibiting effects of fatigue«, *Basic and Applied Social Psychology* 25/2003, 37–50.

Neuberg, S. L., Judice, T. N. und West, S. G.: »What the need for Closure scale measures and what it does not: Toward differentiating among related epistemic motives«, *Journal of Personality and Social Psychology* 72/1997, S. 1396–1412.

Neuberg, S. L. und Newsom, J.: »Personal need for structure: Individual differences in the desire for simple structure«, *Journal of Personality and Social Psychology* 65/1993, S. 113–131.

Neuberg, S. L., West, S. G., Judice, T. N. und Thompson, M. M.: »On dimensionality, discriminant validity, and the role of psychometric analyses in personality theory and measurement: Reply to Kruglanski et al.'s (1997) defense of the need for Closure scale«, *Journal of Personality and Social Psychology* 73/1997, S. 1017–1029.

Nolen-Hoeksema, S.: »Responses to depression and their effects on the duration of depressive episodes«, *Journal of Abnormal Psychology* 100/1991, S. 569–582.

Nolen-Hoeksema, S.: »Chewing the cud and other ruminations«, in: Wyer, R. S. (Hg.): *Advances in Social Cognition*, Erlbaum, 1996, S. 135–144.

O'Connor, A., Nemeth, C., und Akutsu, S.: »Consequences of beliefs about the malleability of creativity«, *Creativity Research Journal* 2/2013, S. 155–162.

O'Doherty, J. P., Dayan, P., Friston, K., Critchley, H. und Dolan, R. J.: »Temporal difference models and reward-related learning in the human brain«, *Neuron* 2/2003, S. 329–337.

O'Reilly, R. C. und Frank, M. J.: »Making working memory work: a computational model of learning in the prefrontal cortex and basal ganglia«, *Neural Computation* 18/2006, S. 283–328.

Ogu, U. und Schmidt, S. R.: »Investigating Rocks and Sand Addressing Multiple Learning Styles through an Inquiry-Based Approach Beyond the Journal«, *Young Children on the Web* 3/2009.

Ong, L. S. und Leung, A. K. Y.: »Opening the creative mind of high need for cognitive closure individuals through activating uncreative ideas«, *Creativity Research Journal* 25/2013, S.286–292.

Paller, K. A. und Wagner, A. D.: »Observing the transformation of experience into memory«, *Trends in Cognitive Sciences* 2/2002, S. 93–102.

Panksepp, J.: »Affective neuroscience of the emotional BrainMind: evolutionary perspectives and implications for understanding depression«, *Dialogues in Clinical Neuroscience* 4/2010, S. 533–545.

Pearson, P. H.: »Relationships between global and specified measures of novelty seeking«, *Journal of Consulting and Clinical Psychology* 2/1970, S. 199–204.

Piaget, J.: *Behavior and evolution*, Pantheon, 1978.

Pierro, A. und Kruglanski, A. W.: »Seizing and freezing on a significant-person schema: Need for Closure and the transference effect in social judgment«, *Personality and Social Psychology Bulletin* 11/2008, S. 1492–1503.

Pierro, A., Mannetti, L., De Grada, E., Livi, S. und Kruglanski, A. W.: »Autocracy bias in informal groups under need for Closure«, *Personality and Social Psychology Bulletin* 29/2003, S. 405–417.

Pyszczynski, T., Greenberg, J. und Solomon, S.: »A dual-process model of defence against conscious and unconscious death-related thoughts: An extension of terror management theory«, *Psychological Review*, 106/1999, S. 835–845.

Reio, T. G., Petrosko, J. M., Wiswell, A. K. und Thongsukmag, J.: »The measurement and conceptualization of curiosity«, *Journal of Genetic Psychology* 1/2006, S. 117–135.

Reissmann, O.: »Sprachfolter per Post«, *GeoWissen* 40/2008, S. 156–157.

Renner, B.: »Curiosity about people: The development of a measure of social curiosity in adults«, *Journal of Personality Assessment* 87/2006, S. 305–316.

Richman, L. S., Kubzansky, L., Maselko, J., Kawachi, I., Choo, P. und Bauer, M.: »Positive emotion and health: Going beyond the negative«, *Health Psychology* 4/2005, S. 422–429.

Rodrigue, J. R., Olson, K. R. und Markley, R. P.: »Induced mood and curiosity«, *Cognitive Therapy and Research* 11/1987, S. 101–106.

Roets, A. van Hiel, A. und Cornelis, I.: »The dimensional structure of the need for cognitive closure scale: Relationships with ›seizing‹ and ›freezing‹ processes«, *Social Cognition* 24/2006, S. 22–45.

Roets, A. und van Hiel, A.: »Separating ability from need: Clarifying the dimensional structure of the need for Closure scale«, *Personality and Social Psychology Bulletin* 33/2007, S. 266–280.

Roets, A. und van Hiel, A.: »Item selection and validation of a brief, 15-item version of the need for Closure scale«, *Personality and Individual Differences,* 50/2011, S. 90–94.

Rolls, E. T.: »A Theory of Hippocampal Function in Memory«, *Hippocampus* 6/1996, S. 601–620.

Ross, L.: »The intuitive psychologist and his shortcomings: Distortions in the attribution process«, in: Berkowitz, L. (Hg.): *Advances in Experimental Social Psychology* 10, Academic Press, 1977, S. 173–220.

Ross, L. D., Amabile, T. M. und Steinmetz, J. L.: »Social roles, social control, and biases in social perception processes«, *Journal of Personality and Social Psychology* 35/1977, S. 485–494.

Ryan, R. M. u. a.: »Intrinsic and Extrinsic Motivations: Classic Definitions and New Directions«, *Contemporary Educational Psychology* 25/2000, S. 54–67.

Sansone, C., Weir, C., Harpster, L. und Morgan, C.: »Once a boring task always a boring task? Interest as a self-regulatory mechanism«, *Journal of Personality and Social Psychology* 3/1992, S. 379–390.

Sansone, C. und Thoman, D. B.: »Interest as the missing motivator in self-regulation«, *European Psychologist* 3/2005, S. 175–186.

Schenkel, M. T., Matthews, C. H. und Ford, M. W.: »Making rational use of ›irrationality‹? Exploring the role of need for cognitive closure in nascent entrepreneurial activity«, *Entrepreneurship and Regional Development* 1/2009, S. 51–76.

Schimel, J., Simon, L., Greenberg, J., Pyszczynski, T., Solomon, S., Waxmonsky, J. und Arndt, J.: »Stereotypes and terror management: Evidence that mortality salience enhances stereotypic thinking and preferences«, *Journal of Personality and Social Psychology* 77/1999, S. 905–926.

Schlink, S. und Walther, E.: »Kurz und gut: Eine deutsche Kurzskala zur Erfassung des Bedürfnisses nach kognitiver Geschlossenheit«, *Zeitschrift für Sozialpsychologie* 3/2007, S. 153–161.

Schmitt, F. F. und Lahroodi, R.: »The epistemic value of curiosity«, *Educational Theory* 58/2007, S. 125–148.

Schraw, G. und Lehman, S.: »Situational interest: A review of the literature and directions for future research«, *Educational Psychology Review* 1/2001, S. 23–52.

Schweizer, T. S.: »The psychology of novelty-seeking, creativity and innovation: Neurocognitive aspects within a work-psychological perspective«, *Creativity and Innovation Management* 15/2006, S. 164–172.

Shell, G. R.: *Bargaining for advantage. Negotiation strategies for reasonable people*, Penguin, 2006.

Silvia, P. J.: »What is interesting? Exploring the appraisal structure of interest«, *Emotion* 5/2005, S. 89–102.

Silvia, P. J.: »Cognitive appraisals and interest in visual art: Exploring an appraisal theory of aesthetic emotions«, *Empirical Studies of the Arts* 23/2005, S. 119–133.

Silvia, P. J.: *Exploring the Psychology of Interest*, Oxford University Press, 2006.

Silvia, P. J.: »Interest – the curious emotion«, *Current Directions in Psychological Science* 1/2008, S. 57–60.

Silvia, P. J.: »Appraisal components and emotion traits: Examining the appraisal basis of trait curiosity«, *Cognition and Emotion* 22/2008, S. 94–113.

Silvia, P. J.: »Interested experts, confused novices: Art expertise and the knowledge emotions«, *Empirical Studies of the Arts* 31/2013, S. 107–116.

Silvia, P. J. und Brown, E. M.: »Anger, disgust, and the negative aesthetic emotions: Expanding an appraisal model of aesthetic experience«, *Psychology of Aesthetics, Creativity, and the Arts* 1/2007, S. 100–106.

Shah, J. Y., Kruglanski, A. W. und Thompson, E. P.: »Membership has its (epistemic) rewards: Need for Closure effects on in-group bias«, *Journal of Personality and Social Psychology* 75 / 1998, S. 383–393.

Sobel, A. und Pana, J.: *Power Questions*, Wiley, 2012.

Solomon, S., Greenberg, J. und Pyszczynski, T.: »A terror management theory of social behavior: The psychological functions of self-esteem and cultural worldviews«, in: Zanna, M. P. (Hg.): *Advances in Experimental Social Psychology* 24, Academic Press, 1991, S. 91–159.

Stalder, D. R.: »Need for Closure, the Big Five, and public self-consciousness«, *Journal of Social Psychology* 147 / 2007, S. 91–94.

Stalder, D. R.: »Competing roles for the subfactors of need for Closure in committing the fundamental attribution error«, *Personality and Individual Difference*, 47 / 2009, S. 701–705.

Stein, H.: *Endlich Nichtdenker. Das Handbuch für den überforderten Intellektuellen*, Eichborn, 2004.

Stephan, U. und Westhoff, K.: »Personalauswahlgespräche im Führungskräftebereich des deutschen Mittelstandes: Bestandsaufnahme und Einsparungspotenzial durch strukturierte Gespräche‹, *Wirtschaftspsychologie* 3 / 2002, S. 3–17.

Stone, D., Patton, B. und Heen, S.: *Difficult conversations. How to discuss what matters most*, Viking Penguin, 1999.

Stroop, J. R: »Studies of interference in serial verbal reactions«, *Journal of Experimental Psychology* 1935, S. 23–47.

Sturmberg, J. u. a.: »For every complex problem, there is an answer that is clear, simple and wrong: and other aphorisms about medical statistical fallacies«, *Journal of Evaluation in Clinical Practice* 6 / 2014, S. 1017–1025.

Svoboda, E.: »Cultivating curiosity«, *Psychology Today*, 3 / 2006.

Swan, G. E. und Carmelli, D.: »Curiosity and mortality in aging adults: A 5-year follow-up of the Western Collaborative Group Study«, *Psychology and Aging* 3 / 1996, S. 449–453.

Thompson, M. M., Naccarato, M. E., Parker, K. C. H. und Moskowitz, G. B.: »The personal need for structure and personal fear of invalidity measures: Historical perspectives, current applications, and future directions«, in: Moskowitz, G. B. (Hg.): *Cognitive social psychology. The Princeton Symposium on the Legacy and Future of Social Cognition*, Erlbaum, 2001, S. 10–39.

Tierney, P. und Farmer, S. M.: »Creative self-efficacy: Its potential antecedents and relationship to creative performance«, *Academy of Management Journal* 45 / 2002, S. 1137–1148.

Tomkins, S. S.: *Affect Imagery Consciousness I. The Positive Affects*, Tavistock, 1962.

Tong, J., Yao, X., Lu, Z. und Wang, L.: »Impact pattern of dialectical thinking on perceived leadership training outcomes«, *Journal of Applied Social Psychology* 43/2013, S. 1248–1258.

Van Hiel, A., Pandelaere, M. und Duriez, B.: »The impact of need for Closure on conservative beliefs and racism: Differential mediation by authoritarian submission and authoritarian dominance«, *Personality and Social Psychology Bulletin* 30/2004, S. 824–837.

Van Kenhove, P., Vermeir I. und Verniers, S.: »An empirical investigation of the relationships between ethical beliefs, ethical ideology, political preference and need for Closure«, *Journal of Business Ethics* 32/2001, S. 347–361.

Van Kleef, G. A.: »How emotions regulate social life: The emotions as social information (EASI) model«, *Current Directions in Psychological Science* 18/2009, S. 184–188.

Van Kleef, G. A.: »The emerging view of emotion as social information«, *Social and Personality Psychology Compass* 4/2010, S. 331–343.

Van Kleef, G. A., Anastasopoulou, C. und Nijstad, B. A.: »Can expressions of anger enhance creativity? A test of the emotions as social information (EASI) model«, *Journal of Experimental Social Psychology* 46/2010, S. 1042–1048.

Von Stumm, S., Hell, B. und Chamorro-Premuzic, T.: »Das hungrige Hirn – Intellektuelle Neugier ist die dritte Säule für Akademische Leistung«, *Perspectives of Psychological Science* 11/2011, S. 574–588.

Watanabe, M.: »Reward expectancy in primate prefrontal neurons«, *Nature* 382/1996, S. 629–632.

Webster, D. M.: »Motivated augmentation and reduction of the overattribution bias«, *Journal of Personality and Social Psychology* 65/1993, S. 261–271.

Webster, D. M. und Kruglanski, A. W.: » Individual differences in need for cognitive closure«, *Journal of Personality and Social Psychology* 67/1994, S. 1049–1062.

Weinstein, L. und Adam, J. A.: *Guesstimation. Solving the World's Problems on the Back of a Cocktail Napkin*, Princeton University Press, 2008. S. 2 ff.

Weinstein, L.: *Guesstimation 2.0. Solving today's problems on the back of a napkin*, Princeton University Press, 2012.

Werner, C. M. und Makela, E.: »Motivations and behaviors that support recycling«, *Journal of Environmental Psychology* 4/1988, S. 373–386.

Wiersema, D. V., van der Schalk, J. und van Kleef, G. A.: »Who's afraid of red, yellow, and blue? Need for cognitive closure predicts aesthetic preferences«, *Psychology of Aesthetics, Creativity, and the Arts* 6/2013, S. 168–174.

Wilson, T. D., Centerbar, D. B., Kermer, D. A. und Gilbert, D. T.: »The pleasures of uncertainty: Prolonging positive moods in ways people do not anticipate«, *Journal of Personality and Social Psychology* 1/2005, S. 5–21.

Wilson, T. D. u. a.: »Just think: The challenges of the disengaged mind«, *Science* 6192/2014, S. 75–77.

Wise, R. A.: »Dopamine, learning and motivation«, *Nature Review Neuroscience* 5/2004, S. 483–494.

Witt, S.: *How Music Got Free. The End of an Industry, the Turn of the Century, and the Patient Zero of Piracy*, Viking, 2015.

Woloszyn, L. und Sheinberg, L.: »Neural Dynamics in Inferior Temporal Cortex during a Visual Working Memory Task«, *The Journal of Neuroscience* 17/2009, S. 5494–5507.

Wright, E. F. und Wells, G. L.: »Is the attitude-attribution paradigm suitable for investigating the dispositional bias?«, *Personality and Social Psychology Bulletin* 14/1988, S. 183–190.

Wu, C. und Parker, S. K.: »The role of attachment styles in shaping proactive behaviour: An intra-individual analysis«, *Journal of Occupational and Organizational Psychology* 3/2012, S. 523–530.

Anmerkungen

Kapitel 1

1. *Affect Imagery Consciousness 1, The positive Affects.*
2. Mutafi, Furnham und Crump, 2006.
3. Brody, 1992.
4. Kashdan, 2009.
5. Griffin, Neal und Parker, 2007, S. 327–347.
6. Mussel, S. 458; Mussel, Spengler, Litmann und Schuler, 2012.
7. Kets de Vries und Mead, 1991; van der Zee und van Oudenhoven, 2000.
8. Kashdan, 2004; Sansone und Thoman, 2005.
9. Zum Beispiel Patrick Mussel, S. 443.
10. Ashkenas, 2012.
11. Bart Kampenaers am Max-Planck-Institut für Ornithologie, http://www.mpg.de/551300/pressRelease20070427. M.J. Kang von der Division of Humanities and Social Sciences, California Institute of Technology, Pasadena, http://www.ncbi.nlm.nih.gov/pubmed/19619181.
12. http://lexikon.stangl.eu/6269/neugiermotiv.
13. Woloszyn und Sheinberg, 2009, S. 5494–5507.
14. Biederman und Vessel, 2006, S. 249–255.
15. Ryan und Deci, 2000.
16. Cohen, Schoene-Bake, Elger und Weber, 2008, S. 32–34.
17. Blaha, Fluck, Förster und Händel, 2001, S. 289–301.
18. Reissmann, 2008, S. 156–157.
19. Webcheck, 28.5.2015.
20. Menon und Soman zeigten 2002, wie sehr das gezielte Erzeugen von Neugier Aufmerksamkeit bündelt, intensivere Beschäftigung erzeugt und damit zu gesteigerter Erinnerung führt.
21. http://www.wiwo.de/unternehmen/auto/brandindex-was-brachte-die-opel-kampagne-umparken-im-kopf/9971036.html.
22. Johann Wolfgang von Goethe.
23. Kashdan, Todd, 2009, *Curious*, S. 19–21.

Kapitel 2

1. Dieses Beispiel stammt aus einem Vortrag Kashdans, der nicht mehr abrufbar ist.
2. Kashdan und Roberts, 2004.
3. Burpee und Langer, 2005; Kashdan und Roberts, 2004, 2006.
4. Kashdan, McKnight, Fincham und Rose, 2011, S. 1369–1402.
5. Kashdan, McKnight, Sherman, Fincham und Rose, 2009.
6. Hidi und Berndorff, 1998; Schiefele, Krapp und Winteler, 1992.
7. Silvia, 2006.
8. Zum Beispiel Fiske und Maddi, 1961.
9. Silvia, 2006.
10. Sansone und Thoman, 2005.
11. Dweck, 2006.
12. Cavigelli und McClintock, 2003, und zusammen mit Yee, 2006.
13. Swan und Carmelli.
14. Daffner u. a., 2000.
15. Stine-Morrow.
16. Panksepp, 2010, S. 533–545.
17. Fritsch, Smyth, Debanne, Petot und Friedland.
18. Wilson u. a.
19. Kashdan und Steger, 2007.
20. Hertzog, Kramer, Wilson und Lindenberger, 2009.
21. Mackowiak und Trudewind, 2001.
22. Von Stumm, Hell und Chamorro-Premuzic, 2011.
23. Von Stumm, Hell und Chamorro-Premuzic, 2011.
24. Berg und Sternberg schon 1985.
25. Ziegler, Danay, Heene, Asendorpf und Bühner, 2012.
26. Naylor, 1981; Park, Peterson und Seligman, 2004; Vittersø, 2003.
27. Kruglanski und Webster, 1996; McCrae und Sutin, 2009.
28. Wilson, Centerbar, Kermer und Gilbert, 2005, S. 5–21.
29. *Perspectives on Psychological Sciences*.
30. Brdar und Kashdan, 2009; Park, Peterson und Seligman, 2004; Shimai, Otake, Park, Peterson und Seligman, 2006.
31. Deci und Ryan, 2000; Fredrickson, 1998; Kashdan, 2009; Panksepp, 1998.
32. Zum Beispiel Ainley, Hidi und Berndorff, 2002.
33. Langer, 2005.
34. Kashdan, 2007; Spielberger und Starr, 1994.
35. Kashdan und Steeger, 2007.

36. Berns, McClure, Pagnoni und Montague, 2001, S. 2793–2798.
37. Händeler, 2005.
38. Hutt und Bhavnani, 1972, S. 171–172.
39. Deci und Ryan, 2000, S. 68–78.
40. Aron und Aron, 1997.
41. Schweizer, 2006, S. 164–172.
42. Kashdan und Silvia, 2009, S. 368.
43. Außerdem legen Studien von 2011 nahe, dass Neugier auch mit der Meta-Charaktereigenschaft »Plastizität« zusammenhängt. Das ist eine Mischung aus Offenheit für Erfahrungen und Extraversion. Kashdan, Afram, Brown, Birnbeck und Drvoshanov, 2011.
44. Sternberg, Kaufman und Pretz, 2002.
45. Gilson und Madjar, 2011, S. 21–28.
46. Wu und Parker, 2012, S. 523–530.
47. O'Connor, Nemeth und Akutsu, 2013, S. 155–162.
48. O'Connor, Nemeth und Akutsu, 2013, S. 155–162.
49. Karwowski und Soszynski, 2008, S. 163–171.
50. Tierney und Farmer, 2002, S. 1137–1148. Karwowski, Lebuda, Wiśniewska und Gralewski, 2013, S. 215–232.
51. Elsbach and Kramer, 2003.
52. Gruber, Gelman und Ranganath, 2014, S. 486–496.
53. Rolls, 1996, S. 601–620.
54. Gruber, Gelman und Ranganath, 2014, S. 486–496.

Kapitel 3

1. Demos, 1995.
2. James, 1950.
3. Berlyne, 1960.
4. National Science Foundation, 2001. Siehe auch Ogu und Schmidt, 2009.
5. Im Experteninterview im Rahmen des Deutschen Seniorentags 2015, http://www.deutscher-seniorentag.de/newsletter/newsletter-7-ausgabe-2015/experteninterview-mit-prof-dr-ursula-m-staudinger.html.
6. Berg und Sternberg, 1985; Silvia, 2008; Spielberger und Starr, 1994.
7. Bishop u. a., 2004. Von den vierundzwanzig fundamentalen Stärken, die Psychologen untersuchen, ist die Neugier diejenige, die am häufigsten von 12.439 Erwachsenen und 445 Menschen in der Schweiz bestätigt wurde. Peterson, Ruch, Beermann, Park und Seligman, 2007.

8. Siehe Paul Costa und Robert McCrae, die Pioniere der Big-Five-Forschung.
9. Europäer und Amerikaner haben höhere Werte in den Big-Five-Merkmalen Extraversion und Offenheit als Asiaten und Afrikaner, meint der Psychologe Kenneth R. Olson von der Fort-Hays-State-Universität in Kansas.
10. Peterson und Seligman, 2004; Reiss, 2000.
11. Beatty, 1992.
12. Kahneman und Peavler, 1969.
13. O'Doherty, Dayan, Friston, Critchley und Dolan, 2003.
14. Barrick u. a., 2001, S. 9–30.
15. Mussel, 2012, S. 442.
16. Carter, 1993, S. 134.
17. Im Interview mit dem Autor an der Uni Würzburg. 16. April 2014.
18. Hunter und Schmidt, 1983, S. 233-284; Stephan und Westhoff, 2002, S. 3–17.
19. Silvia, 2008, S. 94–113.
20. Kuppen, 2008, S. 969–1000.
21. Izard, 1977.
22. Hidi, 2001.
23. Cloninger, 2003, S. 159–182.
24. Psychologe Marcel von Aken.
25. Renner, 2006, S. 305–316.
26. Byman, 2005, S. 1365-1379.
27. Litmann, Collins und Spielberger, 2005.
28. Pearson, 1970, S. 199–204.
29. Kashdan, Gallagher, Silvia, Breen, Terhar, und Steger, 2009.
30. Ainley, 1987; Berlyne, 1960; Pearson, 1970.
31. Berg und Sternberg, 1985; Beswick, 1971; Day, 1971; Silvia, 2008.
32. Ainley, 1987, S. 53–59.
33. Almeida, Kashdan, Coelho, Albino-Teixeira und Soares-da-Silva, 2008, S. 109–118.
34. Litman, Hutchins und Russon, 2005, S. 559–582.
35. McGregor und Elliott, 1999, S. 549–563.

Kapitel 4

1. 1. *Curiosità*: Neugier auf das Leben und ein Verlangen nach fortwährendem Lernen.

2. *Dimostratione*: Verpflichtung, Wissen durch Erfahrung zu überprüfen; die Bereitschaft, aus Fehlern zu lernen.

3. *Sensazione*: kontinuierliche Verfeinerung der Sinne als Mittel, Ereignisse mit Leben zu füllen.

4. *Sfumato*: Bereitschaft, Vieldeutigkeit, Paradoxien und Unsicherheit zu ertragen.

5. *Arte/Scienza*: Entwicklung eines Gleichgewichts zwischen Kunst und Wissenschaft, Logik und Imagination.

6. *Corporalità*: Kultivierung von Grazie, Beidhändigkeit, Fitness und körperlicher Balance.

7. *Connessione*: Erkenntnis und Wertschätzung des Zusammenhangs aller Dinge und Phänomene.

2. Maxeiner, 2013, S. 8–10.
3. Mussel, 2012, S. 440–448.
4. Crick, F.: »The Impact of Linus Pauling on Molecular Biology«, Vortrag beim Pauling-Symposium an der Oregon State University, 1995.
5. Leslie, 2015.
6. Im Interview mit der Zeitschrift *Psychologies*, 16. Januar 2013.
7. Kemper und Naughton, 2008.
8. Deci, 2000.
9. Cordova und Lepper, 1996, S. 715–730.
10. Black und Deci, 2000, S. 740–756.
11. Deci, Koestner und Ryan, 1999, S. 627–668.
12. Cury u. a., 2002, S. 473–481; Elliot u. a., 2000, S. 780–794.
13. Deci, Koestner und Ryan, 1999, S. 627–668.
14. Mikulincer und Shaver, 2003, S. 53–152.
15. Hazan und Shaver, 1990, S. 270–280.
16. Kashdan, Rose und Fincham, 2004, S. 291–305.
17. Kashdan und Fincham, 2004.
18. Kashdan und Fincham, 2004, S. 490.

Kapitel 5

1. http://johnmaxwellonleadership.com/2013/02/12/on-cultivating-curiosity.
2. Discovery Channel Deutschland, 6. Juli 2004.
3. Wiseman, *Affenscharf*, 2004, S. 52–54.
4. http://beta.briefideas.org/about.
5. Mackowiak und Trudewind, 2001.
6. Piaget, 1978.

7. http://www.p21.org und http://www.ikit.org.
8. http://www.uwgb.edu/dutchs/pseudosc/whyantiint.htm.
9. Kruglanski und Webster, 1996.
10. Shah, Kruglanski und Thompson, 1998.
11. Li, 2014, S. 4–4.
12. Roets, van Hiel, 2011, S. 90–94.
13. Van Kleef, Anastasopoulou und Nijstad, 2010.
14. Ong und Leung, 2013, S.286– 292.
15. Leroy, 2009.
16. Martin und Tesser, 1996.
17. Lunn, Sinclair, Whitchurch und Glenn, 2007.
18. Bechtoldt, de Dreu, Nijstad und Choi, 2010.
19. Lee, Barrowclough und Lobban, 2011.
20. http://derstandard.at/1282978608342/Game-Moschee-Baba-FPOe-Werbung-laesst-Muezzins-abschiessen.
21. Kashdan, 2004.
22. Goncalo u. a., 2012, S. 13–17.
23. *Gehirn und Geist* 7–8/2013, S. 52–55.
24. Hayes, Luoma, Bond, Masuda und Lillis, 2006.
25. Bishop u. a., 2004.
26. Silvia, 2013, S.107–116.
27. Zum Beispiel Dornes, 1995, S. 27–49. Anders bei Ekman, 2010, der Freude, Wut, Ekel, Furcht, Verachtung, Traurigkeit und Überraschung nennt.
28. Silvia, 2013, S. 107–116.
29. Burton, 2015.
30. Darwin, 1872.
31. http://yourbrainhealth.com.au.
32. Litman und Jimmerson, 2004.
33. Lyter u. a., 1987; Lerman u. a., 1996; Lerman u. a., 1999; Caplin und Eliaz, 2003; Koszegi, 2003.
34. Mehrere Arbeiten weisen darauf hin, dass die Überzeugungen eines Menschen bereits zu einem sehr frühen Zeitpunkt in die Informationssuche eingreifen: Akerlof und Dickens, 1982; Abelson, 1986; Loewenstein, 1987; Geanakoplos u. a., 1989; Asch u. a., 1990; Grant u. a., 1998; Caplin und Leahy, 2001; Yariv, 2001; Benabou und Tirole, 2002; Brunnermeier und Parker, 2005; Koszegi, 2006; Kadane u. a., 2008; Koszegi, 2010.

Kapitel 6

1. Mussel, 2012, S. 444.
2. Miller, 1956, S. 81–97.
3. Cialdini, 2005, S. 22–29.
4. Metzger, 1986.
5. Idesawa, 1991, S. L751–754.
6. Brown, 2005, S. 55.
7. Min u. a., 2009, S. 963.
8. http://www.auswaertiges-amt.de/DE/Aussenpolitik/Laender/Laenderinfos/China/Wirtschaft_node.html.
9. https://www.bertelsmann-stiftung.de/fileadmin/files/BSt/Publikationen/GrauePublikationen/Studie_DA_China-Partner-und-Konkurrent_2015.pdf.
10. http://de.statista.com/statistik/daten/studie/150407/umfrage/die-zehn-meistgesprochenen-sprachen-weltweit.
11. http://www.karrierefaktor.de/fremdsprachen-foerdern-karriere-94834/#.Vdw83Xvuc7A.
12. Das können Sie so machen, wie wir es zu Anfang in Kapitel 6.1 erklärt haben.
13. Verändert nach einer Vorlage des Zukunftsinstituts.
14. Cialdini, 2005, S. 25.
15. Eine der aktuellsten Studien: Ryan u. a., 2000, S. 54–67.
16. Elgert, 2008.
17. Im persönlichen Gespräch im November 2014.
18. Auch Sansone und Thoman, 2005.
19. htttp:/locateaneyemd.com/Fpublications/eyenet/200711/opinion.cfm.
20. Chris Wire hat den Effekt sehr elegant in einem Vortrag auf der TEDxDayton 2013 in Szene gesetzt.
21. Sturmberg u. a., 2014, S. 1017–1025.
22. Weinstein und Adam, 2008, S. 2–4. Auch lesenswert: Weinstein, 2012.
23. http://www.physics.umd.edu/perg/fermi/fermi.htm.

Kapitel 7

1. Kashdan, McKnight, Fincham und Rose, 2011, S. 1369–1402.
2. http://www.marketforce.com/press-releases/item/grocery-stores-study-market-force-2015.
3. http://www.retailwire.com.

4. Stein, 2004.
5. Wilson, 2014, S. 75–77.
6. Currey und Kramer, *Musenküsse*, 2014.
7. Kaufmann und Cropley, 2008.
8. Förster, 2005, S. 345–359.
9. Standardabweichung: Maß für die Streuung – der Wert innerhalb einer Gruppe numerischer Werte ausgehend von der erwartungstreuen Varianz der Stichprobe.
10. Hölze, 2011, S. 36–43. Fox, 2014, S. 48–73.
11. Kashdan, McKnight, Fincham und Rose, 2011, S. 1369–1402.
12. Marquardt, 2014.
13. Sobel und Pana, 2012.
14. Galak, Redden und Kruger, 2009, S. 584.
15. Mednick, 1968, S. 213–214.
16. Kruglanski und Webster, 1996, S. 263–283.
17. Stone, Patton und Heen, 1999, S. 167.
18. Sansone, 1992.
19. Langsdorf, Izard, Rayias und Hembree, 1983; Libby u. a., 1973; Reeve, 1993.
20. Reeve, 1993.
21. Banse und Scherer, 1996.
22. Naughton, 2006.
23. http://www.popsci.com/google-using-ai-count-calories-food-photos.
24. Christensen, 2011.
25. Witt, 2015.
26. Christensen, 2011.
27. Pulakos, Arad, Donovan und Plamondon, 2000.
28. Seaton und Beaumont, 2008.
29. Naughton und Steinle, 2014.
30. Kruse, 2004.

Kapitel 8

1. Stroop, 1935, S. 23–47.
2. Verändert nach Hilbert u. a., 2014, S. 1509–1515.

Bildnachweis

Gilles Mingasson/Getty Images: 21

Adam Opel AG: 23

Studio Mathieu Lehanneur und Pullmann Hotels: 101

Carl Naughton: 113, 227 (nach einer Graphik von Jens Förster)

Agentur Demner, Merlicek & Bergmann: 152

Marcello Spinella: 172 (links)

Masanori Idesawa (bearbeitet von Steven Lehar): 172 (rechts)

Gertrud Kemper: 181, 218, 219, 241, 242

Wir danken allen Rechtegebern für die freundliche Genehmigung des Abdrucks.

Stichwort- und Personenregister

3E-Regel 18–23, 129
3M 96
Achtsamkeitstraining 233
Aha-Moment 188, 228
Alertness-Reaktion 129f.
Alignment 198, 203
Allen, Woody 224f., 230
Alzheimer 37–39
Ankerungsverzerrung 141
Apple 20–22, 248, 252
Appraisal-Theory 77
Associative Network Activation 225
Assoziation, bifurkative 181, 186
Aufmerksamkeitsrest 149f.
Backstein-Test 104–106, 146, 226, 228–230
Bad-News-Aversion 163
Beilock, Sian 173–175
Berlyne, Daniel 65f.
Bernstein, Gregg 20
Bewältigungspotential-Frage 78
Biedermann, Irving 16
Big-Five-Persönlichkeitstest 67f., 71, 286
Blaha, Michaela 18
Blödheit, positive situative 36, 169–171, 173f., 192, 240
Boring Conference 111,113
Bottom-down-Prozess 31
Bottom-up-Neugier 32
Bottom-up-Prozess 31
Brainchanger 164f.
Business-Playground 101
Cattell, Raymond 41
Change-Agent 101
Change-Blindness 136
Change-Turbos 118
Chief Destruction Officer (CDO) 249–251, 254, 256–258
Choking 175
Christensen, Clayton 252f.
Cialdini, Robert B. 171, 176, 188
Cloninger, C. Robert 81
Cohen, Michael 17
Continental 98
Curiosity and Exploration Inventory (CEI und CEI-II) 73, 86f.
Curiosity-Creator 217-219
Curiosity-Box 100f.
Deci, Edward 52
Demner, Mariusz Jan 153
Denken, divergentes 105
Depression 45, 48, 90
Diener, Ed 44
Disruption 80, 248–253
Dopamin 14, 38, 60, 81
Dornenkugel 172
d-Type Curiosity 88–91
Duschhypothese 224f., 230f.
Dutch, Steven 135
Dweck, Carol 36

Easy Access 19, 22
Efficient Action 19f.
Effortless Processing 19, 22
Emotionen vs. Gefühle 161f.
Engagement 68
Engel, Susan 130, 132
Enttäuschungsaversion 163
Erleben-vor-Verstehen-Prinzip 188–192
Erwartungseffekt (anticipation effect) 69
Fermi, Enrico 206
Fermi-Problem 205f.
Fixed Mindset 37, 56–59
Flow 67, 107, 161
Fremer, Torsten 193–196
Fundamentaler Attributionsfehler (FAF) 148
Future-Cube 196–203
Galak, Jeff 237
Gefühle vs. Emotionen 161f.
Gonzalo, Jack 156
Google 24, 205, 209, 223f., 231f., 236, 248
Growth Mindset 36f., 56–59
Guilford, Joy Paul 105
Händeler, Erik 51
Harris, David 128
Hippocampus 17, 60f., 185
HopeLab 210f.
Horx, Matthias 263f.
Ideophobie 156
IEEE (Irritation beim einfachen Auffinden) 22f., 25, 112
Inhibition 15
Inquiry Based Learning (IBL) 133
Intelligenz
fluide 10, 41, 70, 72
kristalline 41, 72
Investment-Trait 70f.
i-Type Curiosity 89, 92
James, William 65, 156
Journal of Brief Ideas 128f.
Judge, Timothy 69
Jumping to conclusions 152
Kagan, Jerome 138
Karwowski, Maciej 53, 57
Kashdan, Todd 27, 31, 45f.
Kassman, Kyle T. 228
Kemper, Gertrud 180, 186
Kindling 234
Knowledge Building Circle 133, 173
Kreative Selbstwirksamkeit (Core Self-Evaluation, CSE) 55, 58f.
Kreativität, inkrementelle (Little-c-Kreativität) 53, 55, 57f., 252f.
Kruglanski, Arie 138f., 144
Langer, Ellen 47
Leerstelle, semantische 264
Leung, Angela K. Y. 147
Litman, Jordan 69, 90
Loewenstein, George 36, 163
Marson, Jacqui 112
Massini, Giovanni 147
Maxeiner, Dirk 95
Maxwell, John 125
McKay, Sarah 162
Meng-Tan, Chade 224, 231f.
Miller, George 170
Mindset 36f., 57–59, 128
Missing Link 240–242
Motivation, intrinsische 12, 16, 52–54, 67, 71f., 78, 192, 195f., 198, 203, 243, 246
Motivationaler Effekt 14
Müller, Tina 22

Mussel, Patrick 68, 71–73, 103, 106, 169, 236
Naylor, Frank 85
Need for Closure (NFC) 138–152, 173, 243, 246
Neocortex 127
Neophobie 155, 157, 160, 163
Neugier
charakterliche 39
diverse 66, 88
epistemische 65, 88f., 184
intellektuelle 40, 69, 97, 201, 204
perzeptuelle 65f., 80, 84, 89
situative 39, 197, 217
spezifische 66
Neugier-Booster 175, 235
Neugier-Gen 14
Neugierkiller 16, 42, 100, 123, 135–137, 144, 148, 164, 173, 236f.
Neugiermotiv 135, 157
Neuheitsdetektoren 16
Neu-komplex-Frage 77
Novelty Generation Model 53
Ong, Laysee 147
Opel 22f., 195
Ostafin, Brian D. 228
Pauling, Linus 106
Pearson, Pamela 85
Pöppel, Ernst 18f.
Priming 225, 229
Radikale Kreativität (big-C-Kreativität) 53–55, 58
rage to master 106
Ranganath, Charan 59–61
Rebranding European Muslims 152f.
Remixdemix 263f.
Remote Assoziation-Test (RAT) 240
Renner, Britta 82
Ryan, Richard 52
Sansone, Carl 244
Sättigung, mentale 237f.
Schirmer, Harald 98–101
Schooler, Jonathan 230f.
Script-Theorie 118, 121
Sensationsgier (Sensation-Seeking) 66, 79, 84f.
Set-Point 159f.
Sheinberg, David 15
Shock-Novel-Reiz 192–194, 196
Silvia, Paul 77
Simonton, Deak Keith 67
Small Talk 218, 220–222
Social Tuning 150f.
Speed-Meditation 186, 229, 231
Stalder, Daniel 148
Stangl, Werner 15
Staudinger, Ursula 66
Steinle, Andreas 225
Strecken (Stretching) 88
Striatum, ventrales 17
Stroop, Ridley J. 262
Stroop-Test Umschlaginnenseite und 262f.
Tesla, Nikola 208f., 251
Thompson, Chic 114
Tomkins, Silvan 9, 65
Top-down-Neugier 32
Top-down-Prozess 31
Trader Joe's 219–222
Tschäppeler, Roman 261, 263
T-Wissen 91, 106–110
Übereinstimmungsverzerrung 141
Umarmen (Embracing) 88
Umparken im Kopf 23f., 195
Verhandlunsgneugier 243–245
Vielfaltsamnesie 237, 239

Vogel-Strauß-Effekt 163
Ward, James 111
Weber, Bernd 17
Webster, Donna 139
Welt von unten 113
What-if-Theory (WIT) 108
Wilson, Timothy 43, 222f.
Winner, Ellen 106
Wire, Chris 24, 205, 289
Wiseman, Richard 126
Woloszyn, Luke 15
Work-Related Curiosity Scale (WORCS) 73–77, 80, 104f.
Ziegelstein-Test 104–106, 146, 226, 228–230
Zuhörziel 244f.